马剑威　贾振锋 / 编著

鸿蒙 HarmonyOS NEXT 开发之路

卷1　ArkTS语言篇

清华大学出版社
北京

内 容 简 介

本书全面、深入地介绍华为 HarmonyOS NEXT 操作系统中的 ArkTS 语言。本书分为基础知识、ArkTS 进阶和高级特性三部分，引领读者逐步掌握从 ArkTS 基础到高级特性的开发能力。基础知识部分涵盖 ArkTS 的核心语法，包括声明式 UI、函数、类、接口、泛型类型、空安全和模块化开发，为读者打下坚实的开发基础。ArkTS 进阶部分深入探讨 ArkTS 语言的高级特性和最佳实践，例如高性能编程、声明式 UI 描述、自定义组件和装饰器，全面提升读者在 HarmonyOS NEXT 平台上的开发能力。高级特性部分则聚焦于状态管理机制，详细讲解状态变量的声明和管理，以及它们在 UI 渲染中的实际应用，帮助读者优化应用性能，实现从 TypeScript 到 ArkTS 的平滑过渡。

本书为有志于掌握 HarmonyOS NEXT 应用开发的读者提供系统性学习资源，从语法讲解到性能优化全面覆盖，可以作为读者学习 ArkTS 语言和开发 HarmonyOS 应用的参考教材。

本书封面贴有清华大学出版社防伪标签，无标签者不得销售。

版权所有，侵权必究。举报：010-62782989，beiqinquan@tup.tsinghua.edu.cn。

图书在版编目（CIP）数据

鸿蒙 HarmonyOS NEXT 开发之路. 卷 1，ArkTS 语言篇 / 马剑威，贾振锋编著.-- 北京：清华大学出版社，2025.2. -- ISBN 978-7-302-67963-9

Ⅰ. TN929.53

中国国家版本馆 CIP 数据核字第 2025173XK3 号

责任编辑：赵　军
封面设计：王　翔
责任校对：闫秀华
责任印制：宋　林

出版发行：清华大学出版社
　　　网　　址：https://www.tup.com.cn，https://www.wqxuetang.com
　　　地　　址：北京清华大学学研大厦 A 座　　　　邮　　编：100084
　　　社 总 机：010-83470000　　　　　　　　　　邮　　购：010-62786544
　　　投稿与读者服务：010-62776969，c-service@tup.tsinghua.edu.cn
　　　质 量 反 馈：010-62772015，zhiliang@tup.tsinghua.edu.cn

印 装 者：三河市科茂嘉荣印务有限公司
经　　销：全国新华书店
开　　本：190mm×260mm　　　印　张：21.25　　　字　数：573 千字
版　　次：2025 年 3 月第 1 版　　　　　　　　　　印　次：2025 年 3 月第 1 次印刷
定　　价：89.80 元

产品编号：109359-01

前　　言

在数字化浪潮的推动下，全球科技领域正经历着前所未有的变革。我国作为这一变革的积极参与者，不仅在多个科技前沿领域取得了显著成就，更在计算机操作系统这一核心技术领域孕育出了具有自主知识产权的创新成果——鸿蒙系统（HarmonyOS）。这一系统开发成功不仅是国人的骄傲，更是全球技术竞争中的一股新兴力量。

鸿蒙系统的诞生，标志着我国在全球操作系统领域迈出了坚实的一步。凭借其独特的分布式架构、跨平台能力以及对开发者友好的设计理念，它为智能设备带来了全新的使用体验。随着鸿蒙系统的不断迭代和完善，它已成为连接亿万用户与智能生活的桥梁。

华为公司于 2024 年 10 月 22 日在深圳正式发布了原生鸿蒙系统（HarmonyOS NEXT）。HarmonyOS NEXT 实现了系统底座的完全自主研发，具有完全自有知识产权的微内核，因此被称为"纯血鸿蒙"，其对应的产品名为 HarmonyOS 5，中文称为"鸿蒙 OS 5"。

在鸿蒙的生态系统中，ArkTS 语言扮演着至关重要的角色。作为鸿蒙应用开发的主力语言，ArkTS 继承了 TypeScript 的语法优势，并在此基础上实现了创新与扩展。通过声明式 UI、强化的静态类型检查以及轻量化的并发机制，ArkTS 为开发者提供了一种高效、简捷且安全的编程范式。

我们将编写《鸿蒙 HarmonyOS NEXT 开发之路》系列丛书，共分为 3 卷：

- 《鸿蒙 HarmonyOS NEXT 开发之路 卷 1：ArkTS 语言篇》
- 《鸿蒙 HarmonyOS NEXT 开发之路 卷 2：从入门到应用篇》
- 《鸿蒙 HarmonyOS NEXT 开发之路 卷 3：项目实践篇》

本书为系列丛书的第 1 卷——《鸿蒙 HarmonyOS NEXT 开发之路 卷 1：ArkTS 语言篇》。本书旨在为有志于深入探索鸿蒙系统开发的读者提供系统性的学习指南，将从 ArkTS 语言的基础开始，逐步深入鸿蒙应用开发的各个层面。无论是初学者还是有经验的开发者，都能从本书中获益。

本书内容包括：

- 鸿蒙系统的发展历程与未来愿景。
- ArkTS 语言的核心特性与编程优势。

- 利用 ArkTS 进行高效、声明式 UI 开发的方法。
- 状态管理与数据绑定的最佳实践。
- 鸿蒙应用的生命周期管理与性能优化策略。

资源下载

本书配套示例源码，请读者用微信扫描下面的二维码下载。如果学习本书的过程中发现问题或疑问，可发送邮件至 booksaga@126.com，邮件主题为"鸿蒙 HarmonyOS NEXT 开发之路 卷 1：ArkTS 语言篇"。

通过对本书的学习，读者不仅可以掌握 ArkTS 语言的核心技术，还能深刻理解鸿蒙系统的设计理念，从而在智能设备开发领域发挥自己的创造力与想象力。

在数字化时代，每一位开发者都是创新的推动者。我们诚邀读者加入鸿蒙生态，与全球开发者共同开启智能生活的无限可能。

愿本书成为读者鸿蒙开发之旅中的得力助手，助力实现梦想，共创辉煌！

华为开发者专家：马剑威

2024 年 12 月

目　　录

第二部分　ArkTS 进阶

第三部分　ArkTS 高级特性

 鸿蒙HarmonyOS NEXT
开发之路

 卷1：ArkTS语言篇

第一部分
基础知识

在HarmonyOS NEXT应用开发中，ArkTS语法既是基础，也是本书的重点内容。因此，本书第一部分将详细介绍ArkTS的基础知识。

本部分共8章，分别是：

- 第1章　ArkTS声明式UI开发规范
- 第2章　ArkTS基本知识
- 第3章　函数
- 第4章　类和对象

- 第5章　接口
- 第6章　泛型类型
- 第7章　空安全
- 第8章　模块

**HarmonyOS
NEXT**

通过学习本部分内容，读者将全面掌握HarmonyOS NEXT应用开发中的ArkTS语法知识，为成为HarmonyOS NEXT应用开发工程师打下坚实的基础。

第1章

ArkTS 声明式 UI 开发规范

本章将带领读者走进 HarmonyOS NEXT 的精彩世界。首先，我们将详细讲解这一操作系统的独特之处，探讨它令人眼前一亮的功能特性。接着，剖析它的内部结构，就像打开一块精密的机械手表，展示系统内部的各个"齿轮"是如何高效运转的。随后，一步一步指导读者在该系统上开发应用程序，就像教人做菜一样，会说明需要哪些材料、步骤，以及如何避免烹饪过程中可能遇到的问题。此外，还将分享一些实用的小技巧和开发规则，帮助读者提高效率，减少试错。

在开始实际开发之前，本章会带领读者搭建适合 HarmonyOS NEXT 应用开发的环境，就像准备一间设备齐全的厨房，让读者可以大展厨艺——让开发过程更加顺畅。最后，将通过编写一个经典的"Hello World"程序，迈出 HarmonyOS 编程的第一步。这一实践既简单又经典，能够让读者体验到编程的乐趣，并为将来开发更复杂的应用程序奠定基础。

无论读者是初学者，还是有经验的开发者，本章都能提供宝贵的知识和启发，使其更好地融入HarmonyOS NEXT 的生态，开启智能应用开发的新旅程。

1.1　HarmonyOS NEXT 的介绍与特点

在数字化浪潮中，操作系统不仅是硬件与用户之间的桥梁，更是驱动设备智能化的核心所在。华为推出的 HarmonyOS NEXT，不仅展现了对未来智能生活的憧憬，更是华为技术创新的经典之作。

1.1.1　HarmonyOS NEXT 概览

HarmonyOS NEXT 是华为精心研发的一款操作系统，秉承"全场景、全连接、全智能"的设计理念，为全球用户描绘了全新的数字生活图景。基于微内核架构，这一系统以卓越的性能、安全性和可扩展性，出色地适配多种设备和应用场景。

1.1.2　核心亮点

HarmonyOS NEXT 的核心亮点如下：

1）微内核架构

HarmonyOS NEXT 采用微内核设计，与传统宏内核相比，具备更高的安全性和更快的响应速度，让系统更轻盈而不失强大。

2）全场景覆盖

支持从智能手机到平板电脑，再到智能电视和穿戴设备的多种场景，HarmonyOS NEXT 实现了跨设备的无缝体验，确保用户在不同设备上的操作感受始终如一。

3）分布式创新

分布式能力是 HarmonyOS NEXT 的核心特色之一，它支持设备间资源共享和任务协同，无论是数据传输还是应用执行，均可在设备间顺畅衔接，为用户带来便捷的使用体验。

4）性能流畅

通过先进的内存管理和任务调度技术，HarmonyOS NEXT 确保用户获得流畅的系统体验。此外，系统支持多语言编程，为开发者提供了更大的"创作"空间和自由。

5）安全至上

从设计阶段起，HarmonyOS NEXT 便将安全置于核心位置，采用多层次的防护措施，如数据加密、安全启动等，全面保障用户的数据安全。

6）开放生态

华为致力于构建开放的生态系统。HarmonyOS NEXT 提供丰富的 API 和开发工具，激励全球开发者与合作伙伴共同探索新可能性，为生态注入更多活力。

1.1.3　深远影响

HarmonyOS NEXT 的问世标志着华为产品生态的一次重大飞跃，也将在全球操作系统市场中掀起波澜。它不仅有望重塑用户对智能设备的使用习惯，还将推动行业技术不断向前发展。

1）设备智能化加速

HarmonyOS NEXT 的普及将加速设备智能化进程，更好地满足用户的个性化需求，提升使用体验。

2）技术创新激发

系统的开放性和分布式架构将激发开发者的创新潜能，催生出新技术和新应用。

3）市场竞争重塑

HarmonyOS NEXT 的加入可能重塑操作系统市场的竞争格局，为用户提供更加多元化的选择，推动行业健康发展。

1.1.4　开发者机遇

对于开发者而言，HarmonyOS NEXT 不仅是一个强大的平台，更是一个孕育创新与成长的广阔舞台。

1）全栈自研能力

HarmonyOS NEXT 提供的全栈自研优势，能够助力开发者降低开发成本，提高开发效率，实现高效创新。

2）原生应用开发

借助系统级 AI 能力，开发者可以轻松构建智能功能，为用户带来原生应用的体验。

3）统一生态部署

通过"一次开发，多端适配"的生态能力，HarmonyOS NEXT 简化了跨设备开发流程，提升了应用开发效率与资源利用率。

4）安全与隐私保障

在以安全为核心的平台上开发，有助于提升用户对应用的信任度。

5）开放合作生态

华为秉持开放合作的理念，积极鼓励开发者加入，共同推动生态繁荣发展。

6）技术支持与社区资源

华为提供全面的开发支持和活跃的社区资源，助力开发者快速成长。

HarmonyOS NEXT 是华为推出的新一代操作系统，其创新理念和强大功能充分展现了华为对未来智能生活的深刻洞察和技术实力。随着技术的不断完善和市场认可度的逐步提升，HarmonyOS NEXT 有望成为推动智能设备发展的重要引擎。

1.2　整体架构

了解操作系统架构设计对于学习应用开发至关重要，主要体现在以下几个方面：

1）资源管理与优化

操作系统是计算机系统的核心，负责管理计算机的硬件和软件资源。深入理解操作系统架构设计有助于开发者掌握如何高效地利用这些资源，如内存管理、进程调度、文件系统等。这种理解能够促使开发者编写出更加高效、稳定且资源占用更少的代码。

2）并发与并行处理

操作系统的并发控制机制和并行处理策略对多任务处理和数据并行处理的应用开发至关重要。掌握这些知识有助于开发者设计出响应更快、性能更优的应用程序。

3）系统调用与接口

操作系统为上层应用提供了丰富的系统调用接口（System Call Interface）和应用程序编程接口（Application Programming Interface，API），这些接口是应用与操作系统交互的桥梁。了解操作系统的架构设计有助于开发者深入理解系统调用的工作原理和性能特性，从而更准确地使用这些接口来满足应用的需求。

4）安全与稳定性

操作系统架构的设计直接决定了系统的安全性和稳定性。掌握操作系统的安全机制（如权限管理、访问控制等）以及稳定性保障措施（如错误处理、故障恢复等），有助于开发者在开发应用中有效地考虑这些因素，编写出更加安全可靠的应用。

5）深入理解技术栈

在软件开发领域，操作系统是整个技术栈的基础层。深入了解操作系统架构的设计有助于开发者全面理解技术栈的整体结构和核心逻辑，从而更好地把握应用开发的方向和关键技术点。

因此，了解操作系统架构设计对于学习应用开发意义重大。这不仅能显著提高开发效率和代码质量，还能培养开发者的系统思维能力和跨平台开发能力。

图 1-1 展示了 HarmonyOS NEXT 操作系统的整体架构。

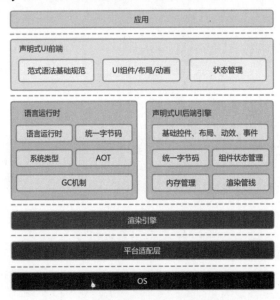

图 1-1　HarmonyOS NEXT 整体架构图

具体说明如下：

● 声明式 UI 前端：提供了 UI 开发范式的基础语言规范，内置丰富的 UI 组件、布局和动画，同时支持多种状态管理机制，为应用开发者提供完善的接口支持。

● 语言运行时：基于 ArkTS 语言（即方舟语言）的运行时（runtime，也称为运行时库），具备对 UI 范式语法的解析能力，支持跨语言调用，并提供高性能的 TypeScript 语言运行环境。

● 声明式 UI 后端引擎：后端引擎兼容多种开发范式，提供强大的 UI 渲染管线支持，包括基础组件、布局计算、动效处理、交互事件管理，以及状态管理和绘制能力。

● 渲染引擎：提供高效的绘制能力，可将渲染管线生成的渲染指令快速呈现至屏幕。

● 平台适配层：提供对系统平台的抽象接口，具备接入不同系统的能力，包括支持系统渲染管线的整合与生命周期的调度管理。

1.3　开发流程

使用 UI 开发框架开发应用时，主要涉及以下开发流程：

（1）ArkTS：包括 ArkTS 的语法、状态管理和渲染控制的应用场景。

（2）开发布局：包括常用的布局方式及其使用场景。

（3）添加组件：包括内置组件、自定义组件以及通过 API 支持的界面元素。

（4）设置组件导航和页面路由：配置组件间的导航及页面的路由功能。

（5）显示图形：显示图片、绘制自定义几何图形，以及使用画布绘制自定义图形。

（6）使用动画：包括组件和页面动画的典型应用场景及实现方法。

（7）绑定事件：包括事件的基本概念，以及使用通用事件和手势事件的方法。

（8）使用自定义能力：理解自定义能力的基本概念，并实现相关功能。

（9）主题设置：进行应用级和页面级的主题设置与管理。

（10）使用 NDK 接口构建 UI：通过 ArkUI 提供的 NDK 接口，创建和管理 UI 界面。

（11）使用镜像能力：了解镜像能力的基本概念，并掌握其使用方法。

1.4　通用规则

通用规则是指开发应用时，系统默认的处理方式。熟悉这些规则可以帮助开发者提高开发效率，并编写出更高质量的代码。

在当前的 HarmonyOS NEXT 应用开发中，通用规则主要包含以下两个方面。

1）默认单位

表示长度的输入参数的单位默认为 vp，即 number 类型的参数。对于以 number 类型值表示的 Length 类型的参数，以及以 number 类型值表示的 Dimension 类型的参数，其数值单位默认为 vp。

vp 是虚拟像素（Virtual Pixel）的缩写，指设备相对于应用的虚拟尺寸（区别于屏幕硬件像素单位）。vp 是一种灵活的单位，能够根据不同屏幕的像素密度进行缩放，从而在各种屏幕上保持统一的尺寸显示效果。这种单位提供了一种灵活的方式，使得 UI 元素在不同像素密度的屏幕上保持一致大小的视觉效果。

2）异常值处理

当输入参数为异常值（undefined、null 或无效值）时，系统处理规则如下：

（1）对应参数有默认值，则按默认值处理。

（2）对应参数无默认值，则该参数对应的属性或接口不生效。

1.5　开发环境搭建

本节主要介绍 HarmonyOS NEXT 开发环境的搭建过程，包括安装和配置 HUAWEI DevEco Studio。

1.5.1 概述

HUAWEI DevEco Studio 基于 IntelliJ IDEA Community 开源版本构建，为在 HarmonyOS NEXT 系统上运行的应用和服务提供了一站式开发平台。

作为一款专业的开发工具，DevEco Studio 除了具备代码开发、编译构建、调测等功能外，还具备如下特点：

（1）高效智能代码编辑：支持 ArkTS、JavaScript、C/C++等多种语言，提供代码高亮、智能补齐、错误检查、自动跳转、格式化、查找等功能，大幅提升代码编写效率。

（2）多端双向实时预览：支持 UI 界面代码的双向预览、实时预览、动态预览、组件预览及多端设备预览，便于开发者快速查看代码运行效果。

（3）多端设备模拟仿真：提供 HarmonyOS NEXT 本地模拟器，支持 iPhone 等设备的模拟仿真，便捷获取调试环境。

（4）DevEco Profiler 性能调优：提供实时监控能力和场景化调优模版，支持全方位的设备资源监测和多维度数据采集，帮助开发者实现高效的性能调优和快速定位问题代码行。

1.5.2 工具准备

从 HarmonyOS Developer 官网下载最新版的 DevEco Studio 安装包。

1.5.3 安装 DevEco Studio

DevEco Studio 支持 Windows 和 macOS 系统，下面将针对这两种操作系统分别介绍 DevEco Studio 软件的安装。

1. Windows 环境下安装 DevEco Studio

1）运行环境要求

为保证 DevEco Studio 正常运行，建议计算机配置满足以下要求：

- 操作系统：Windows 10 64 位、Windows 11 64 位。
- 内存：推荐 16GB 或以上，最低 8GB。
- 硬盘：100GB 或以上。
- 分辨率：1280 × 800 像素或更高。

2）安装 DevEco Studio

Windows 环境下安装 DevEco Studio 的操作步骤如下：

步骤01 双击下载的 deveco-studio-xxxx.exe 文件，启动 DevEco Studio 安装向导，如图 1-2 所示。

步骤02 单击"下一步"按钮，进入"选择安装位置"界面。默认安装路径在 C:\Program Files 下，也可单击"浏览"按钮指定其他安装路径，然后单击"下一步"按钮，如图 1-3 所示。

图 1-2　安装向导界面

图 1-3　Windows 环境下 DevEco Studio 的"选择安装位置"界面

步骤 03 在如图 1-4 所示的"安装选项"界面中勾选 DevEco Studio 后，单击"下一步"按钮。

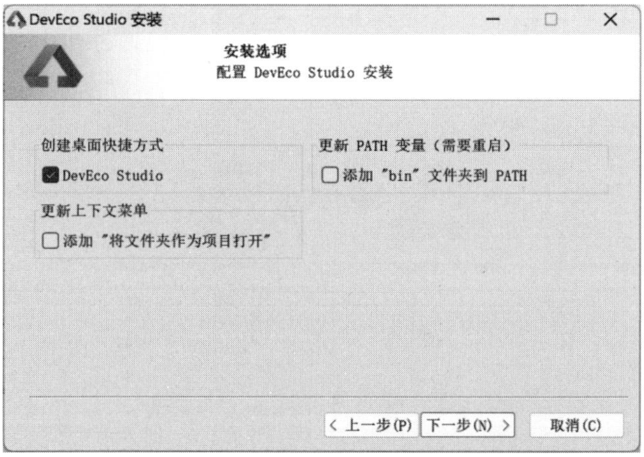

图 1-4　Windows 环境下 DevEco Studio 的"安装选项"界面

步骤 04 按照提示依次单击"下一步"按钮，直至安装完成，最后单击"完成"按钮，如图 1-5 所示。

图 1-5　Windows 环境下 DevEco Studio 安装完成时的界面

2. macOS 环境下安装 DevEco Studio

1）运行环境要求

为保证 DevEco Studio 正常运行，建议计算机配置满足以下要求：

- 操作系统：macOS(X86) 10.15/11/12/13/14；macOS(ARM) 11/12/13/14。
- 内存：推荐 16GB 或以上，最低 8GB。
- 硬盘：100GB 或以上。
- 分辨率：1280×800 像素或更高。

2）安装 DevEco Studio

macOS 环境下安装 DevEco Studio 的操作步骤如下：

步骤 01 在安装界面中，将 DevEco-Studio.app 拖曳到 Applications 文件夹中，等待安装完成，如图 1-6 所示。

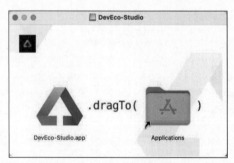

图 1-6　macOS 环境下 DevEco Studio 的安装界面

步骤 02 安装完成后，按照提示配置代理并检查开发环境。

1.5.4　诊断开发环境

为了确保开发者在应用或服务开发过程中拥有良好的体验，DevEco Studio 提供了开发环境诊断功能，可帮助开发者检查开发环境是否配置完备。开发者可以在欢迎页面单击 Diagnose 按钮进行诊断，如图 1-7 所示。如果已经打开了工程开发界面，也可以在菜单栏中依次单击 Help→Diagnostic Tools →Diagnose Development Environment 选项进行诊断。

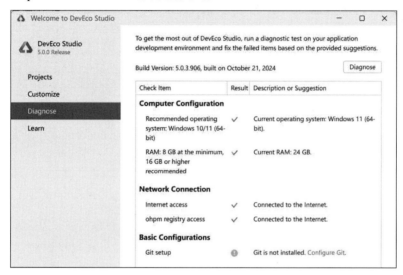

图 1-7　Windows 环境下 DevEco Studio 进入开发环境诊断时的界面

DevEco Studio 开发环境诊断项包括计算机的配置、网络的连通情况、依赖的工具是否安装等。如果检测结果为未通过，则根据检查项的描述和修复建议进行处理，如图 1-8 所示。

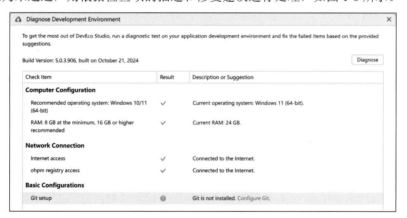

图 1-8　Windows 环境下 DevEco Studio 开发环境显示诊断结果时的界面

1.5.5　启用中文化插件

步骤 01 在工程开发界面的主菜单栏中，依次单击 File→Settings→Plugins 选项，选择 Installed 标签，在搜索框中输入 Chinese，搜索结果里将出现 Chinese（Simplified），在右侧单击 Enable 按钮，再单击右下角的 OK 按钮，如图 1-9 所示。

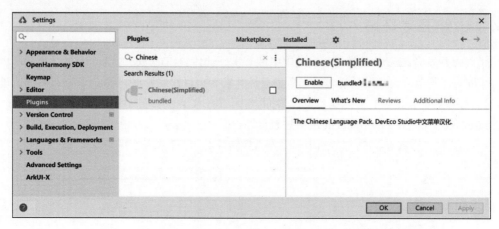

图 1-9　Windows 环境下 DevEco Studio 启用简体中文设置时的界面

步骤 02 在弹出的对话框中单击 Restart 按钮（见图 1-10），重启 DevEco Studio 后设置即可生效。

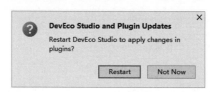

图 1-10　插件设置完成后提示是否立刻重启 DevEco Studio 的对话框

1.6　编写 HarmonyOS 入门程序

本节将带领读者编写一个简单的 HarmonyOS NEXT 入门程序——Hello World，让读者对 HarmonyOS NEXT 有一个初步的体验。

1.6.1　案例说明

1. UI 框架

HarmonyOS NEXT 提供了一套 UI 开发框架，即方舟开发框架（ArkUI 框架）。方舟开发框架为开发者提供了 UI 开发所需的能力，如多种组件、布局计算、动画能力、UI 交互、绘制功能等。

方舟开发框架针对不同目的和技术背景的开发者，提供了两种开发范式：基于 ArkTS 的声明式开发范式和兼容 JavaScript 的类 Web 开发范式。这两种开发范式的对比如表 1-1 所示。

表1-1　两种开发范式的对比

开发范式名称	语言生态	UI 更新方式	适用场景	适用人群
声明式开发范式	ArkTS 语言	数据驱动更新	复杂度较大、团队合作度较高的程序	移动系统应用开发人员、系统应用开发人员
类 Web 开发范式	JavaScript 语言	数据驱动更新	界面较为简单的中小型应用和卡片	Web 前端开发人员

2. 应用模型

应用模型是 HarmonyOS NEXT 为开发者提供的应用程序所需的抽象提炼，提供了应用程序必备的组件和运行机制。通过应用模型，开发者可以基于统一的框架进行应用开发，使应用开发变得更简单和高效。

随着系统的演进，HarmonyOS NEXT 先后提供了两种应用模型：

- Stage 模型：HarmonyOS API 9 开始新增的模型，是目前主推并将长期演进的模型。该模型通过提供 AbilityStage、WindowStage 等类作为应用组件和 Window 窗口的"舞台"，因此被称为 Stage 模型。接下来的 Hello World 程序就是使用 Stage 模型开发的。
- FA（Feature Ability）模型：HarmonyOS API 7 开始支持的模型，当目前已不再主推了。

本案例将提供一个含有两个页面的开发实例，并基于 Stage 模型构建第一个 ArkTS 应用，以便于读者理解上述概念及应用开发流程。

1.6.2　创建 ArkTS 工程

创建 ArkTS 工程的步骤如下：

步骤01 如果是首次打开 DevEco Studio，那么单击 Create Project 按钮创建工程。如果已经打开了一个工程，则在菜单栏中依次单击 File→New→Create Project 来新建一个工程。

步骤02 在新建工程界面选择 Application 类型的应用开发，选择 Empty Ability 模板，单击 Next 按钮进入下一步配置，如图 1-11 所示。

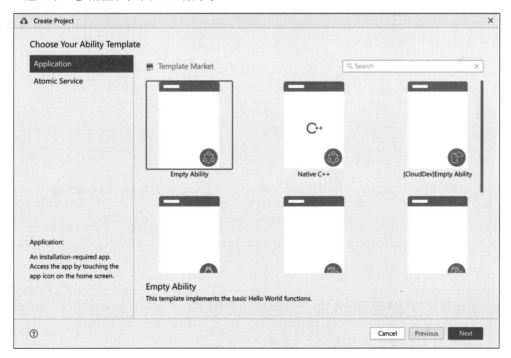

图 1-11　DevEco Studio 新建工程界面

工程模板支持的开发语言及模板说明如表 1-2 所示。

表1-2 工程模板支持的开发语言及模板说明

模板名称	说　　明
Empty Ability	用于 Phone、Tablet、2in1、Car 设备的模板，展示基础的 Hello World 功能
Native C++	用于 Phone、Tablet、2in1、Car 设备的模板，作为应用调用 C++代码的示例功能
[CluodDev]Empty Ability	端云一体化开发通用模板
[Lite]Empty Ability	用于 Lite Wearable 设备的模板，展示基础的 Hello World 程序的功能。可基于此模板修改设备类型及 RuntimeOS，进行小型嵌入式设备开发
Flexible Layout Ability	用于创建跨设备应用开发的三层工程结构模板，包含 common（公共能力层）、features（基础特性层）、products（产品定制层）
Embeddable Ability	用于开发支持被其他应用嵌入运行的元服务的工程模板

步骤03 进入工程配置界面，将 Compatible SDK 设置为 5.0.0(API 12)，将 Model 设置为 Stage，其他参数保持默认设置即可，如图 1-12 所示。

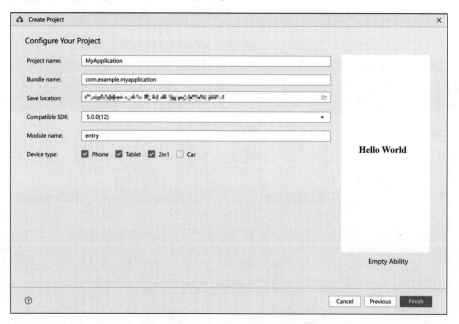

图 1-12　DevEco Studio 工程配置界面

步骤04 配置完成后，单击 Finish 按钮，DevEco Studio 会自动生成示例代码和相关资源，用户只需等待工程创建完成即可。

1.6.3　ArkTS 工程目录结构（Stage 模型）

新建 ArkTS 工程后的目录结构如图 1-13 所示。

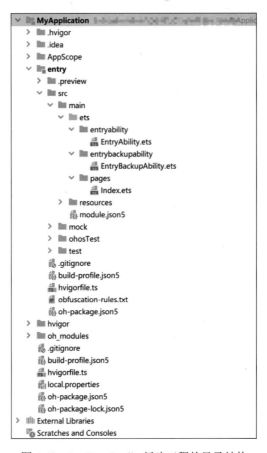

图 1-13　DevEco Studio 新建工程的目录结构

目录说明如下：

（1）AppScope > app.json5：应用的全局配置信息。

（2）entry：HarmonyOS 工程模块，编译构建生成一个 HAP 包。

（3）src > main > ets：用于存放 ArkTS 源码。

（4）src > main > ets > entryability：应用/服务的入口。

（5）src > main > ets > pages：应用/服务包含的页面。

（6）src > main > resources：用于存放应用/服务所用到的资源文件，如图形、多媒体、字符串、布局文件等。

（7）src > main > module.json5：Stage 模型模块配置文件，主要包含 HAP 包的配置信息、应用/服务在具体设备上的配置信息以及应用/服务的全局配置信息。

（8）build-profile.json5：当前的模块信息，包括编译信息配置项（如 buildOption 和 targets 配置等）。其中，targets 可配置当前运行环境，默认为 HarmonyOS。

（9）hvigorfile.ts：模块级编译构建任务脚本，开发者可以自定义相关任务和代码实现。

（10）oh_modules：用于存放第三方库依赖信息。

（11）build-profile.json5：应用级配置信息，包括签名、产品配置等。

（12）hvigorfile.ts：应用级编译构建任务脚本。

1.6.4 构建第一个页面

1. 使用文本组件

工程同步完成后，在 Project 窗口中依次单击 entry→src→main→ets→pages 选项，打开 Index.ets 文件。该文件定义的页面由 Text 组件构成，它的代码如文件 1-1 所示。

文件 1-1 Index.ets 文件中的代码

```
@Entry
@Component
struct Index {
  @State message: string = 'Hello World'

  build() {
    Row() {
      Column() {
        Text(this.message).fontSize(50).fontWeight(FontWeight.Bold)
      }.width('100%')
    }
  }
}
```

代码说明如下：

- @Entry：这是一个装饰器（decorator），在 ArkTS 中用于标记当前组件为应用程序的入口点。当运行应用程序时，该组件会首先被加载和显示。

- @Component：这是另一个装饰器，用于声明后面的 struct 是一个组件，可包含状态、方法和 UI 布局。

- struct Index { ... }：定义了一个名为 Index 的结构体，代表应用程序的主界面。

- @State message: string = 'Hello World'：定义了一个状态变量 message，类型为 string，初始值为'Hello World'. @State 装饰器表示该变量的变化可以被追踪，当它变化时，会触发 UI 的自动更新。

- build() { ... }：这是一个方法，用来构建组件的 UI 布局。ArkTS 使用声明式的方式来构建 UI，开发者只需描述所需界面，不必关心具体实现。

- Row() { ... }：Row 是一个布局组件，用来水平排列子组件。这里的 Row()创建了一个水平布局。

- Column() { ... }：Column 是一个布局组件，用来垂直排列子组件。这里的 Column 嵌套在 Row 内部，表示垂直布局会以水平方式排列。

- Text(this.message)：Text 是一个 UI 组件，用于显示文本。这里显示的内容是 this.message，即状态变量 message 的值。

- fontSize(50)：这是一个方法调用，用来设置文本的字体大小为 50。

- fontWeight(FontWeight.Bold)：这也是一个方法调用，用来设置文本的字体样式为加粗。

- width('100%')：设置 Column 的宽度为 100%，意味着它将占据其父组件（这里是 Row）的全部宽度。

这段代码创建了一个应用程序的主界面，包含一个水平布局，该布局中有一个垂直排列的文本组件，文本内容是"Hello World"，字体大小为 50 磅，加粗，它的宽度占满整个父容器。

2. 添加按钮

在默认页面的基础上，通过添加 Button 组件，实现按钮的单击响应功能，用于跳转到另一个页面。修改后的 Index.ets 文件内的代码如文件 1-2 所示。

文件 1-2　修改后的 Index.ets

```
@Entry
@Component
struct Index {
  @State message: string = 'Hello World'

  build() {
    Column() {
      Text(this.message).fontSize(50).fontWeight(FontWeight.Bold)
      // 添加按钮，以响应用户的单击
      Button() {
        Text('Next').fontSize(30).fontWeight(FontWeight.Bold)
      }
      .type(ButtonType.Capsule)
      .margin({ top: 20 })
      .backgroundColor('#0D9FFB')
      .width('40%')
      .height('5%')
    }.width('100%')
    .height('100%')
  }
}
```

下面来解释一下添加按钮的代码片段的含义：

- Button() { ... }：创建一个按钮组件。按钮内部可以包含文本或其他组件。
- Text('Next')：在按钮内部添加一个文本组件，显示文本"Next"。
- fontSize(30)：设置按钮内部文本的字体大小为 30。
- fontWeight(FontWeight.Bold)：设置按钮内部文本的字体样式为加粗。
- type(ButtonType.Capsule)：设置按钮的类型为胶囊形状。
- margin({ top: 20 })：设置按钮的上外边距为 20。
- backgroundColor('#0D9FFB')：设置按钮的背景颜色为#0D9FFB。
- width('40%')：设置按钮的宽度为父组件宽度的 40%。
- height('5%')：设置按钮的高度为父组件高度的 5%。

在 ArkTS 中，注释的写法与 JavaScript 或 TypeScript 相同，因为它们都是基于 JavaScript 的语法。以下是几种常见的注释方式：

（1）单行注释：以两个斜杠（//）开始，从注释开始到行尾的所有内容均为注释内容，都会被忽略，即不会被程序执行。例如：

```
// 这是一个单行注释
```

```
let value = 10; // 这行代码后面也有一个单行注释
```

（2）多行注释：以斜杠加星号（/*）开始，以星号加斜杠（*/）结束，包围的内容为注释内容。例如：

```
/*
这是一个多行注释的例子
所有这些行都不会被执行
*/
let value = 20;
```

（3）HTML 风格的注释：虽然 HTML 风格的注释不是 JavaScript 或 TypeScript 的官方注释方式，但在 HTML 中嵌入 JavaScript 代码时，有时会使用 HTML 注释（<![CDATA[]]>）来避免被 HTML 解析器错误解释。例如：

```
<!-- 这不是 JavaScript 的官方注释方式，但可以在 HTML 中使用 --><script>
<!--
let value = 30;
// -->
</script>
```

在 ArkUI 框架中编写 UI 组件时，可以通过在组件代码中添加注释来提高代码的可读性和可维护性。

接下来，可在编辑窗口右上角的侧边工具栏中单击 Previewer，打开预览器。第一个页面的效果如图 1-14 所示。

图 1-14　Hello World 页面在预览器中的显示效果

1.6.5　构建第二个页面

1. 新建第二个页面

在 Project 窗口中依次单击 entry→src→main→ets 选项，选择 pages 文件夹并右击，在弹出的快捷菜单中依次选择 New→ArkTS File 选项，新建一个 ArkTS 页面，并命名为 Second，最后单击 Finish 按钮。此时，文件目录结构如图 1-15 所示。

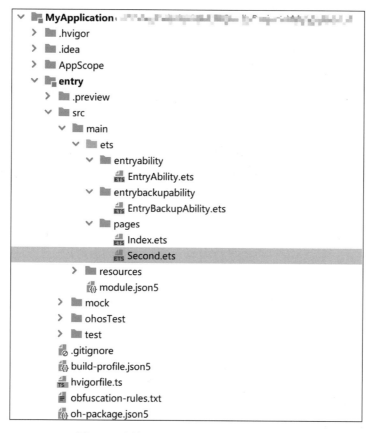

图 1-15　添加 Second.ets 后的文件目录结构

说　　明
开发者也可以在右击 pages 文件后，在弹出的快捷菜单中依次选择 New→Page 选项，这样可以免去手动配置相关页面路由的步骤。

2. 配置第二个页面的路由

在 Project 窗口中依次单击 entry → src → main → resources → base → profile 选项，打开 main_pages.json 文件。在 src 字段中为第二个页面配置路由路径 pages/Second，代码如文件 1-3 所示。

文件 1-3　main_pages.json 文件中的代码

```
{
  "src": [
    "pages/Index",
    "pages/Second"
  ]
}
```

这段代码是一个 JSON 对象，定义了一个包含两个元素的数组，每个元素都是指向页面路径的字符串。在 Web 开发或移动应用开发中，这类配置通常用于指定应用程序的页面路由。

● 　"pages/Index"：通常指向应用程序的主页，可能是一个名为 Index 的页面组件。在单页应用程序（SPA）或多页应用程序中，这可能是用户加载应用时看到的第一个页面。

● "pages/Second"：指向应用程序的第二个页面，可能是一个名为 Second 的页面组件。通常在用户导航到此页面时加载。

3. 添加文本及按钮

参照第一个页面，在第二个页面中添加 Text 组件、Button 组件等，并设置其样式。Second.ets 文件中的代码如文件 1-4 所示。

文件 1-4　Second.ets 文件中的代码

```
@Entry
@Component
struct Second {
  @State message: string = 'Hi there'

  build() {
    Row() {
      Column() {
        Text(this.message).fontSize(50).fontWeight(FontWeight.Bold)
        Button() {
          Text('Back').fontSize(25).fontWeight(FontWeight.Bold)
        }
        .type(ButtonType.Capsule)
        .margin({ top: 20 })
        .backgroundColor('#0D9FFB')
        .width('40%')
        .height('5%')
      }.width('100%')
    }.height('100%')
  }
}
```

以上代码的说明如下：

● struct Second { ... }：定义了一个名为 Second 的结构体，它包含了组件的状态和 UI 布局。

● @State message: string = 'Hi there'：定义了一个状态变量 message，其初始值为'Hi there'。状态变量用于存储动态数据，该数据变化时 UI 会自动更新。

● build() { ... }：这是组件的构建函数，用于定义组件的 UI 布局。

● Row() { ... }：创建了一个 Row 组件，用于水平排列子组件。

● Column() { ... }：创建了一个 Column 组件，用于垂直排列子组件，它被放置在 Row 内部。

● Text(this.message)：在 Column 内部创建了一个 Text 组件，用于显示状态变量 message 的值。

● fontSize(50)：设置文本组件的字体大小为 50。

● fontWeight(FontWeight.Bold)：将文本组件的字体样式设置为加粗。

● Button() { ... }：在 Column 内部创建了一个 Button 组件，用于响应用户单击事件。

● Text('Back')：在按钮内部添加文本'Back'。

- fontSize(25)：设置按钮内部文本的字体大小为 25。
- fontWeight(FontWeight.Bold)：设置按钮内部文本的字体为加粗。
- type(ButtonType.Capsule)：设置按钮的样式为胶囊型。
- margin({ top: 20 })：设置按钮的上外边距为 20。
- backgroundColor('#0D9FFB')：设置按钮的背景颜色为#0D9FFB。
- width('40%')：设置按钮的宽度为父组件宽度的 40%。
- height('5%')：设置按钮的高度为父组件高度的 5%。
- Column().width('100%')：设置 Column 组件的宽度占满其父组件的宽度。
- Column().height('100%')：设置 Column 组件的高度占满其父组件的高度。
- Row().height('100%')：设置 Row 组件的高度占满其父组件的高度。

这段代码定义了一个包含欢迎信息和返回按钮的页面。当用户单击 Back 按钮时，通常会触发一个事件，允许用户返回到上一个页面。然而，这段代码中并未实现按钮单击事件的处理逻辑。若需要支持返回功能，可通过添加事件监听器并定义相应的处理函数来完成。

1.6.6　实现页面间的跳转

页面间的导航可以通过页面路由 router 来实现。页面路由 router 根据页面 URL 找到目标页面，从而完成跳转。使用页面路由需要导入 router 模块。

1. 第一个页面跳转到第二个页面

在第一个页面中，为跳转按钮绑定 onClick 事件，这样单击该按钮时即可跳转到第二个页面。修改后的 Index.ets 文件中的代码如文件 1-5 所示。

文件 1-5　Index.ets 文件中的代码

```
// 导入页面路由模块
import { router } from '@kit.ArkUI'
import { BusinessError } from '@kit.BasicServicesKit'

@Entry
@Component
struct Index {
  @State message: string = 'Hello World'

  build() {
    Row() {
      Column() {
        Text(this.message)
          .fontSize(50)
          .fontWeight(FontWeight.Bold)
        // 添加按钮，用于响应用户的单击
        Button() {
          Text('Next')
```

```
              .fontSize(30)
              .fontWeight(FontWeight.Bold)
          }
          .type(ButtonType.Capsule)
          .margin({ top: 20 })
          .backgroundColor('#0D9FFB')
          .width('40%')
          .height('5%')
          // 为跳转按钮绑定 onClick 事件，单击该按钮时跳转到第二个页面
          .onClick(() => {
            console.info(`成功接收到 'Next' 按钮的单击事件。`)
            // 跳转到第二个页面
            router.pushUrl({ url: 'pages/Second' }).then(() => {
              console.info('跳转到第二个页面成功。')
            }).catch((err: BusinessError) => {
              console.error(`跳转到第二个页面失败，错误代码为：${err.code}，错误消息为：
${err.message}`)
            })
          })
      }
      .width('100%')
    }
    .height('100%')
  }
}
```

关键代码的解释如下：

- `import { router } from '@kit.ArkUI'`：导入 ArkUI 框架中的 router 模块，用于页面路由管理。
- `import { BusinessError } from '@kit.BasicServicesKit'`：导入 BusinessError 类，用于错误处理。
- `onClick(() => { ... })`：为按钮添加单击事件监听器。
- `console.info(...)`：在控制台输出信息，表示按钮单击事件被成功接收。
- `router.pushUrl({ url: 'pages/Second' })`：调用路由模块的 pushUrl 方法，尝试跳转到 pages/Second 页面。
- `then(() => { ... })`：路由跳转成功后执行的回调函数，输出跳转成功的信息。
- `catch((err: BusinessError) => { ... })`：路由跳转失败后执行的回调函数，用于捕获错误并输出错误代码和消息。

2. 第二个页面返回到第一个页面

在第二个页面中，为返回按钮绑定 onClick 事件，单击该按钮时将返回到第一个页面。修改后的 Second.ets 文件中的代码如文件 1-6 所示。

文件 1-6　Second.ets 文件中的代码

```
// 导入页面路由模块
import { router } from '@kit.ArkUI'
import { BusinessError } from '@kit.BasicServicesKit'

@Entry
@Component
struct Second {
  @State message: string = 'Hi there'

  build() {
    Row() {
      Column() {
        Text(this.message).fontSize(50).fontWeight(FontWeight.Bold)
        Button() {
          Text('Back').fontSize(25).fontWeight(FontWeight.Bold)
        }
        .type(ButtonType.Capsule)
        .margin({ top: 20 })
        .backgroundColor('#0D9FFB')
        .width('40%')
        .height('5%')
        // 为返回按钮绑定 onClick 事件，单击该按钮时返回到第一个页面
        .onClick(() => {
          console.info(`成功接收到'Back'按钮的单击事件。`)
          try {
            // 返回第一个页面
            router.back()
            console.info('成功返回到第一个页面。')
          } catch (err) {
            let code = (err as BusinessError).code
            let message = (err as BusinessError).message
            console.error(`跳转到第一个页面失败。错误代码为：${code}，错误消息为：
${message}`)
          }
        })
      }
      .width('100%')
    }
    .height('100%')
  }
}
```

关键代码的解释如下：

● 　onClick(() => { ... })): 为按钮添加单击事件监听器。

- `console.info(...)`：在控制台输出信息，表示按钮单击事件被成功接收。
- `router.back()`：调用路由模块的 back 方法，尝试返回到前一个页面。
- `console.info('成功返回到第一个页面。')`：如果成功返回，则输出信息到控制台。
- `catch (err) { ... }`：如果返回时发生错误，则捕获错误并处理。
- `let code = (err as BusinessError).code`：从错误对象中获取错误代码。
- `let message = (err as BusinessError).message`：从错误对象中获取错误消息。
- `console.error(...)`：如果返回失败，则输出错误信息到控制台。

打开 Index.ets 文件，先单击预览器中的 ⟳ 按钮进行刷新，然后在预览器中单击第一个页面中的 Next 按钮，即可跳转到第二个页面；单击第二个页面中的 Back 按钮，将返回到第一个页面，如图 1-16 所示。

图 1-16　预览器中页面显示效果

1.7　本章小结

华为推出的 HarmonyOS NEXT 是一款面向未来的智能操作系统，具有微内核架构、全场景覆盖、分布式创新、性能流畅、安全至上、开放生态的特点。

HarmonyOS NEXT 的深远影响包括加速设备智能化进程，激发技术创新活力和重塑市场竞争格局。对于开发者而言，它不仅是一个平台，更是一个充满机遇的创新舞台，提供了全栈自研能力、原生应用开发、统一生态部署、安全与隐私保障、开放合作生态和丰富的技术支持与社区资源。

在开发环境搭建方面，本章介绍了如何从 HarmonyOS Developer 官网下载并安装 DevEco Studio，配置开发环境，并启用中文化插件。

通过入门程序示例，本章展示了创建 ArkTS 工程的基本流程，包括构建页面、添加组件和实现页面间跳转的具体方法。

　　HarmonyOS NEXT 的普及将推动智能设备的快速发展，为开发者提供更广阔的创新空间，进一步促进智能生态的繁荣。

1.8　本章习题

　　（1）HarmonyOS NEXT 的核心设计理念包括哪些方面？

　　（2）HarmonyOS NEXT 的声明式 UI 前端提供了哪些功能？

　　（3）在 HarmonyOS NEXT 中，使用 ArkTS 开发 UI 应用时，开发者需要关注哪些主要的开发步骤？

　　（4）在 HarmonyOS NEXT 开发中，如果输入的参数为异常值（如 undefined、null 或无效值），系统将如何处理？

　　（5）安装 DevEco Studio 时，有哪些主要步骤？

第 2 章

ArkTS 基本知识

本章将深入探讨 ArkTS 语言，这是一种在开发和测试领域具有广泛应用的编程语言。笔者将以通俗易懂的语言，引导读者逐步进入 ArkTS 的世界，详细讲解 ArkTS 的基本语法规则，以及如何在实际开发和测试工作中运用这些规则。这些内容是本章的重点。

对于任何编程语言来说，掌握其基本规则至关重要。这不仅是为了熟悉语言本身，更是为了在未来深入学习更高级的开发技术时能够游刃有余。正如建造高楼大厦，基础打得越深越牢，大厦才能更高更稳固。

通过本章的学习，读者不仅能全面了解 ArkTS，还能熟练运用它进行单元测试——这是确保代码质量的重要手段。同时，读者将深入理解并掌握 ArkTS 的语法，为未来的编程学习和实践打下坚实基础。

2.1 初识 ArkTS

ArkTS 是 HarmonyOS NEXT 的主力应用开发语言。它基于 TypeScript（简称 TS）生态进行扩展，在保持 TypeScript 的基本风格的同时，通过规范定义强化了开发期的静态检查和分析，从而显著提升程序执行的稳定性和性能。

1. ArkTS 与标准 TypeScript 的差异

从 API 10 开始，ArkTS 通过规范进一步强化了静态检查和分析。ArkTS 与标准 TypeScript 存在以下主要差异：

1）强制使用静态类型

静态类型是 ArkTS 的核心特性之一。在静态类型的约束下，程序中变量的类型在编译时是确定的。由于所有类型在程序实际运行前即可确定，因此编译器可以验证代码的正确性，从而减少运行时的类型检查，有助于提升性能。

2）禁止在运行时改变对象布局

为实现最佳性能，ArkTS 要求在程序执行期间不能更改对象的布局结构。

3）限制运算符语义

为了获得性能并鼓励开发者编写更清晰的代码，ArkTS 对部分运算符的语义进行了限制。例如，一元加法运算符仅适用于数值类型，不能用于其他类型的变量。

4）不支持 Structural Typing

ArkTS 当前不支持 Structural Typing（结构化类型）。这一特性需要在语言设计、编译器实现和运行时考虑周全。目前 ArkTS 的开发策略是优先满足其他需求，但根据实际场景和反馈，未来可能会重新评估这一特性。

2. ArkTS 扩展的功能

在当前的在 UI 开发框架中，ArkTS 主要扩展了以下功能：

1）基本语法

ArkTS 支持声明式 UI 描述、自定义组件以及动态扩展 UI 元素。结合 ArkUI 开发框架的系统组件、事件方法和属性方法，构成了 UI 开发的核心能力。

2）状态管理

ArkTS 提供多维度的状态管理机制。与 UI 关联的数据既可以在组件内使用，也可以在不同组件层级间（如父子组件、爷孙组件之间）传递，甚至支持在全局范围或跨设备传递。数据传递形式包括只读的单向传递和可变更的双向传递，开发者可灵活利用这些功能实现数据和 UI 的联动。

3）渲染控制

ArkTS 提供了多样化的渲染控制能力。除了通过自定义组件的 build()函数和@Builder 装饰器中的声明式 UI 描述语句外，还可以使用渲染控制语句来辅助 UI 的构建，这些渲染控制语句包括：

- 条件渲染：控制组件是否显示。
- 循环渲染：基于数组快速生成组件。
- 数据懒加载：适用于特定大数据量场景。
- 混合模式渲染：针对混合模式开发的组件渲染。

ArkTS 兼容 TypeScript 和 JavaScript 生态，开发者可以使用 TypeScript 和 JavaScript 进行开发或复用已有代码。未来，ArkTS 将结合应用开发和运行的实际需求，持续演进，逐步增加并行和并发能力、系统类型支持，并引入分布式开发范式等更多特性。

2.2 DevEco Studio 的使用

本书中的所有代码均可在 DevEco Studio 中编写单元测试用例进行验证。本节将详细介绍如何使用 DevEco Studio 编写单元测试用例进行测试。

2.2.1　新建工程

在测试前，需要创建一个工程，具体步骤如下：

步骤01 在新建工程界面，选择 EmptyAbility 模板，然后单击 Next 按钮进行下一步设置，如图 2-1 所示。

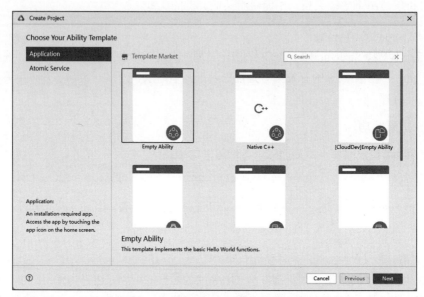

图 2-1　DevEco Studio 新建工程界面

步骤02 填写工程名称后，单击 Finish 按钮完成工程的创建，如图 2-2 所示。

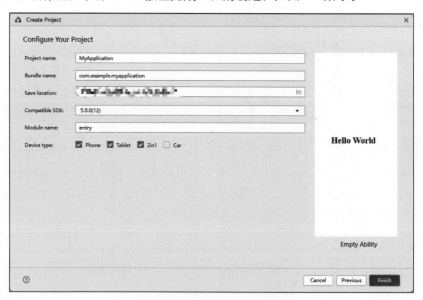

图 2-2　设置工程名称

2.2.2　自动化测试框架

1. 概述

自动化测试框架 arkxtest 是工具集的重要组成部分，支持 TypeScript 和 JavaScript 语言的单元测试框架（JsUnit）及 UI 测试框架（UiTest）。

- JsUnit 提供单元测试用例的执行能力，包括提供编写单元测试用例的基础接口以及用于测试系统或应用的接口，支持开发者编写和执行单元测试用例，同时生成对应的测试报告。
- UiTest 提供简捷易用的 API，支持查找和操作界面控件的能力，方便开发者编写基于界面操作的自动化测试脚本。

2. 实现原理

测试框架由单元测试框架和 UI 测试框架组成。

- 单元测试框架是整个测试框架的基础，提供了用例识别、调度、执行及结果汇总等核心能力。
- UI 测试框架对外提供 UiTest API，供开发者在相关测试场景中调用，其脚本运行仍依赖单元测试框架的基础功能。

3. 单元测试框架

单元测试框架由核心测试管理（CORE）与扩展测试管理（EXT）组成，它的主要功能结构如图 2-3 所示。

图 2-3　单元测试框架的主要功能

测试可通过 aa 命令行进行，使用命令行脚本测试的流程如图 2-4 所示。

aa命令行
传递启动参数
AbilityManagerService
启动测试应用进程
Application
启动TestRunner
TestRunner
启动TestAbility
TestAbility
加载运行测试框架
TestCase
1. 输出执行结果
2. 关闭测试进程
测试结束
CMD显示测试结果
关闭测试进程

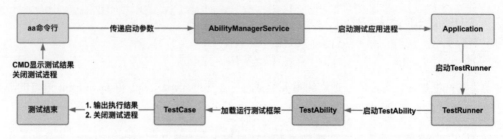

图 2-4 脚本基础流程运行图

4. UI 测试框架

UI 测试框架的主要功能如图 2-5 所示。

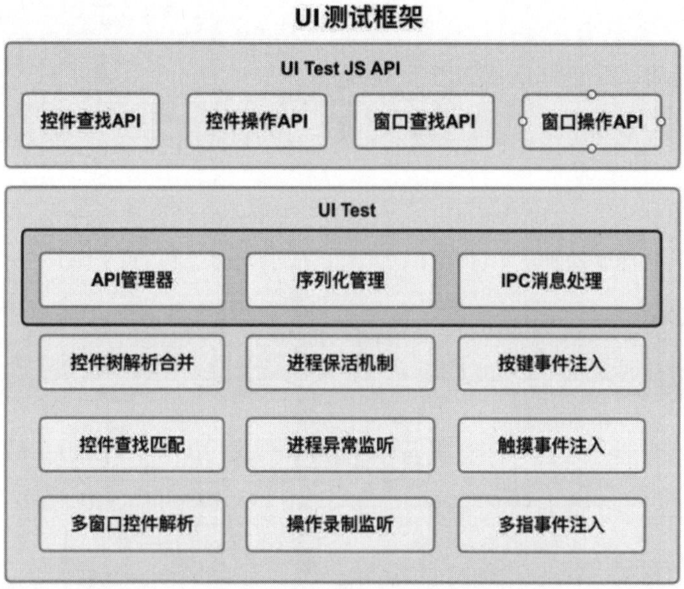

UI测试框架
UI Test JS API
控件查找API
控件操作API
窗口查找API
窗口操作API
UI Test
API管理器
序列化管理
IPC消息处理
控件树解析合并
进程保活机制
按键事件注入
控件查找匹配
进程异常监听
触摸事件注入
多窗口控件解析
操作录制监听
多指事件注入

图 2-5 UI 测试框架主要功能

5. 约束与限制

UI 测试框架的功能在 HarmonyOS 3.1 release 版本之后方可使用，而历史版本不支持这些功能。

2.2.3 环境准备

自动化脚本的编写主要基于 DevEco Studio，建议使用 DevEco Studio 3.0 或更高的版本进行脚本的编写。脚本的执行需要计算机连接硬件设备，例如开发板等。

2.2.4 新建和编写测试脚本

1. 新建测试脚本

（1）在 DevEco Studio 中新建应用开发工程之后，ohos 目录即为测试脚本所在的目录。

（2）在工程目录下打开待测试模块的 ets 文件，将光标置于代码中的任意位置，右击代码，在弹出的快捷菜单中选择依次选择 Show Context Actions→Create Ohos Test 选项，或者按快捷键
Alt+Enter，并选择 Create Ohos Test，创建测试类。

2. 编写单元测试脚本

在单元测试框架中，测试脚本需要包含以下基本元素：

（1）依赖包：用于调用测试框架的相关接口。

（2）测试代码：编写测试逻辑，例如接口调用和功能验证。

（3）断言接口：设置测试代码中的检查点。若脚本中没有检查点，则不是一个完整的测试脚本。

以下是一个测试脚本示例（见文件 2-1）。

文件 2-1　测试脚本代码

```
import { describe, it, expect } from '@ohos/hypium';
import { abilityDelegatorRegistry } from '@kit.TestKit';
import { UIAbility, Want } from '@kit.AbilityKit';

const delegator = abilityDelegatorRegistry.getAbilityDelegator();
const bundleName = abilityDelegatorRegistry.getArguments().bundleName;

function sleep(time: number) {
  return new Promise<void>(
    (resolve: Function) => setTimeout(resolve, time)
  );
}

export default function abilityTest() {
  describe('ActsAbilityTest', () => {
    it('testUiExample', 0, async (done: Function) => {
      console.info("uitest: TestUiExample begin");
      // 开始能力测试
      const want: Want = {
        bundleName: bundleName,
        abilityName: 'EntryAbility'
      }
      await delegator.startAbility(want);
      await sleep(1000);
      // 检查顶层显示能力
      await delegator.getCurrentTopAbility().then((Ability: UIAbility) => {
        console.info("get top ability");
        expect(Ability.context.abilityInfo.name).assertEqual('EntryAbility');
      })
      done();
    })
  })
}
```

这段代码是使用 OHOS（开放鸿蒙操作系统）测试框架 Hypium 编写的一个自动化测试脚本，
用于测试 OHOS 应用的 Ability（即能力，是 HarmonyOS 应用程序提供的抽象功能）的 UI 功能。代
码的具体解释如下：

- `import { describe, it, expect } from '@ohos/hypium';`: 导入 Hypium 测试框架中的 describe、it 和 expect 函数，这些函数用于组织测试用例和断言操作。
- `import { abilityDelegatorRegistry } from '@kit.TestKit';`: 导入测试工具包中的 abilityDelegatorRegistry，该模块提供了注册和获取能力代理（AbilityDelegator）的方法。
- `import { UIAbility, Want } from '@kit.AbilityKit';`: 导入 UIAbility 和 Want 类型，分别代表用户界面能力和启动能力所需的信息结构。
- `const delegator = abilityDelegatorRegistry.getAbilityDelegator();`: 获取能力代理实例，用于启动和管理测试中的能力。
- `const bundleName = abilityDelegatorRegistry.getArguments().bundleName;`: 获取当前测试用例对应的 bundleName，通常用于指定应用的包名。
- `function sleep(time: number) { ... }`: 定义一个 sleep 函数，该函数返回一个在指定时间后解决的 Promise，用于在测试中添加延迟。
- `export default function abilityTest() { ... }`: 定义一个默认导出的测试函数，供 Hypium 测试框架执行。
- `describe('ActsAbilityTest', () => { ... })`: 定义一个测试套件，describe 用于组织多个相关的测试用例。
- `it('testUiExample', 0, async (done: Function) => { ... })`: 定义一个测试用例，it 的第一个参数为测试用例的名称，第二个参数是超时时间（0 表示无超时限制），第三个参数为异步测试函数。
- `console.info("uitest: TestUiExample begin");`: 向控制台输出测试开始的信息。
- `const want: Want = { ... }`: 创建一个 Want 对象，指定要启动能力的 bundleName 和 abilityName。
- `await delegator.startAbility(want);`: 使用能力代理启动指定的能力。
- `await sleep(1000);`: 等待 1000 毫秒，确保能力有足够的时间启动并显示。
- `await delegator.getCurrentTopAbility().then((Ability: UIAbility) => { ... })`: 获取当前最顶层的能力，并在回调函数中处理结果。
- `expect(Ability.context.abilityInfo.name).assertEqual('EntryAbility');`: 使用 expect 函数断言，检查最顶层能力的名称是否为'EntryAbility'.
- `done();`: 通知测试框架测试用例已完成。

这个测试脚本的目的是验证应用是否能够正确启动名为"EntryAbility"的能力，并确保该能力成为最顶层的能力。测试用例结合了异步操作和断言，以确保测试结果的准确性。

2.2.5 DevEco Studio 执行测试脚本

在 DevEco Studio 中，执行测试脚本只需单击按钮即可。当前支持以下 3 种执行方式：

（1）测试包级别执行：执行测试包内的全部用例。

（2）测试套级别执行：执行 describe 方法中定义的全部测试用例。

（3）测试方法级别执行：执行指定 it 方法，即单个测试用例。

在 DevEco Studio 中创建测试用例的步骤如下：

步骤01 在需要测试的 ets 文件中右击，在弹出的快捷菜单中选择 Show Context Actions 选项，如图 2-6 所示。

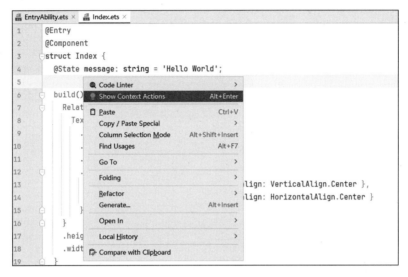

图 2-6　DevEco Studio 创建测试用例步骤 1

步骤02 在弹出的菜单中选择 Create Local Text 选项，如图 2-7 所示。

图 2-7　DevEco Studio 中创建测试用例步骤 2

步骤03 在弹出的窗口中填写测试案例的名称，如图 2-8 所示。注意，ArkTS name 的值需要以 ".test" 结尾。

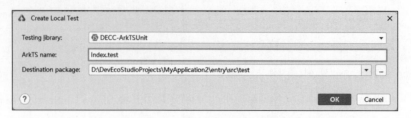

图 2-8　DevEco Studio 中创建测试用例步骤 3

步骤 04 在创建成功后，测试用例代码中包含了测试套级别和测试方法级别的示例代码。这些代码前的绿色小箭头，表示是可以直接执行的代码，如图 2-9 所示。

```
import { describe, beforeAll, beforeEach, afterEach, afterAll, it, expect } from '@ohos/hypium'

export default function IndexTest() {
  // 定义测试套件，支持两个参数：测试套件名称与测试套件函数。
  describe('IndexTest', () => {
    // 预定义一个动作，该动作在测试套件中所有测试案例之前执行。
    // 该API支持一个参数：预定义的动作函数。
    beforeAll(() => {
      console.log('所有测试案例执行之前执行一次');
    })
    // 预定义一个动作，该动作在测试套件中每个单元测试执行之前执行一次。执行的次数与使用it定义的测试案例个数相同。
    beforeEach(() => {
      console.log('每个单元测试案例执行之前执行');
    })
    // 预定义一个清理动作，该动作在测试套件中每个测试案例执行结束后执行。执行的次数与使用it定义的测试案例个数相同。
    // 该API支持一个参数：清理动作函数。
    afterEach(() => {
      console.log('为每个单元测试案例执行清理动作');
    })
    // 预定义一个清理动作，该动作在测试套件中所有测试案例结束后执行一次。
    // 该API支持一个参数：清理动作函数
    afterAll(() => {
      console.log('最后执行一次的清理动作');
    })
    it('assertEqual', 0, () => {
      // 定义一个单元测试，该API支持三个参数：测试案例名称，过滤器参数，单元测试函数。
      let a = 'test'
      // 定义各种断言方法，用于判断期望的boolean条件是否成立
      expect(a).assertEqual('test')
    })
    it('test01', 0, () => { // it可以定义多个，如下写法
      console.log('单元测试test01');
    })
    it('test02', 0, () => {
      console.log('单元测试02');
    })
  })
}
```

图 2-9　DevEco Studio 中创建测试用例步骤 4

步骤 05 根据开发需求修改测试用例中的代码。如图 2-10 所示，可以在当前测试文件中修改代码，并直接在文件顶级区域编写代码进行测试。

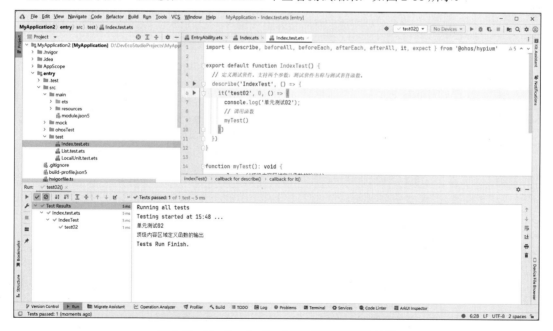

图 2-10 DevEco Studio 中运行测试用例

在图 2-10 中，可以通过以下两种方式执行测试：

- 单击代码前面的绿色箭头，执行测试套级别或测试方法级别测试。
- 在空白处右击，在弹出的快捷菜单中选择直接执行测试。

2.2.6 查看测试结果

测试执行完毕后，可直接在 DevEco Studio 中查看测试结果，如图 2-11 所示。

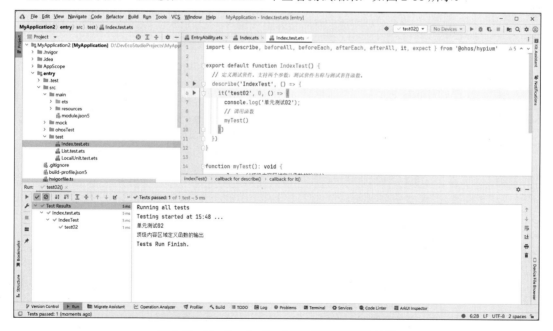

图 2-11 DevEco Studio 中运行测试用例的结果

2.3 ArkTS 的基本语法规则

本节将介绍 ArkTS 的基本语法规则，包括变量和常量的声明（declaration）、自动类型推断、类型定义、运算符和语句。

2.3.1 声明

在编程语言中，声明是一种特殊的语句，用于向程序引入或定义元素，如变量、常量、类型、函数或类等。声明提供了这些元素的名称和一些基本信息，但不会立即分配存储空间或执行任何操作。

1. 变量声明

声明的变量以关键字 let 开头，表示该变量在程序执行期间可以拥有不同的值。例如：

```
let hi: string = 'hello';
hi = 'hello, world';
```

代码解释如下：

- 第 1 行代码使用 let 关键字声明了一个变量 hi，并指定其类型为 string（字符串），同时将'hello'这个字符串赋值给了 hi。
- 第 2 行代码将 hi 变量的值更新为 'hello, world'. 这行代码没有重新指定类型，因为在 TypeScript 中，如果变量的类型已经声明了，那么后续对该变量的赋值可以是隐式类型（即省略声明），只要新值与之前声明的类型兼容即可。

2. 常量声明

常量的值在程序运行期间不可变更，因为它的值在编译期已经确定。常量的声明以关键字 const 开头，并且只能被赋值一次。例如：

```
const hello: string = 'hello';
```

上述代码声明了一个名为 hello 的常量，它的类型被明确指定为 string，并初始化为字符串'hello'。

> **注　意**
>
> 如果尝试对常量重新赋值，会导致编译错误。编译器会抛出异常，因为这违反了常量的只读原则。

2.3.2 自动类型推断

由于 ArkTS 是一种静态类型语言，因此所有数据的类型都必须在编译时确定。然而，如果一个变量或常量的声明包含初始值，那么开发者可以省略显式的类型声明。

例如，下面两种声明方式均有效，两个变量的类型都被推断为 string 类型：

```
let hi1: string = 'hello';
let hi2 = 'hello, world';
```

代码解释如下：

- 第 1 行代码声明了一个名为 hi1 的变量，显式指定了它的类型为 string，并将它初始化为字符串 'hello'。
- 第 2 行代码声明了一个名为 hi2 的变量，未显式指定它的类型。在 ArkTS 中，如果变量的类型可以通过赋值表达式推断，那么可以省略类型声明。这里，hi2 被推断为 string 类型，并被初始化为字符串 'hello, world'。

2.3.3 类型

类型是一个基本概念，用于定义数据的分类和操作规则。类型系统是编程语言的重要组成部分之一，它与数据的存储、操作以及程序的安全性相关联。以下是 ArkTS 中常见的类型。

1. number 类型

在 ArkTS 中，number 类型用于表示数值，包括整数和浮点数。它与 JavaScript 和 TypeScript 中的 number 类型类似，可用于各种数值计算和操作。

整数变量包括以下类别：

（1）由数字序列组成的十进制整数，例如 0、117、–345。

（2）以 0x（或 0X）开头的十六进制整数，可包含数字 0~9 和字母~f 或 A~F，例如 0x1123、0x00111、–0xF1A7。

（3）以 0o（或 0O）开头的八进制整数，只能包含数字 0~7，例如 0o777。

（4）以 0b（或 0B）开头的二进制整数，只能包含数字 0 和 1，例如 0b11、0b0011、–0b11。

浮点数变量包括以下 3 个部分：

（1）十进制整数，可以是有符号数（即前缀为"+"或"–"）。
（2）小数点（.）。
（3）小数部分（由十进制数字字符串表示）。

浮点数示例：3.14、–0.15。

浮点数还可包含以 e 或 E 开头的指数部分，后跟有符号（即前缀为"+"或"–"）或无符号整数，用于表示数值的数量级。例如 1.5e10、–2.5E-3、3.0e+7。

number 类型用法的示例代码如文件 2-2 所示。

文件 2-2 number 类型用法的示例代码

```
//声明一个名为 n1 的变量，并将其初始化为浮点数 3.14
let n1 = 3.14;
//声明一个名为 n2 的变量，并将其初始化为浮点数 3.141592
let n2 = 3.141592;
//声明一个名为 n3 的变量，并将其初始化为浮点数 0.5
//注意，这个数值前的点表示它是一个十进制数
let n3 = .5;
//声明了一个名为 n4 的变量，并使用科学记数法将其初始化为 10 的 10 次方，即 10000000000
let n4 = 1e10;
```

2. boolean 类型

boolean（布尔）类型由 true（真）和 false（假）两个逻辑值组成。boolean 类型的变量通常在条件语句中使用，如文件 2-3 所示。

文件 2-3　boolean 类型用法的示例代码

```
let isDone: boolean = false;
// ...
console.log('Done!');
```

代码解释如下：

● `let isDone: boolean = false;`：这行代码声明了一个名为 isDone 的变量，显式指定其类型为 boolean（布尔）。boolean 类型型变量只能有两个值：true 或 false。这里，isDone 被初始化为 false。

● `console.log('Done!');`：如果 isDone 为 true，这行代码将被执行，在控制台输出字符串'Done!'。

3. string 类型

string 代表字符串，由一系列字符组成，这些字符可以是数字、字母和下画线。字符串可以组合成完整的信息表达，在数据处理、用户输入、数据输出和功能描述等场景中广泛应用。

在字符串中，可以使用转义字符表示具有特殊含义的字符，例如换行符、制表符和引号等。这使得在字符串中能够安全地包含这些字符。常见的转义字符包括\'（单引号）、\"（双引号）、\\（反斜杠）、\n（换行符）和\t（制表符）等。

字符串变量由单引号（'）或双引号（"）包围的零个或多个字符组成。此外，还有一种特殊形式的字符串，使用反向单引号（`）包围，即模板字符串。

string 类型用法的示例代码如文件 2-4 所示。

文件 2-4　string 类型用法的示例代码

```
let s1 = 'Hello, world!\n';
let s2 = 'this is a string';
let a = 'Success';
let s3 = `The result is ${a}`;
```

以上代码演示了不同字符串字面量和模板字符串的使用，具体解析如下：

● `let s1 = 'Hello, world!\n';`：声明了一个名为 s1 的变量，它是一个由单引号包围的字符串。该字符串中包含了文本 "Hello, world!" 和一个换行符 \n，这意味着在输出 "Hello, world!" 时后会换行。

● `let s2 = 'this is a string';`：声明了一个名为 s2 的变量，其值是由单引号包围的字符串，包含了文本 "this is a string"。

● `let a = 'Success';`：声明了一个名为 a 的变量，它是一个字符串，其值包含了文本 "Success"。

● `let s3 = The result is ${a};`：声明了一个名为 s3 的变量，它的值是模板字符串，由反引号（`）包围。模板字符串允许在字符串中嵌入变量或表达式，其中${a}表示将变量 a 的值嵌入字符串中。因此，如果变量 a 的值是"Success"，那么 s3 的值将是'The result is Success'.

模板字符串是 ES6（ECMAScript 2015）新增的特性，为含有变量的字符串提供了更便捷的定义方式。在模板字符串中，可使用${}来插入变量或者表达式的值。

4. void 类型

void 类型用于指定函数没有返回值。此类型的唯一可能值为 void。由于 void 是引用类型，因此它也可以用于泛型类型参数。void 类型用法的示例代码如文件 2-5 所示。

文件 2-5　void 类型用法的示例代码

```
class Class<T> {
 //...
}

let instance: Class<void>
```

这段代码定义了一个泛型类 Class，该类可以接收任何类型作为参数。变量 instance 是该类的一个实例，类型参数被指定为 void 类型，表明该实例不需要处理任何具体的类型值。

5. Object 类型

Object 类型是所有引用类型的基类型。它提供了一种通用方式来处理不同类型的对象，使各种数据类型可以以统一方式进行操作。

Object 类型具有以下特性：

（1）基类型：Object 是所有引用类型的基类，所有自定义对象、类实例和数组等都隐式继承自 Object。

（2）自动装箱（autoboxing）：基本数据类型（如整数、浮点数、布尔值等）可以被自动装箱，即转换为对应的对象类型，从而赋值给 Object 类型的变量。例如，整数 5 被视为 Integer 对象。

（3）通用性：由于 Object 是所有对象的基类，因此可以使用 Object 类型的变量来存储任何引用类型的对象。这种通用性使得数据结构（如集合和容器）能够存储多种不同类型的对象。

Object 类型用法的示例代码如文件 2-6 所示。

文件 2-6　Object 类型用法的示例代码

```
let obj: Object;
// 赋值基本类型，自动装箱
obj = 42;              // 整数
obj = "Hello";         // 字符串
obj = true;            // 布尔值

// 赋值引用类型
let person: { name: string, age: number } = { name: "Alice", age: 30 };
obj = person;          // 对象

let arr: number[] = [1, 2, 3];
obj = arr;             // 数组
```

6. array 类型

Array 表示数组，是由符合数组声明中指定的元素类型的数据组成。数组可通过数组字面量（即用方括号括起来的零个或多个表达式组成的列表，其中每个表达式表示数组中的一个元素）进行赋值。数组的长度由数组中元素的个数决定。数组中第一个元素的索引值为 0。

以下语句将创建包含 3 个元素的数组：

```
let names: string[] = ['Alice', 'Bob', 'Carol'];
```

7. enum 类型

enum 类型又称枚举类型，是由一组预先定义的命名值组成的值类型。这些命名值称为枚举常量。

使用枚举常量时，必须以枚举类型名称为前缀，例如：

```
enum ColorSet { Red, Green, Blue };

let c: ColorSet = ColorSet.Red;
```

常量表达式可用于显式设置枚举常量的值，例如：

```
enum ColorSet { White = 0xFF, Grey = 0x7F, Black = 0x00 };

let c: ColorSet = ColorSet.Black;
```

8. union 类型

union 类型（联合类型）是由多个类型组合而成的引用类型。它表示变量可以是多个类型之一。声明 union 类型通常使用管道符(|)来组合不同的类型。union 类型用法的示例代码如文件 2-7 所示。

文件 2-7 union 类型用法的示例代码

```
class Cat {
  // ...
}

class Dog {
  // ...
}

class Frog {
  // ...
}

type Animal = Cat | Dog | Frog | number // Cat、Dog、Frog 是一些类型（类或接口）

let animal: Animal = new Cat();
animal = new Frog();
animal = 42; // 联合类型的变量可以赋值为任何组成类型的有效值
```

可以使用特定机制来获取 union 类型中特定类型的值，如文件 2-8 的示例代码所示。

文件 2-8 获取 union 类型中特定类型的值的示例代码

```
class Cat {
```

```
  sleep() {
    console.log('Cat sleep')
  };

  meow() {
    console.log('Cat meow')
  }
}

class Dog {
  sleep() {
    console.log('Dog sleep')
  };

  bark() {
    console.log('Dog bark')
  }
}

class Frog {
  sleep() {
    console.log('Frog sleep')
  };

  leap() {
    console.log('Frog leap')
  }
}

type Animal = Cat | Dog | Frog | number;  // 定义联合类型 Animal，表示该类型可以是
Cat、Dog、Frog 或者 number。这意味着 animal 变量可以存储这几种类型的任何一个实例

let animal: Animal = new Frog();
if (animal instanceof Frog) {
  let frog: Frog = animal as Frog; // animal 在这里是 Frog 类型
  animal.leap();
  frog.leap(); // 结果：青蛙跳了两次
}

animal.sleep(); // 任何动物都可以睡觉，即都可以调用 sleep 方法
```

9. aliases 类型

aliases 类型为匿名类型（如数组、函数、对象变量或联合类型）提供名称，或为已有类型提供替代名称，即取别名。aliases 类型使用关键字 type 来声明，其示例代码如文件 2-9 所示。

文件 2-9　aliases 类型用法的示例代码

```
type Matrix = number[][];
type Handler = (s: string, no: number) => string;
type Predicate<T> = (x: T) => Boolean;
type NullableObject = Object | null;

let matrix: Matrix = [[1, 2, 3], [4, 5, 6]]
console.log(matrix.toString());
```

```
let handler: Handler = (s: string, n: number) => {
  return s + n
}

console.log(handler('这是字符串参数', 10010));

let predicate: Predicate<string> = (str: string) => {
  return str.length < 10
}

console.log(predicate('okokok').toString());

let nullableObject: NullableObject = handler;
console.log(typeof nullableObject);
```

关键代码解释如下：

- `type Matrix = number[][];`：定义了 Matrix 类型别名。Matrix 被定义为一个二维数组，其中数组的元素是数字（number）。这意味着 Matrix 类型可以用来表示任何形式的数字矩阵。
- `type Handler = (s: string, no: number) => string;`：定义了 Handler 类型别名。Handler 是一个函数类型，接收两个参数：一个字符串类型的参数 s 和一个数字类型的参数 no，并返回一个字符串类型的结果。
- `type Predicate<T> = (x: T) => Boolean;`：定义了 Predicate<T> 类型别名。Predicate<T> 是一个泛型函数类型，接收一个类型为 T 的参数 x，并返回一个布尔值。
- `type NullableObject = Object | null;`：定义了 NullableObject 类型别名。NullableObject 被定义为可以是 Object 类型或 null。这意味着任何 NullableObject 类型的值要么是一个对象，要么是 null，对于表示可能不存在的对象非常有用。

2.3.4　运算符

运算符是编程语言中的一个符号，用于指示编译器或解释器对操作数执行特定的数学或逻辑运算。操作数可以是变量、常量或表达式。以下是一些常见的运算符类型。

1. 赋值运算符

赋值运算符为"="，用于将一个值赋给一个变量。使用方式如 x=y。

复合赋值运算符将赋值操作与运算组合在一起，例如 x op = y 等于 x = x op y。

常用的复合赋值运算符有：+=、-=、*=、/=、%=、<<=、>>=、>>>=、&=、|=、^=。

2. 比较运算符

比较运算符用于比较两个值之间的关系，其运算结果为布尔值（true 或 false）。常见比较运算符及其说明如表 2-1 所示。

表2-1　比较运算符

比较运算符	说　　明
==	如果两个操作数相等，则返回 true，否则返回 false
!=	如果两个操作数不相等，则返回 true，否则返回 false
>	如果左操作数大于右操作数，则返回 true，否则返回 false
>=	如果左操作数大于或等于右操作数，则返回 true，否则返回 false
<	如果左操作数小于右操作数，则返回 true，否则返回 false
<=	如果左操作数小于或等于右操作数，则返回 true，否则返回 false

3. 算术运算符

算术运算符是用于执行基的本数学运算。根据操作数的个数，常见的算术运算符可分为一元运算符和二元运算符（或者成为单目运算符或者双目运算符）。其中，一元运算符操作一个操作数，二元运算符操作两个操作数。

- 一元运算符：一个操作数参与运算，包括-（负号）、+（正号）、--（自减）、++（自加）。
- 二元运算符：两个操作数参与运算，常见的二元运算符及其说明如表 2-2 所示。

表2-2　二元运算符

二元运算符	说　　明
+	加法
−	减法
*	乘法
/	除法
%	取余数

4. 位运算符

位运算符是一组用于对整数的二进制位进行操作的运算符。这些运算符通常用于底层系统编程和性能优化，因为它们可以直接操作内存中的位模式。位运算符及其说明如表 2-3 所示。

表2-3　位运算符

位运算符	说　　明
a & b	按位与：如果两个操作数的对应位都是 1，则该位结果为 1，否则为 0
a | b	按位或：如果两个操作数的对应位中至少有一个为 1，则该位结果为 1，否则为 0
a ^ b	按位异或：如果两个操作数的对应位不同，则该位结果为 1，否则为 0
~a	按位非：反转操作数的所有位（0 变 1，1 变 0）
a << b	左移：将 a 的二进制表示向左移 b 位，右侧补 0
a >> b	算术右移：将 a 的二进制表示向右移 b 位，保留符号位
a >>> b	逻辑右移：将 a 的二进制表示向右移 b 位，左边补 0

5. 逻辑运算符

逻辑运算符是一组用于执行布尔逻辑运算的运算符。它们主要用于处理布尔值（true 或 false），并根据逻辑运算的结果返回相应的布尔值。逻辑运算符及其说明如表 2-4 所示。

表2-4　逻辑运算符

逻辑运算符	说　　明
a && b	逻辑与：仅当两个操作数均为 true 时，结果才为 true，否则结果为 false
a || b	逻辑或：如果两个操作数中至少一个为 true，则结果为 true；只有两个操作数均为 false 时，结果才为 false
!a	逻辑非：将原逻辑值反转，即 true 变为 false，false 变为 true

2.3.5　语句

在 ArkTS 编程中，语句是执行某个操作或定义某种行为的基本代码单元，是构成程序的基本构件之一。语句可以独立完成特定的功能或操作。不同编程语言支持不同类型的语句，以下是 ArkTS 中一些常见的语句类型。

1. if 语句

if 语句用于根据逻辑条件选择性地执行不同的代码块。当逻辑条件为真（true）时，执行对应的语句；否则，执行 else 语句（如果存在）。

if 语句的语法如下：

```
if (condition1) {
  // 语句 1
} else if (condition2) {
  // 语句 2
} else {
  // else 语句
}
```

else 部分还可以包含嵌套的 if 语句。条件表达式可以是任何类型，但非布尔类型会进行隐式类型转换。

● 真值（转换后为 true 的值）：非空字符串、非零数字、对象、数组等。

● 假值（转换后为 false 的值）：false、0、""（空字符串）、null、undefined 和 NaN。

条件表达式中隐式类型转换的示例如文件 2-10 所示。

文件 2-10　条件表达式中的隐式类型转换

```
let s1 = 'Hello';   // 创建了一个字符串变量 s1，其值为'Hello'
if (s1) {           // 非空字符串被视为真，因此 if(s1)的条件为真
  console.log(s1); // 输出 "Hello"
}

let n1 = 10;        // 创建了一个数字变量 n1，初始值为 10
n1 = 0;             // 将 n1 的值更改为 0
if (n1) {           // 数字 0 在 ArkTS 中被视为假，因此 if(n1)的条件为假
  console.log(n1.toString())// 不会执行打印语句，因此无输出
}
```

2. switch 语句

当需要处理多个条件分支时，if-else 语句可能显得冗长且不易阅读。此时，可以使用 switch 语句来简化逻辑。

switch 语句的语法如下：

```
switch (expression) {
  case label1:
    // 如果 label1 匹配，则执行
    // ...
    // 语句 1
    // ...
    break; // 可省略
  case label2:
  case label3:
    // 如果 label2 或 label3 匹配，则执行
    // ...
    // 语句 23
    // ...
    break; // 可省略
  default:
    // 默认语句
}
```

如果 switch 表达式的值与某个 case 后面的 label 值匹配，则执行相应的语句块。Switch 语句用法的示例代码如文件 2-11 所示。

文件 2-11　switch 用法的示例代码

```
let n = 2;
switch (n) {
  case 1:
    console.log('周一');
    break;
  case 2:
    console.log('周二');
    break;
  case 3:
    console.log('周三');
    default:
    console.log('做三休四')
}
```

执行上述代码时，因为变量 n 的值是 2，所以 switch 语句会匹配到 case 2，打印出"周二"，然后退出 switch 语句。

如果没有任何一个 label 值与表达式的值相匹配，并且 switch 具有 default 语句，那么程序会执行 default 语句对应的代码块，如文件 2-12 所示。

文件 2-12　switch 中 default 语句用法的示例代码

```
let n = 5;
switch (n) {
  case 1:
```

```
    console.log('周一');
    break;
  case 2:
    console.log('周二');
    break;
  case 3:
    console.log('周三');
  default:
    console.log('做三休四');
}
```

执行上述代码，因为变量 n 的值是 5，switch 语句中没有能匹配的 case，所以程序会执行 default 分支，打印出"做三休四"。

break 语句（可选）允许跳出 switch 语句并继续执行 switch 之后的语句。如果缺少 break 语句，程序将继续执行 switch 中的下一个 label 分支的代码块，如文件 2-13 所示。

文件 2-13　switch 中 break 语句用法的示例代码

```
let n = 1;
switch (n) {
  case 1:
    console.log('周一');
  case 2:
    console.log('周二');
    break;
  case 3:
    console.log('周三');
  default:
    console.log('做三休四');
}
```

执行上述代码，由于变量 n 的值为 1，程序首先匹配到 case1，打印"周一"。因为 case 1 分支中缺少 break 语句，程序继续执行 case 2 分支，所以会接着打印出"周二"。

3. 条件表达式

条件表达式的语法如下：

```
condition ? expression1 : expression2
```

如果 condition 为真，则使用 expression1 作为该表达式的结果；否则使用 expression2。条件表达式的示例代码如下：

```
let isValid = Math.random() > 0.5 ? true : false;
let message = isValid ? 'Valid' : 'Failed';
console.log(message);
```

上述代码解释如下：

- `let isValid = Math.random() > 0.5 ? true : false;`：Math.random()用于生成一个在 0（包含）和 1（不包含）之间的随机浮点数。如果生成的随机浮点数数大于 0.5，则返回 true，否则返回 false。
- `let message = isValid ? 'Valid' : 'Failed';`：根据 isValid 的值来决定 message

的内容，如果 isValid 为 true，则 message 被赋值为'Valid'；否则 message 被赋值为'Failed'。

4. for 语句

for 语句用于重复执行代码，直到循环条件不再满足为止。for 语句的语法如下：

```
for ([init]; [condition]; [update]) {
  statements
}
```

for 语句的执行流程如下：

（1）执行 init 表达式（如果有）。此表达式通常用于初始化循环计数器。

（2）计算 condition。如果它的值为真，则执行循环体内的语句（statements）；如果它的值为假，则终止 for 循环。

（3）执行循环体内的语句（statements）。

（4）如果存在 update 表达式，则执行该表达式。

（5）回到第（2）步。

for 语句用法的示例代码如文件 2-14 所示。

文件 2-14　for 语句用法的示例代码

```
let sum = 0;
for (let i = 0; i < 10; i += 2) {
  sum += i;
}
console.log(sum.toString());
```

上述代码是一个 for 循环，循环的目的是从 i=0 开始累加，每循环一次，i 的值加 2，直到 i 的值达到或超过 10。最终输出结果为累加值。

5. for-of 语句

for-of 语句用于遍历数组或字符串，语法如下：

```
for (forVar of expression) {
  statements
}
```

其中：

- forVar 是一个循环变量，用于在每次迭代中接收 expression 中的当前值。
- expression 是一个可迭代对象（iterable），包括数组、字符串、集合（Set）、映射（Map）等。for…of 循环将遍历这个可迭代对象中的每个元素。
- statements 是每次迭代执行的代码块。可以在这里编写任意需要执行的逻辑。

for-of 用法的示例代码如文件 2-15 所示。

文件 2-15　for-of 用法的示例代码

```
for (let ch of 'a string object') {
  if (ch != ' ') {
```

```
      console.log(ch);
    } else {
      console.log('空格');
    }
  }
}
```

这段代码的主要功能是遍历字符串"a string object"，并对每个字符进行判断。如果是非空格字符，则直接输出字符；如果是空格字符，则输出"空格"。

6. while 语句

while 语句是一种常见的控制流程结构，用于重复执行一段代码，直到不满足某个条件为止。while 语句的语法如下：

```
while (condition) {
  statements
}
```

只要 condition 的值为真，while 语句就会执行 statements 语句。

while 语句用法的示例代码如文件 2-16 所示。

文件 2-16　while 语句用法的示例代码

```
let n = 0;      // 初始化 n 为 0
let x = 0;      // 初始化 x 为 0
while (n < 3) { // 当 n 小于 3 时执行循环
  n++;          // 每次循环 n 增加 1
  x += n;       // 将 n 的当前值加到 x 上
}
console.log(n.toString()); // 输出 n 的字符串形式，结果为 3
console.log(x.toString()); // 输出 x 的字符串形式，结果为 6
```

7. do-while 语句

do-while 循环是一种先执行后判断的循环结构。这意味着会先执行一次循环体，再检查循环条件是否为真。如果条件为真，则继续执行循环体内的代码；如果条件为假，则停止循环。

do-while 语句的语法如下：

```
do {
  statements
} while (condition);
```

在上述语法格式中，condition 一个布尔表达式，用来判断是否继续执行循环。

do-while 语句用法的示例代码如文件 2-17 所示。

文件 2-17　do-while 语句用法的示例代码

```
let i = 0;          // 初始化 i 为 0
do {
  i += 1;           // 每次循环将 i 增加 1
  console.log(i.toString());      // 输出 i 的字符串形式
} while (i < 10);   // 当 i 小于 10 时继续循环
console.log(`最终的 i 值：${i}`);      // 输出最终的 i 值，结果为 10
```

8. break 语句

break 语句用于终止循环或 switch。break 语句可以立即结束当前循环或跳出当前 switch，继续执行后续代码。break 语句用法的示例代码如文件 2-18 所示。

文件 2-18　break 语句用法的示例代码

```
let x = 0;
while (true) {          // 无限循环
  x++;
  if (x > 5) {
    break;              // 当 x 大于 5 时跳出循环
  }
}
console.log(`最终值：x = ${x}`);       // 输出最终的 x 值，结果为 6
```

如果 break 语句后带有标识符（label），则会将控制流转移到该标识符所标记的语句块之外，示例代码如文件 2-19 所示。

文件 2-19　带有标识符的 break 语句用法的示例代码

```
let x = 1
label: while (true) {
  switch (x) {
    case 1:
      // 表示跳出哪一层
      // break 默认的是跳出 switch 的当前分支
      // 由于 while 添加了标识符 label，因此 break label 表示跳出带有该标识符的结构，即跳
出 while 循环
      break label;
  }
}
console.log('跳到这里执行');
```

9. continue 语句

continue 语句会停止当前循环迭代的执行，并将控制传递给下一个迭代。类似于你每天都跑步，某天身体不舒服，暂停一天，第二天继续。这种逻辑可以使用 continue 来实现。

continue 语句用法的示例代码如文件 2-20 所示。

文件 2-20　continue 语句用法的示例代码

```
for (let i = 0; i < 7; i++) {
  if (i == 3) {
    console.log(`周${i + 1}不舒服，明天继续`)
    continue;     // 跳过本次循环，进入下一次迭代
  }
  console.log(`周${i + 1}跑步去了`);
}
```

10. throw 和 try 语句

throw 语句用于抛出异常或错误，其语法如下：

```
throw new Error('this error');
```

try 语句用于捕获和处理异常或错误，其语法如下：

```
try {
  // 可能发生异常的语句块
} catch (e) {
  // 异常处理
}
```

在文件 2-21 所示的示例中，throw 和 try 语句用于处理除数为 0 的错误。

文件 2-21　throw 和 try 用法的示例代码

```
// 定义一个继承自 Error 的错误类型
class ZeroDivisor extends Error {
}

function divide(a: number, b: number): number {
  // 如果除数 b 是 0，则抛出自定义的异常
  if (b == 0) {
    throw new ZeroDivisor();
  }
  // 否则返回结果
  return a / b;
}

function process(a: number, b: number) {
  try {
    // 该语句可能抛出异常，使用 try-catch 语句块
    let res = divide(a, b);
    // 如果没有异常，则执行到这一句
    // 否则不执行
    console.log('result: ' + res);
  } catch (x) {
    // 如果有异常，则当前代码块捕获异常，并执行以下语句
    console.log('some error');
  }
}

process(4, 0)
```

throw 和 try 语句支持 finally 语句，finally 的作用是不管 try 语句块中的代码是否抛出异常，finally 语句块中的代码都会执行。通常在 finally 语句块中执行资源释放操作，例如关闭文件或释放内存等操作，以确保程序在正常完成或出现异常后不会占用不再需要的资源。

finally 语句用法的示例代码如文件 2-22 所示。

文件 2-22　finally 语句用法的示例代码

```
// 定义一个继承自 Error 的错误类型
class ZeroDivisor extends Error {
}
```

```
function divide(a: number, b: number): number {
  // 如果除数 b 是 0，则抛出自定义的异常
  if (b == 0) {
    throw new ZeroDivisor();
  }
  // 否则返回结果
  return a / b;
}

function processfinally(a: number, b: number): void {
  try {
    // 该语句可能抛出异常，使用 try-catch 语句块
    let res = divide(a, b);
    // 如果没有异常，则执行到这一句
    // 否则不执行
    console.log('result: ' + res);
  } catch (x) {
    // 如果有异常，则当前代码块捕获异常，并执行以下语句
    console.log('some error');
  } finally {
    // 无论是否发生异常，该语句块都会执行
    console.log('执行结束')
  }
}

processfinally(4, 0)
```

另外，即使没有 catch 语句块，finally 语句块仍然会执行，它的示例代码如文件 2-23 所示。

文件 2-23　没有 catch 的 finally 语句用法的示例代码

```
function processfinallywithoutcatch(a: number, b: number): void {
  try {
    // 该语句可能抛出异常，使用 try-catch 语句块
    let res = divide(a, b);
    // 如果没有异常，则执行到这一句
    // 否则不执行
    console.log('result: ' + res);
  } finally {
    // 无论是否发生异常，该语句块都会执行
    console.log('执行结束')
  }
}

processfinallywithoutcatch(4, 0)
```

在上述代码中，即便 try 语句块抛出异常，程序仍会执行 finally 语句块中的代码，也就是依然会打印出"执行结束"，如图 2-12 所示。

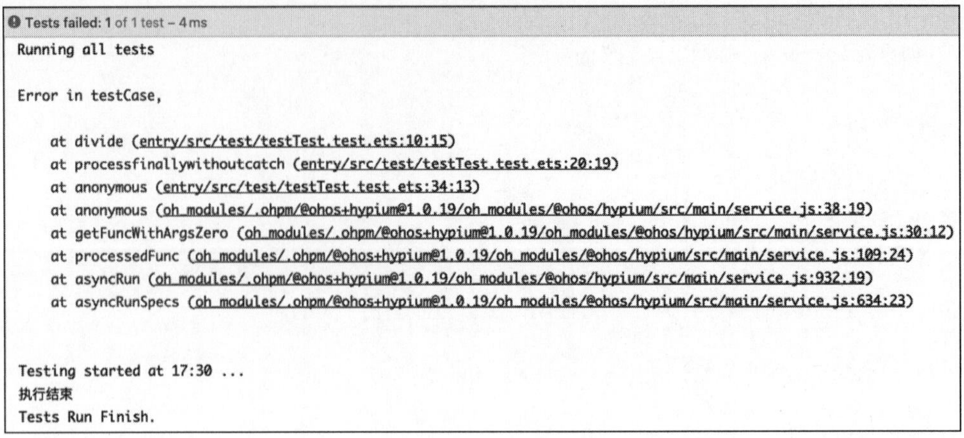

```
⊗ Tests failed: 1 of 1 test – 4 ms

Running all tests

Error in testCase,

    at divide (entry/src/test/testTest.test.ets:10:15)
    at processfinallywithoutcatch (entry/src/test/testTest.test.ets:20:19)
    at anonymous (entry/src/test/testTest.test.ets:34:13)
    at anonymous (oh_modules/.ohpm/@ohos+hypium@1.0.19/oh_modules/@ohos/hypium/src/main/service.js:38:19)
    at getFuncWithArgsZero (oh_modules/.ohpm/@ohos+hypium@1.0.19/oh_modules/@ohos/hypium/src/main/service.js:30:12)
    at processedFunc (oh_modules/.ohpm/@ohos+hypium@1.0.19/oh_modules/@ohos/hypium/src/main/service.js:109:24)
    at asyncRun (oh_modules/.ohpm/@ohos+hypium@1.0.19/oh_modules/@ohos/hypium/src/main/service.js:932:19)
    at asyncRunSpecs (oh_modules/.ohpm/@ohos+hypium@1.0.19/oh_modules/@ohos/hypium/src/main/service.js:634:23)


Testing started at 17:30 ...
执行结束
Tests Run Finish.
```

图 2-12　没有 catch 的 finally 语句的执行结果

2.4　本章小结

本章详细介绍了 ArkTS 语言及其在开发和测试中的应用，并讲解了 ArkTS 的基本语法规则。

1. ArkTS 的特点与优势

ArkTS 是 HarmonyOS NEXT 首选的应用开发语言，它在 TypeScript 的基础上进行了扩展。ArkTS 强制使用静态类型，确保变量类型在编译时确定，从而提高代码的正确性和性能。ArkTS 禁止运行时改变对象布局，限制运算符的语义，并不支持结构类型（Structural Typing）。这些特点共同作用，显著提高了程序的执行效率和稳定性。

在 UI 开发中，ArkTS 扩展了声明式 UI 描述、自定义组件以及动态扩展 UI 元素的能力，提供了多维度的状态管理机制和强大的渲染控制能力。此外，ArkTS 兼容 TypeScript 和 JavaScript 生态，开发者可以灵活使用 TypeScript 和 JavaScript 进行开发或复用现有代码。

2. DevEco Studio 的使用与测试

本章还介绍了如何在 DevEco Studio 中使用 arkxtest 自动化测试框架进行单元测试和 UI 测试。创建新工程并编写单元测试脚本时，需要完成导入依赖包、编写测试代码和调用断言接口等步骤。通过自动化测试框架，可以实现对系统或应用接口的单元测试，以及基于界面操作的 UI 测试。在测试执行后，开发者可在 DevEco Studio 中查看测试结果。

3. 基本语法规则

ArkTS 的基本语法规则包括变量和常量的声明、自动类型推断、类型定义、运算符和语句。

（1）变量声明：使用 let 关键字声明变量，变量在程序执行期间可以具有不同的值。

（2）常量声明：使用 const 关键字声明只读常量，常量只能被赋值一次。

（3）自动类型推断：如果声明包含初始值，则类型可以自动推断，无须显式指定。

（4）类型定义：包括 number、boolean、string、void、Object、array、enum、union 和 aliases 等类型。

（5）运算符：包括赋值运算符、比较运算符、算术运算符、位运算符和逻辑运算符。

（6）语句：包括 if 语句、switch 语句、条件表达式、for 语句、for-of 语句、while 语句和 do-while 语句。

通过这些基本语法规则，开发者可以使用 ArkTS 编写高效、稳定的代码，并结合 DevEco Studio 进行测试，以确保代码质量和应用性能。

2.5　本章习题

（1）ArkTS 的核心特性有哪些？

（2）如何在 DevEco Studio 中新建一个测试项目？

（3）在 ArkTS 中如何声明变量和常量？

（4）在 ArkTS 中有哪些常见的运算符？

（5）如何在 ArkTS 中进行类型推断？

第 3 章

函　数

本章将深入探索 ArkTS 编程语言中函数的多彩世界。笔者将从基础知识入手，逐步讲解高级特性，确保读者全面掌握函数的各个方面。

首先，将介绍函数的声明，包括函数的命名、参数和基本结构。随后，将讨论可选参数和 Rest 参数的使用，这两种参数可以帮助开发者编写更灵活、更具扩展性的函数。接下来讲解返回类型的概念，这对于确保函数输出的可预测性至关重要。此后，还将深入解析函数的作用域，这是理解变量访问规则和生命周期的基础。

在掌握函数基础知识后，将带领读者进入更高级的主题。我们将探讨不同类型的函数调用方式，以及如何识别和使用函数的类型。此外，还将介绍 Lambda 函数，它是一种简洁的函数表达式，非常适合用于回调或匿名函数的场景。

本章还将讲解闭包，这是一种强大的编程技术。闭包允许函数访问创建时的上下文环境，即使该环境的外部函数已执行完毕，依然可以操作其中的变量。

最后，将探讨函数的重载特性，这种技术使得同一个函数名能够根据参数的不同而执行不同操作，从而提升代码的可读性和灵活性。

通过本章的学习，读者将能够更加游刃有余地应用函数相关知识，在编程中编写出更高效、优雅的代码。

3.1　函数声明

ArkTS 中的函数声明是指在 ArkTS 编程语言中定义函数的过程。声明函数的目的是告知编译器或解释器该函数的名称、接收的参数（如果有）以及返回的类型（如果有）。函数声明是程序的基本构件之一，用于创建可重用的代码块。

函数声明的语法如下：

```
function functionName(parameter1: type1, parameter2: type2): returnType {
```

```
    // 函数体
    return value;
}
```

在函数声明中，必须为每个参数声明（或指定）类型。如果参数是可选参数，可以在调用函数时省略该参数。此外，函数的最后一个参数可以是 rest 参数，用于接收不确定数量的参数。

以下示例代码（见文件 3-1）展示了一个简单的函数声明：该函数名为 add，接收两个 string 类型的参数，返回值类型为 string。

文件 3-1 函数声明用法的示例代码

```
function add(x: string, y: string): string {
  let z: string = `${x} ${y}`;
  return z;
}

console.log(add('hello', 'world'));
```

上述代码定义了一个名为 add 的函数，该函数将两个字符串连接并返回结果。在该示例中，add('hello', 'world') 的调用会输出字符串"hello world"。

3.2 可选参数

在 ArkTS 编程语言中，函数支持定义可选参数。这意味着函数的参数列表中可以包含一个或多个可选参数。如果函数声明了参数列表，但未将某些参数标记为可选参数，则在调用函数时，必须为所有声明的参数提供值。这种情况在参数数量较多时，可能导致函数调用变得复杂。通过引入可选参数，可以显著简化函数的调用方式。

可选参数具有以下特性：

● 灵活性：可选参数允许在调用函数时，用户仅需传递他们关心的参数，而省略其他参数。这使得函数调用更加灵活和简洁。

● 默认值：对于未传递的可选参数，函数可以指定默认值，从而避免了未定义的情况。

可选参数的语法格式可为 name?: Type，示例代码如文件 3-2 所示。

文件 3-2 可选参数用法的示例代码

```
function hello(name?: string) {
  if (name == undefined) {
    console.log('Hello!');
  } else {
    console.log(`Hello, ${name}!`);
  }
}

// 正确的函数调用，不传递参数
hello();
// 正确的函数调用，传递参数
```

```
hello('zhangsan');
```

此外，可选参数还可以设置默认值。当函数被调用时，如果省略了该参数，则会使用默认值作
为实际参数，示例代码如文件3-3所示。

文件 3-3　设置默认值的可选参数的示例代码

```
function multiply(n: number, coeff: number = 2): number {
  return n * coeff;
}

console.log(multiply(2).toString());          // 打印2 * 2 的结果，因为coeff 在调用
时没有传值，因此使用默认值2作为实参
console.log(multiply(2, 4).toString());       // 打印2 * 4 的结果，因为coeff 传入了
值4
```

3.3　rest 参数

ArkTS 在编程中，rest 参数（也称为剩余参数）是一种函数参数的语法，用于将不确定数量的
参数表示为一个数组。这种功能在 JavaScript 和 TypeScript 等语言中十分常见，使得编写接收可变
数量参数的函数更加简单和灵活。

函数的最后一个参数可以定义为 rest 参数。使用 rest 参数时，函数或方法可以接收任意数量的
实参。以下示例程序（见文件3-4）展示了 rest 参数的使用方法。

文件 3-4　rest 参数用法的示例代码

```
function sum(...numbers: number[]): number {
  let res = 0;
  for (let n of numbers) {
    res += n;
  }
  return res;
}

console.log(sum().toString());                // 打印0，因为函数中res 的默认值为0，
此时函数调用为传递任何参数，numbers 数组为空
console.log(sum(1, 2, 3, 4).toString());      // 打印1, 2, 3, 4 相加的结果
```

3.4　返回类型

返回类型是 ArkTS 编程语言中用于指定函数或方法返回值的数据类型，它是函数定义的重要组
成部分，明确了函数调用者可以预期的返回值类型。

如果函数体内的代码可以推断出函数返回值的类型，则在函数声明中可省略标注的返回类型。
返回类型用法的示例代码如文件3-5所示。

文件 3-5　返回类型用法的示例代码

```
// 显式指定返回类型
function foo(): string {
  return 'foo';
}

// 通过推断确定返回类型为 string
function goo() {
  return 'goo';
}

console.log(foo());
console.log(goo());
```

对于不需要返回值的函数，可以显式指定为 void 或省略标注。这类函数通常不需要返回语句 return。以下示例代码（见文件 3-6）展示了两种有效的 void 返回类型的函数声明方式。

文件 3-6　有效的 void 返回类型用法的示例代码

```
function hi1() {
  console.log('hi');
}

function hi2(): void {
  console.log('hi');
}

hi1();
hi2();
```

3.5　函数的作用域

函数的作用域是指变量和函数在代码中的可见性和可访问范围。作用域定义了变量和函数的生命周期以及访问权限的界限。

函数作用域的关键点如下：

（1）局部作用域：在函数内部定义的变量只能在该函数内部访问，无法从外部访问。这些变量是局部的，它们的生命周期仅限于函数调用期间。

（2）变量覆盖：如果函数内部定义的变量与外部作用域中已有的变量同名，则函数内部的局部变量会覆盖外部定义的变量。这种行为遵循"就近原则"，即优先使用当前作用域中的变量。

演示函数作用域的示例代码如文件 3-7 所示。

文件 3-7　演示函数作用域的示例代码

```
let x = 10; // 外部变量

function example() {
    let x = 20;      // 局部变量，覆盖外部变量
```

```
    console.log(x); // 输出 20
}

example();
console.log(x); // 输出 10
```

在上述示例代码中，函数 example 内部定义的局部变量 x 覆盖了外部的变量 x，因此在函数内部输出的是局部变量的值（20），而在函数外部仍然可以访问到外部变量 x（值为 10）。

3.6　函数的调用

函数调用是执行已定义函数的过程，运行函数内部的一段代码并返回结果。通过编写函数和进行函数调用，可以避免重复编写相同的代码，使代码更具模块化和可重用性，从而提高程序的组织性和可读性。

演示函数调用的示例代码如文件 3-8 所示。

文件 3-8　演示函数调用的示例代码

```
// 声明函数
function join(x: string, y: string): string {
  let z: string = `${x} ${y}`;
  return z;
}
// 调用函数，需要传递两个 string 类型的参数
let x = join('hello', 'world');
console.log(x);
```

3.7　函数类型

函数类型是指在定义函数时指定的参数类型和返回类型。函数类型通常用于定义回调函数（作为参数传递给其他函数）或用于描述某种特定的函数签名。这种类型定义有助于提高代码的可读性和类型安全性。

函数类型及其用法的示例代码如文件 3-9 所示。

文件 3-9　函数类型及其用法的示例代码

```
// 使用 type 关键字定义函数类型
// 表示该函数类型接收一个 number 类型的参数，并返回一个 number 类型的结果
type trigFunc = (x: number) => number;

// 定义一个函数，接收参数为上述定义的函数类型
function do_action(f: trigFunc): number {
  // 调用函数获取结果
  return f(3.141592653589);
}
```

```
// Math.sin 符合 trigFunc 类型的要求
// 使用 Math.sin 作为参数调用 do_action 函数
let result = do_action(Math.sin);

console.log(`最终的结果为：${result}`);
```

3.8　箭头函数或 Lambda 函数

箭头函数（也称为 Lambda 函数）是一种简洁的表达方式，具有以下特点：

（1）语法简洁：箭头函数使用箭头符号（=>）来定义，在语法上比传统的函数表达式更简洁。

（2）不绑定 this：箭头函数不绑定自己的 this 值，而是捕获其所在上下文的 this 值，避免了因绑定 this 而导致的常见问题。

（3）省略花括号：当箭头函数的函数体只有一条语句时，可以省略花括号，且该表达式会作为函数的返回值。

（4）适用于回调函数：箭头函数常用于定义回调函数，因为它的语法简洁且自动绑定 this，避免了上下文切换的复杂性。

箭头函数定义的示例代码如文件 3-10 所示。

文件 3-10　箭头函数定义的示例代码

```
let sum = (x: number, y: number): number => {
  return x + y;
}
```

箭头函数的返回类型可以省略。在省略时，返回类型会根据函数体的内容自动推断。

当箭头函数的函数体是单一表达式时，还可以进一步简化为单行形式。以下两种写法是等价的（见文件 3-11）。

文件 3-11　箭头函数两种编写方式的示例代码

```
let sum1 = (x: number, y: number) => {
  return x + y;
}

let sum2 = (x: number, y: number) => x + y;
```

3.9　闭　　包

闭包是由函数及其声明时的环境共同组成的结构。闭包可以访问其创建时作用域内的任何局部变量，即使在闭包执行时这些变量已经超出它们的原始作用域。

闭包用法的示例代码如文件 3-12 所示。

文件 3-12 闭包用法的示例代码

```
function f(): () => number {
  let count = 0;
  // 在函数内部定义箭头函数
  let g = (): number => {
    // 注意，该函数使用了它所在的 f 函数中的局部变量 count
    count++;
    return count;
  };
  // 返回一个函数，该函数不接收任何参数，返回 number 类型的值
  return g;
}

// 调用 f 函数获取返回值：g 函数实例
let z = f();
// 实际调用的是 f 返回的 g 函数，而 g 函数返回的结果是修改 f 局部变量后的结果
console.log(`第一次调用结果：${z()}`); // 返回：1
console.log(`第二次调用结果：${z()}`); // 返回：2
```

在本例中，z 是执行 f 时创建的 g 箭头函数实例的引用。g 的实例维持了对它的环境（即 f 函数中的作用域，变量 count 包含其中）的引用。因此，当 z 被调用时，变量 count 依然可用，并且能够保留调用后的状态。

3.10 函数重载

函数重载允许为同一个函数提供多种调用方式。通过编写多个同名但参数类型或参数数量不同的函数声明，可以实现函数的重载。函数重载用法的示例代码如文件 3-13 所示。

文件 3-13 函数重载用法的示例代码

```
function foo(x: number): void; /* 第一个函数定义 */

function foo(x: string): void; /* 第二个函数定义 */

function foo(x: number | string): void {
  console.log(`接收到的参数：${x}`);
}

foo(123);   // OK，使用第一个定义
foo('aa');  // OK，使用第二个定义
```

需要注意以下两点：

（1）函数声明必须唯一：不允许重载的函数具有相同的参数列表，否则编译时会报错。

（2）函数实现紧随声明：所有函数声明应紧跟一个通用实现，用于处理所有重载情况。

3.11　本章小结

本章介绍了 ArkTS 编程语言中有关函数的基本概念和高级特性，涵盖了函数声明、可选参数、rest 参数、返回类型、作用域、函数调用、函数类型、箭头函数、闭包和函数重载。

通过本章的学习，读者能够全面理解函数的相关概念，为 HarmonyOS 的开发之旅奠定基础。

3.12　本章习题

（1）编写一个名为 concatStrings 的函数，该函数接收两个字符串参数，并返回它们的拼接结果。然后编写测试代码调用该函数，并输出结果。

（2）编写一个名为 greet 的函数，该函数接收一个可选的字符串参数 name。如果提供了 name，则输出"Hello, name!"；如果没有提供 name，则输出"Hello, Guest!"。使用参数默认值实现该功能。

（3）编写一个名为 average 的函数，该函数接收任意数量的数值参数，并返回这些数值的平均值。

（4）编写一个名为 createCounter 的函数，该函数返回一个箭头函数。返回的箭头函数每调用一次，计数器加 1，并返回当前计数值。利用闭包特性实现计数器功能。

（5）编写一个名为 print 的函数，该函数可以接收一个字符串或一个数值作为参数，并在控制台输出对应的内容。请为该函数实现重载。

第 4 章

类和对象

本章将深入探讨 ArkTS 编程语言中的核心概念——类和对象。类是面向对象编程的基石，用于定义对象的结构和行为；对象则是类的实例，代表现实世界中的实体或概念。

类和对象的基本概念：

- 字段：类中定义的变量，用于存储对象的状态信息。
- 方法：类中定义的函数，用于描述对象的行为。
- 构造函数：一种特殊方法，用于初始化新创建的对象。
- 可见性修饰符：控制类成员（字段、方法）的访问级别，可见性修饰符有 public、private 和 protected。
- 对象变量：通过字段表示对象的状态。
- 类的继承：一个类（子类）继承另一个类（父类）的属性和方法，实现代码复用和层次关系。

面向对象编程的特点：

- 抽象：通过类对现实世界中的实体进行抽象，忽略不必要的细节。
- 封装：将数据和操作数据的方法结合在一起，并隐藏内部实现细节。
- 继承：允许新类继承现有类的属性和方法，减少代码重复。
- 多态：允许不同类的对象对同一消息做出响应，具体行为取决于对象的实际类型。

面向对象编程的优点：

- 可重用性：通过继承和多态，可重用已有代码，减少重复开发。
- 简化复杂性：通过抽象和封装，将复杂系统分解为易于管理的模块。
- 提高代码的可扩展性和灵活性：继承和多态使系统更易扩展和修改。
- 增强可维护性：良好的封装和模块化设计使代码更易于维护和更新。
- 提高团队协作效率：面向对象设计可支持团队成员同时实现系统的不同部分。

本章将引导读者从基础概念到高级特性，逐步构建起对 ArkTS 中类和对象使用的深刻理解，为读者在面向对象编程领域的深入探索奠定坚实基础。

4.1 字 段

字段是直接在类中声明的某种类型的变量。根据字段的作用范围，类可以具有实例字段或静态字段。

4.1.1 实例字段

实例字段是类的每个实例独有的字段，每个实例都有自己独立的实例字段集合。要访问实例字段，必须通过类的实例。实例字段用法的示例代码如文件 4-1 所示。

文件 4-1 实例字段用法的示例代码

```
class Person {
  name: string = '';          // 实例字段
  age: number = 0;

  constructor(n: string, a: number) {
    this.name = n;
    this.age = a;
  }

  getName(): string {
    return this.name;
  }
}

// 创建实例并访问实例字段
let p1 = new Person('Alice', 25);
p1.name;

// 创建实例并访问实例字段
let p2 = new Person('Bob', 28);
p2.getName();
```

4.1.2 静态字段

使用关键字 static 将字段声明为静态字段。静态字段属于类本身，而不是类的某个实例，因此所有实例共享同一个静态字段。

访问静态字段时需要使用类名，而不是实例。静态字段用法的示例代码如文件 4-2 所示。

文件 4-2 静态字段使用示例代码

```
class Person {
  // 静态字段
  static numberOfPersons = 0;
```

```
  // 在构造函数中可以直接使用类名修改静态字段的值
  constructor() {
    // ...
    Person.numberOfPersons++;
    // ...
  }
}

// 直接使用类名获取字段值
Person.numberOfPersons;
```

4.1.3　字段初始化

为了减少运行时错误并提高执行性能，ArkTS 要求所有字段必须在声明时或构造函数中显式初始化。这与标准 TypeScript 中的 strictPropertyInitialization 模式一样。

以下代码在 ArkTS 中是不合法的（见文件 4-3）。

文件 4-3　字段初始化错误的示例代码

```
class Person {
  name: string; // 未初始化，默认为 undefined

  setName(n: string): void {
    this.name = n;
  }

  getName(): string {
    // 开发者定义了返回类型"string"，但未考虑到可能为"undefined"的情况
    // 更合适的做法是将返回类型标注为"string | undefined"，以告诉开发者这个 API 所有可能
的返回值
    return this.name;
  }
}

let jack = new Person();    // 假设代码中未对 name 赋值
// 例如调用"jack.setName('Jack')"
jack.getName().length;      // 运行时异常：name is undefined
```

在 ArkTS 中，正确的写法如文件 4-4 所示。

文件 4-4　字段初始化正确用法的示例代码

```
class Person {
  name: string = '';      // 初始化为默认值

  setName(n: string): void {
    this.name = n;
  }

  // 类型为 string，不可能为 null 或者 undefined
  getName(): string {
    return this.name;     // 确保返回值始终为非 null 或 undefined
  }
```

```
}

let jack = new Person();    // 假设代码中未对 name 赋值
// 例如调用"jack.setName('Jack')"
jack.getName().length;      // 0，无运行时异常
```

如果允许字段 name 的值为 undefined，代码应如下处理（见文件 4-5）。

文件 4-5　字段值可能为 undefined 的示例代码

```
class Person {
  name?: string // 字段可能为 undefined

  setName(n: string): void {
    this.name = n;
  }

  // 编译时错误: name 可以是 undefined，所以将这个 API 的返回值类型标记为 string
  getNameWrong(): string {
    return this.name;        // 编译错误: 字段可能为 undefined
  }

  getName(): string | undefined {
    // 返回类型匹配 name 的类型
    return this.name;
  }
}

let jack = new Person();
// 假设代码中未对 name 赋值，例如调用"jack.setName('Jack')"
// 编译时错误: 编译器认为下一行代码有可能会访问 undefined 的属性，因此报错
// jack.getName().length;   // 编译失败
jack.getName()?.length;     // 编译成功，无运行时错误
```

4.1.4　getter 和 setter

getter 和 setter 提供了对对象属性的受控访问。

● getter 方法: 用于获取对象的属性值。在不直接暴露对象内部属性的情况下，可以通过 getter 返回属性值。这允许在返回值之前执行逻辑操作，例如数据转换或验证。

● setter 方法: 用于设置或修改对象的属性值。通过 setter，可以在赋值之前执行额外的逻辑操作，例如数据验证或转换。

在文件 4-6 所示的示例代码中，setter 方法用于防止将 age 属性设置为无效值。

文件 4-6　setter 和 getter 用法的示例代码

```
class Person {
  name: string = '';        // 属性默认值
  private _age: number = 0; // 私有属性，仅通过 getter 和 setter 访问
  // getter 方法
  get age(): number {
    return this._age;
  }
```

```
    // setter 方法
    set age(x: number) {
      if (x < 0) {
        throw Error('Invalid age argument');  //如果传入的值小于 0，则抛出一个错误，确
保年龄的有效性
      }
      this._age = x;
    }
}

let p = new Person();
// 调用了 age 方法获取值
p.age; // 输出 0
// 调用了 age 方法设置值
p.age = -42; // 输出 "Invalid age argument"
```

4.2 方 法

在 ArkTS 中，方法是指定义在类中的函数，用于描述类的行为或它可执行的操作。方法用于封装类的功能，让类或类的实例能够执行特定的操作。

根据调用方式的不同，方法可分为实例方法和静态方法。实例方法是与类的实例关联的方法，即在调用实例方法之前需要创建该类的实例；而静态方法与类本身关联，可以直接通过类名调用，而无须创建该类的实例。

方法本质上是定义在类中的函数，因此方法同样可以接收参数并返回值。

4.2.1 实例方法

实例方法用法的示例代码如文件 4-7 所示，实例方法 calculateArea 通过将高度乘以宽度来计算矩形的面积。

文件 4-7 实例方法用法的示例代码

```
class RectangleSize {
  private height: number = 0;
  private width: number = 0;

  constructor(height: number, width: number) {
    this.height = height;   // 设置高度
    this.width = width;     // 设置宽度
  }
  // 定义实例方法 calculateArea，计算矩形面积
  calculateArea(): number {
    return this.height * this.width;
  }
}

// 必须通过类的实例来调用实例方法
let square = new RectangleSize(10, 10);
let result = square.calculateArea(); // 调用 calculateArea 方法
```

```
console.log(`计算结果为：${result}`);      // 输出"计算结果为：100"
```

4.2.2 静态方法

使用关键字 static 可以将方法声明为静态方法。静态方法属于类本身，只能访问类中的静态字段。静态方法定义了类作为一个整体的公共行为。

静态方法必须通过类名调用，它的用法的示例代码如文件 4-8 所示。

文件 4-8 静态方法用法的示例代码

```
class Cl {
  static staticMethod(): string {  // 定义静态方法 staticMethod，返回一个字符串
    return 'this is a static method.';
  }
}
// 调用静态方法
console.log(Cl.staticMethod()); // 输出"this is a static method."
```

4.3 类的继承

类的继承是面向对象编程中的一个重要概念，它允许一个类（称为子类或派生类）从另一个类（称为父类或基类）继承属性和方法。通过继承，子类可以重用父类的代码，同时可以扩展或修改父类的功能。继承促进了代码的复用和层次化设计，使程序更加清晰和易于维护。

4.3.1 继承

在 ArkTS 中，类支持继承和接口的实现。通过 extends 关键字可以继承一个基类，使用 implements 关键字来实现一个或多个接口。它的语法格式如下：

```
class [extends BaseClassName] [implements listOfInterfaces] {
  // ...
}
```

子类可以继承父类的字段和方法，但不能继承父类的构造函数。在子类中可以新增字段和方法，或通过方法重写父类定义的方法。

以下是演示继承实现的示例程序，展示了父类与子类的定义和使用（见文件 4-9）。

文件 4-9 演示父类与子类继承的示例代码

```
class Person {
  name: string = '';
  private _age = 0;

  get age(): number {
    return this._age;
  }
}
```

```
class Employee extends Person {
  salary: number = 0;

  calculateTaxes(): number {
    return this.salary * 0.42;
  }
}
```

包含 implements 子句（即类在实现接口）时，必须为接口中定义的所有方法提供实现，除非该方法已有默认的实现。接口方法实现的示例代码如文件 4-10 所示。

文件 4-10　接口方法实现的示例代码

```
interface DateInterface {
  now(): string;
}

class MyDate implements DateInterface {
  now(): string {
    // 接口方法在此实现
    return 'now is now';
  }
}
```

4.3.2　父类访问

使用关键字 super 可以访问父类的实例字段、实例方法和构造函数。在实现子类功能时，可以通过该关键字从父类中获取所需接口，父类访问的示例代码如文件 4-11 所示。

文件 4-11　父类访问的示例代码

```
class RectangleSize {
  // ...
  area(): number {
    // 实现
    return 0;
  }
}

class RectangleSize {
  protected height: number = 0;
  protected width: number = 0;

  constructor(h: number, w: number) {
    this.height = h;
    this.width = w;
  }

  draw() {
    /* 绘制边界 */
    console.log(`正在绘制宽度为${this.width}高度为${this.height}的矩形`);
  }
}
```

```typescript
class FilledRectangle extends RectangleSize {
  color = '';

  constructor(h: number, w: number, c: string) {
    // 调用父类的构造函数
    super(h, w);
    this.color = c;
  }

  draw() {
    // 调用父类的 draw 方法
    super.draw();
    // undefined
    console.log(`父类的 height：${super.height}`);
    // undefined
    console.log(`父类的 width：${super.width}`);
    // 在下列打印语句中，即使当前类没有定义 height 和 width，也可以直接使用
    // 因为它们可以从父类继承过来
    console.log(`正在将宽度为${this.width}高度为${this.height}的矩形填充为
${this.color}`);
  }
}

let rect = new FilledRectangle(10, 20, '绿色');
rect.draw();
```

4.3.3　方法重写

子类可以重写（override，或称为覆盖）父类中定义的方法来修改其行为。重写的方法必须具有与父类方法相同的参数类型和相同或派生的返回类型。演示方法重写的示例代码如文件 4-12 所示。

文件 4-12　演示方法重写的示例代码

```typescript
class Square extends RectangleSize {
  private _side: number = 0;

  set side(side: number) {
    this._side = side;
  }

  get side() {
    return this._side;
  }

// 重写 area 方法
  area(): number {
    console.log(`父类对象计算出来的面积：${super.area()}`);// 调用父类的 area 方法
    return this.side * this.side;
  }
}

let square = new Square();
square.side = 20;
```

```
console.log(`计算的面积：${square.area()}`);
```

4.3.4 重载签名的方法

重载签名（Overload Signatures）是指在同一个类中为一个方法定义多个具有相同名称但参数类型或参数数量不同的方法声明。重载签名可以让同一个方法适应不同的调用场景。演示方法重载签名的示例代码如文件 4-13 所示。

文件 4-13　演示方法重载签名的示例代码

```
class C {
  // 第一个方法的签名
  foo(x: number): void;

  // 第二个方法的签名
  foo(x: string): void;
  foo(x: number | string): void {
    // 实现重载的方法签名
    switch (typeof x) {
      case 'number':
        console.log(`此时调用的是 number 类型参数的方法：x = ${x}`);
        break;
      case 'string':
        console.log(`此时调用的是 string 类型参数的方法：x = ${x}`);
        break;
      default:
        console.log('测试方法重载');
    }
  }
}

let c = new C();
c.foo(123);   // OK，使用第一个签名
c.foo('aa'); // OK，使用第二个签名
```

如果两个重载签名方法的名称和参数列表完全相同，将导致编译错误。

4.4　构造函数

在 ArkTS 中，构造函数是一种特殊的函数，用于初始化类的新实例。构造函数在创建类的实例时会自动调用，通常用于设置初始状态、分配资源或执行其他初始化任务。

4.4.1 基本构造函数

类声明可以包含用于初始化对象状态的构造函数。构造函数的语法如下：

```
constructor([parameters]) {
  // ...
}
```

如果未定义构造函数，ArkTS 会自动创建一个无参数的默认构造函数。默认构造函数会将类中的字段初始化为其类型的默认值。默认构造函数用法的示例代码如文件 4-14 所示。

文件 4-14　默认构造函数用法的示例代码

```
class Point {
  x: number = 0;
  y: number = 0;
}
// 使用默认构造函数创建 Point 类的实例
let p = new Point();
```

在这种情况下，默认构造函数会用字段类型的默认值来初始化实例中的字段。

4.4.2　子类的构造函数

在 ArkTS 中，子类不仅可以继承父类的属性和方法，还可以扩展或覆盖这些属性和方法，从而实现新的功能或行为。

在定义子类的构造函数时，通常需要在子类构造函数的第一条语句中使用关键字 super 来显式调用其父类的构造函数。子类构造函数用法的示例代码如文件 4-15 所示。

文件 4-15　子类构造函数用法的示例代码

```
class RectangleSize {
  constructor(width: number, height: number) {
    console.log(`父类中的 width = ${width}`);
    console.log(`父类中的 height = ${height}`);
    // ...
  }
}

class Square extends RectangleSize {
  constructor(side: number) {
    console.log(`子类中的 side = ${side}`);
    // 调用父类的构造函数，传入两个相同的参数
    super(side, side);
  }
}

// 创建一个 Square 对象，调用子类构造函数
new Square(10);
```

4.4.3　重载签名的构造函数

通过编写重载签名，可以为构造函数定义多种不同的调用方式。具体方法是为同一个构造函数定义多个同名但签名不同的构造函数头，而构造函数的实现紧随其后。构造函数重载签名的示例代码如文件 4-16 所示。

文件 4-16　构造函数重载签名的示例代码

```
class C {
  /**
```

```
   * 包含一个 number 类型参数的构造器签名
   * @param x
   */
  constructor(x: number);

  /**
   * 包含一个 string 类型参数的构造器签名
   * @param x
   */
  constructor(x: string);

  constructor(x: number | string) {
    // 构造函数重载签名的实现
    switch (typeof x) {
      case 'string':
        console.log(`调用了包含一个 string 类型参数的构造器: x = ${x}`);
        break;
      case 'number':
        console.log(`调用了包含一个 number 类型参数的构造器: x = ${x}`);
        break;
      default:
        break;
    }
  }
}

let c1 = new C(123);    // OK，使用第一个签名
let c2 = new C('abc'); // OK，使用第二个签名
```

如果两个重载签名的构造函数的名称和参数列表完全相同，则会导致编译错误。

4.5 可见性修饰符

可见性修饰符用来控制类、接口、方法、属性等成员的访问权限。不同的可见性修饰符决定了成员在类内部、同一包内或在全局代码中的可见性。

可见性考虑到代码的安全性和可读性。它用于限制类或实例的属性是否能被外部访问，类或实例的方法是否能被外部调用，或者说用于防止未经授权的代码调用类或类的方法。

ArkTS 提供了 3 种可见性修饰符：public（公有）、private（私有）和 protected（受保护）。默认可见性为 public。

4.5.1 public

public 修饰的类成员（字段、方法、构造函数）在程序中任何可访问该类的地方都是可见的，即都是可以被访问的。

4.5.2 private

private 修饰的成员只能在声明它的类内部可见，不能在类外被访问。

public 和 private 修饰符用法的示例代码如文件 4-17 所示。

文件 4-17 public 和 private 修饰符用法的示例代码

```
class C {
  public x: string = '';        // 公有字段
  private y: string = '';       // 私有字段

  set_y(new_y: string) {
    this.y = new_y;       // OK，y 在类内部可以访问
  }
}


let c = new C();
c.x = 'a';        // OK，该字段是公有的
c.y = 'b';        // 编译错误：'y' 是私有的，不可见（无法访问）
```

4.5.3 protected

protected 修饰符的作用与 private 修饰符非常相似，不同点是 protected 修饰的成员允许在子类中访问，而 private 不允许。protected 修饰符用法的示例代码如文件 4-18 所示。

文件 4-18 protected 修饰符用法的示例代码

```
class Base {
  protected x: string = '';        // 受保护字段
  private y: string = '';          // 私有字段
}

class Derived extends Base {
  foo() {
    this.x = 'a';       // OK，访问受保护成员
    this.y = 'b';       // 编译错误，y 是私有的，不可见，无法访问
  }
}
```

4.6 对象变量

对象变量是一种表达式，用于创建类的实例并提供一些初始值。在某些情况下，它可以代替 new 表达式。

对象变量的表示方式是将属性名和对应值封闭在花括号（{}）中，形成"属性名:值"的列表。对象变量用法的示例代码如文件 4-19 所示。

文件 4-19 对象变量用法的示例代码 1

```
class C {
  n: number = 0;
  s: string = '';
}


let c: C = { n: 42, s: 'foo' };
```

```
console.log(c.s);
console.log(`${c.n}`);
```

由于 ArkTS 是静态类型语言，对象变量只能在可以推导出该变量类型的上下文中使用。其他正确的例子如文件 4-20 所示。

文件 4-20　对象变量用法的示例代码 2

```
class C {
  n: number = 0;
  s: string = '';
}

function foo(c: C) {
}

let c: C;

// 将对象变量赋值给变量
c = { n: 42, s: 'foo' };
// 将对象变量作为参数传递给函数
foo({ n: 42, s: 'foo' });

function bar(): C {
  // 将对象变量作为返回值返回
  return { n: 42, s: 'foo' };
}
```

对象变量也可以用于数组元素类型或类字段类型中，具体用法的示例代码如文件 4-21 所示。

文件 4-21　对象变量用法的示例代码 3

```
class C {
  n: number = 0;
  s: string = '';
}

// 将对象变量作为数组的元素
let cc: C[] = [{ n: 1, s: 'a' }, { n: 2, s: 'b' }];
```

对于 Record 类型的对象变量，例如泛型 Record<K, V>（用于将键类型的属性映射到值类型），常用对象变量来初始化该类型的值，具体用法的示例代码如文件 4-22 所示。

文件 4-22　Record 类型对象变量用法的示例代码 1

```
let map: Record<string, number> = {
  'John': 25,
  'Mary': 21,
}

map['John']; // 25
```

在 Record<K, V>中，类型 K 可以是字符串类型或数值类型，而 V 可以是任何类型，具体用法的示例代码如文件 4-23 所示。

文件 4-23 Record 类型对象变量用法的示例代码 2

```
interface PersonInfo {
  age: number;
  salary: number;
}

let map: Record<string, PersonInfo> = {
  'John': { age: 25, salary: 10 },
  'Mary': { age: 21, salary: 20 }
}
```

4.7 其 他

在一个类声明中，可以引入新的类型，并定义其字段、方法和构造函数。在文件 4-24 中定义了 Person 类，该类具有字段 name 与 surname，以及构造函数和方法 fullName。

文件 4-24 类声明用法的示例代码

```
class Person {
  // 字段
  name: string = '';
  surname: string = '';

  // 构造函数
  constructor(n: string, sn: string) {
    this.name = n;
    this.surname = sn;
  }

  // 方法
  fullName(): string {
    return this.name + ' ' + this.surname;
  }
}
```

定义类后，可以使用 new 关键字创建实例，具体用法如文件 4-25 所示。

文件 4-25 创建类实例用法的示例代码

```
let p = new Person('John', 'Smith');
console.log(p.fullName());
```

也可以使用对象变量创建实例，具体用法如文件 4-26 所示。

文件 4-26 使用对象变量创建类实例的示例代码

```
class Point {
  x: number = 0;
  y: number = 0;
}

let p: Point = { x: 42, y: 42 };
```

4.8　本章小结

本章深入介绍了类的基本概念和用法，包括字段、方法、构造函数、可见性修饰符、对象变量以及继承等内容。

1. 字段

字段是类中声明的变量，可以是实例字段或静态字段。实例字段属于类的每个实例，而静态字段属于类本身，由所有实例共享。字段需要在声明时或在构造函数中显式初始化，以减少运行时错误和提升性能。可以通过类的实例或类名访问相应的字段。

2. 方法

方法是类中的函数，可以是实例方法或静态方法。实例方法可以访问类的实例字段和静态字段，而静态方法只能访问静态字段。实例方法通过类的实例调用，静态方法则通过类名调用。继承和方法重写使得子类可以扩展或修改父类的方法。

3. 构造函数

构造函数用于初始化对象的状态。如果未定义构造函数，默认会创建一个无参数的构造函数。子类的构造函数可以使用 super 关键字调用父类构造函数。构造函数也支持重载签名，允许具有不同参数类型和参数数量的同名构造函数。

4. 可见性修饰符

可见性修饰符（public、private、protected）控制类成员的访问权限。public 成员在任何地方可见（即可访问），private 成员只能在类内部访问，protected 成员在派生类中也可访问。

5. 对象变量

对象变量是一种方便的表达式，用于创建类实例并提供初始值。ArkTS 要求在能够推导出类型的上下文中使用对象变量，且可以在数组元素或类字段中使用。

6. 继承

继承允许一个类继承另一个类的字段和方法，但不继承构造函数。子类可以通过 super 关键字调用父类的方法和构造函数。方法重写允许子类提供不同于父类的方法实现。

通过掌握这些内容，读者可以更好地理解类的构造和使用，从而提高编写和维护代码的能力。

4.9　本章习题

（1）创建一个 Car 类，具有 make 和 model 两个实例字段。使用构造函数初始化这些字段，并编写一个方法 getCarInfo，返回 make 和 model 的组合信息。

（2）创建一个 Employee 类，具有静态字段 employeeCount，用于记录员工数量。编写一个构造函数，每次创建一个新实例时，employeeCount 增加 1。

（3）创建一个 Book 类，具有字段 title 和 author，在声明时初始化这些字段。编写一个方法 getBookInfo，返回 title 和 author 的组合信息。

（4）创建一个 Rectangle 类，具有私有字段 _width 和 _height。为这两个字段编写 getter 和 setter 方法，确保它们的值始终为正数。

（5）创建一个 MathUtils 类，具有静态方法 isEven，用于接收一个数字参数，并返回该数字是否为偶数。

第 5 章

接　　口

ArkTS 是一种面向对象的编程语言，本章将讲解面向对象编程范式中接口属性和接口继承的概念和用法。在面向对象编程范式中，接口主要有如下作用：

1. 定义行为规范

接口定义了一组方法，这些方法必须在实现接口的类中实现。这为类或对象与外部世界进行通信提供了明确的契约，确保了组件之间的交互是可预测和一致的。

2. 实现多态

通过接口可以实现多态性，即不同的类可以共享相同的接口，而具有不同的实现。

3. 优化设计

接口可以将一个类对另一个类的依赖性降到最低，实现接口隔离，从而优化设计。

4. 提高代码的可读性、可维护性和扩展性

接口的设计使得程序可以更加灵活和可扩展。通过接口可以定义行为契约，实现多态性，减少耦合度，同时提供代码的重用性、灵活性和可扩展性。

5. 作为规范和约束

在开发过程中，接口为一个或多个类提供行为规范。具体实现由实现类完成，这有助于保证开发团队的一致性。

6. 多继承

一个类可以实现多个接口，从而实现多继承的效果，允许类具有多种行为或功能。

通过学习本章内容，读者将掌握在接口中定义属性的方法及其实现方式，以及接口继承的基本原理，从而编写出结构良好、可维护的代码。

5.1　接口初探

接口是定义代码协定的常见方式，任何一个类的实例只要实现了特定的接口，就可以通过该接口实现多态。接口通常包含属性和方法的声明。

本节通过一个具体的示例代码来初步探讨接口。在示例代码中，声明了一个接口 Labelable，该接口声明两个属性：一个是 string 类型且名称为 label 的属性；另一个是 number 类型且名称为 size 的属性。示例代码如下：

```
import { describe, it } from '@ohos/hypium';

// 声明接口
interface Labelable {
    // 接口中声明 string 类型且名称为 label 的属性
    label: string;
    // 接口中声明 number 类型且名称为 size 的属性
    size: number;
}

// 声明函数，该函数接收 Labelable 类型的参数
function printLabel(labelledObj: Labelable) {
    // 在控制台打印标签的值
    console.log(labelledObj.label + ' 的 size 为 ' + labelledObj.size);
}

export default function testTest01() {
    describe('testTest01', () => {
        it('testCase', 0, () => {
            // 通过 as 断言对对象字面量进行类型强制转换
            let myObj = { size: 10, label: 'Size 10 Object' } as Labelable;
            // 调用函数打印相关信息
            printLabel(myObj);
        })
    })
}
```

声明的 printLabel 函数要求参数必须是 Labelable 类型的实例。定义的接口相当于定义了一个契约，如果要调用函数 printLabel，则必须传递 Labelable 类型的实例。

在 it 测试函数中，通过 as 语法的类型断言，将对象字面量强制转换为 Labelable 类型，然后调用函数打印对象的信息。

5.2 可选属性

接口中的属性并不全是必需的，有些属性仅在特定条件下才会存在，或者根本不存在。可选属性在使用时，传递给函数的参数对象只包含部分属性值。

可选属性的示例如下：

```
// 声明接口
interface SquareConfig {
  // 使用问号声明可选属性，类型为 string，名称为 color
  color?: string;
  // 使用问号声明可选属性，类型为 number，名称为 width
  width?: number;
}

// 声明类
class Square {
  // 使用 private 声明 string 类型的私有属性 _color，用于实际保存属性 color 的数据
  private _color: string;
  // 使用 private 声明 number 类型的私有属性 _area，用于实际保存属性 area 的数据
  private _area: number;

  // 声明包含两个参数的构造函数
  constructor(color: string, area: number) {
    // 使用传递来的 color 值初始化 _color 属性
    this._color = color;
    // 使用传递来的 area 值初始化 _area 属性
    this._area = area;
  }

  // color 属性的 getter 方法，用于获取属性 color 的值
  get color() {
    // 返回实际保存 color 属性值的私有属性 _color 的值
    return this._color;
  }

  // color 属性的 setter 方法，用于给 color 属性设置值
  set color(color: string) {
    // 将传递的值赋给真正保存属性 color 值的私有属性 _color
    this._color = color;
  }

  // 属性 area 的 getter 方法，用于获取属性 area 的值
  get area() {
    // 返回真正保存 area 属性值的私有属性 _area 的值
    return this._area;
  }

  // 属性 area 的 setter 方法，用于设置属性 area 的值
  set area(area: number) {
    // 将传递来的值赋给真正保存属性 area 的值的私有属性 _area
    this._area = area;
  }
```

```
}

// 函数声明，用于根据传递来的配置实例，创建 Square 实例
function createSquare(config: SquareConfig): Square {
  // 创建 Square 的实例
  let newSquare = new Square("white", 100);
  // 如果配置中包含 color 属性，则赋值给 Square 实例的 color 属性
  if (config.color) {
    newSquare.color = config.color;
  }
  // 如果配置中包含 width 属性，则赋值给 Square 实例的 area 属性
  if (config.width) {
    newSquare.area = config.width * config.width;
  }
  // 返回创建好的 Square 实例
  return newSquare;
}
```

由上述代码可知，带有可选属性的接口与普通的接口定义相似，只是可选属性的名称后面添加了一个问号（?），表示该属性是可选的。

5.3 只读属性

一些对象属性只能在对象刚刚创建时赋值。对于这种情况，可以在属性名前使用 readonly 来指定该属性为只读属性。

只读属性用法的示例代码如下：

```
import { describe, it } from "@ohos/hypium";

// 接口声明
interface Point {
  // 使用 readonly 关键字声明 number 类型的只读属性 x
  readonly x: number;
  // 使用 readonly 关键字声明 number 类型的只读属性 y
  readonly y: number;
}

export default function testTest03() {
  describe('testTest03', () => {
    // 定义测试套。支持两个参数：测试套名称与测试套函数
    it('testCase', 0, () => {

      // 使用对象字面量创建 Point 类型的实例
      let p1: Point = { x: 10, y: 20 };
      // 编译器报错: Cannot assign to 'x' because it is a read-only property.
<ArkTSCheck>
      // 即：不能给只读属性 x 赋值
      // p1.x = 5;
    });
  });
}
```

ArkTS 提供了 ReadonlyArray<T>类型，它与 Array<T>类似，只是把所有可变方法去掉了，因此可以确保数组创建后无法再被修改。示例代码如下：

```
import { describe, it } from "@ohos/hypium";

export default function testTest04() {
    describe('testTest04', () => {
        it('testCase', 0, () => {
            // 声明 number 类型的数组
            let a: number[] = [1, 2, 3, 4];
            // 将 number 类型数组赋给 ReadonlyArray<number>类型的变量
            let ro: ReadonlyArray<number> = a;

            let myArr: Array<number> = a;

            // 正确，将 myArr 的索引为 0 的元素修改为 12
            myArr[0] = 12;

            // 编译器报错：Index signature in type 'readonly number[]' only permits
reading. <ArkTSCheck>
            // 即'readonly number[]' 类型的索引签名只允许读，不允许写
            // ro[0] = 12;

            // 正确，向 myArr 中追加新的元素
            myArr.push(5);

            // 编译器报错：Property 'push' does not exist on type 'readonly number[]'.
<ArkTSCheck>
            // 即'readonly number[]' 类型没有 push 属性，即不允许修改只读数组
            // ro.push(5);

            // 正确，将 myArr 的 length 属性值修改为 100
            myArr.length = 100;

            // 编译器报错：Cannot assign to 'length' because it is a read-only
property. <ArkTSCheck>
            // 即不能给 length 属性赋值，因为它是只读的属性
            // ro.length = 100;

            // 正确：将 myArr 直接赋给 number[]类型变量
            a = myArr;

            // 编译器报错：The type 'readonly number[]' is 'readonly' and cannot be
assigned to the mutable type 'number[]'. <ArkTSCheck>
            // 即'readonly number[]' 类型是只读的，不能赋值给可写的 'number[]' 类型的
变量
            // a = ro;
            // 但是可以使用类型断言将只读数组赋给可写的 number[]类型的变量
            a = ro as number[];
        })
    })
}
```

使用 readonly 还是使用 const？

判断该使用 readonly 还是 const，最简单的方法是看被装饰的内容是作为变量还是属性来使用。作为变量使用时，使用 const 声明为不可变量，否则，使用 readonly 来声明属性为只读。

5.4　实现接口

ArkTS 可以强制一个类符合某种契约，这种行为被称为实现接口。

实现接口的示例代码如下：

```
import { describe, it } from "@ohos/hypium";

// 声明接口
interface ClockInterface {
  // 接口中声明的属性，必须在实现类中存在
  currentTime: Date;
}

// 使用 implements 关键字声明了 ClockInterface 的实现类 Clock
class Clock implements ClockInterface {

  // 接口中声明的 currentTime 属性在实现类中必须存在
  currentTime: Date;

  // 构造函数
  constructor(h: number, m: number) {
    // 对 currentTime 属性进行初始化
    this.currentTime = new Date();
    // 使用传递来的 h 设置 hour
    this.currentTime.setHours(h);
    // 使用传递来的 m 设置 minute
    this.currentTime.setMinutes(m);
  }
}

export default function testTest04() {
  describe('testTest04', () => {
    it('testCase', 0, () => {
      // 创建实现类实例
      let myClock: Clock = new Clock(12, 23);
      // 在控制台打印实例信息
      console.log(myClock.currentTime.toString());
    })
  })
}
```

也可以在接口中声明方法，在类中需要实现这些方法。例如，下面的代码中声明了 setTime 方法：

```
// 声明接口
interface ClockInterface {
  // 声明 Date 类型且名称为 currentTime 的属性
  currentTime: Date;
```

```
  // 声明方法签名，该方法必须在实现类实现
  // 注意：ArkTS 中不允许使用隐式返回值类型，此处不需要返回值，因此返回值类型为 void
  setTime(d: Date): void;

}

// 使用 implements 关键字声明 ClockInterface 接口的实现类
class Clock implements ClockInterface {

  // 接口中声明的属性，必须在实现类中存在
  currentTime: Date;

  // 实现接口中声明的方法
  setTime(d: Date) {
    // 将 currentTime 设置为传进来的值
    this.currentTime = d;
  }

  // 构造函数，传递两个参数，h 表示小时，m 表示分钟
  constructor(h: number, m: number) {
    // 对 currentTime 属性进行初始化
    this.currentTime = new Date();
    // 使用传递来的 h 设置小时
    this.currentTime.setHours(h);
    // 使用传递来的 m 设置分钟
    this.currentTime.setMinutes(m);
  }
}
```

在类实现接口时，还可以通过 getter 方法和 setter 方法实现接口中声明的属性。

```
// 声明接口，该接口包含三个属性
interface Rectangle {
  // 声明 number 类型且名称为 width 的属性，用于表示矩形的宽度
  width: number;

  // 声明 number 类型且名称为 height 的属性，用于表示矩形的高度
  height: number;

  // 声明 number 类型且名称为 area 的属性，用于表示矩形的面积
  area: number;
}

// 使用 implements 声明 Rectangle 接口的实现类 StyledRectangle
class StyledRectangle implements Rectangle {
  // 使用 private 关键字声明 StyledRectangle 类的私有属性，并初始化为 0
  // 该属性名称前缀下画线，用于表示实际存储属性 width 的值
  private _width: number = 0;
  // 使用 private 关键字声明 StyledRectangle 类的私有属性，并初始化为 0
  // 该属性名称前缀下画线，用于表示实际存储属性 height 的值
  private _height: number = 0;

  // 属性 width 的 getter 方法，用于获取属性 width 的值
  get width(): number {
```

```
    // 返回实际存储属性 width 值的私有属性 _width 的值
    return this._width;
  }

  // 属性 width 的 setter 方法，用于给属性 width 设置值
  set width(value: number) {
    // 将传递来的值赋给实际保存 width 属性值的私有属性 _width
    this._width = value;
  }

  // 属性 height 的 getter 方法，用于获取属性 height 的值
  get height(): number {
    // 返回实际保存属性 height 值的私有属性 _height 的值
    return this._height;
  }

  // 属性 height 的 setter 方法，用于设置属性 height 的值
  set height(value: number) {
    // 将传递来的值赋给实际保存 height 属性的私有属性 _height
    this._height = value;
  }

  // 属性 area 的 getter 方法，用于计算并获取属性 area 的值
  get area(): number {
    // 返回计算出来的矩形的面积
    return this._width * this._height;
  }
}
```

5.5　继承接口

与类的继承一样，接口也可以相互继承。

通过接口的继承，可以将一个接口中的成员复制到另一个接口中，从而更灵活地将接口拆分到可重用的模块中。

继承接口的示例代码如下：

```
import { describe, it } from '@ohos/hypium';

// 声明接口
interface Shape {
  // 声明 string 类型且名称为 color 的属性
  color: string;
}

// 使用 extends 关键字声明 Shape 接口的子接口
// Square 接口继承自 Shape 接口
interface Square extends Shape {
  // 子接口中声明的 number 类型且名称为 sideLength 的属性
  // 同时该接口还从父接口继承了 color 属性
  sideLength: number;
}
```

```
export default function testTest06() {
  describe('testTest06', () => {
    it('testCase', 0, () => {
      // 使用断言进行类型转换
      // 注意，ArkTS 中仅支持 as 语法的断言进行类型转换
      let square = {} as Square;
      // 设置属性 color 的值
      square.color = 'blue';
      // 设置属性 sideLength 的值
      square.sideLength = 10;
      console.log(square.color + ' ' + square.sideLength);
    })
  })
}
```

一个接口可以继承多个接口，创建出多个接口的合成接口，示例代码如下：

```
import { describe, it } from "@ohos/hypium";

// 声明接口
interface Shape {
  // 接口中声明的 string 类型且名称为 color 的属性
  color: string;
}

// 声明接口
interface PenStroke {
  // 接口中声明 number 类型且名称为 penWidth 的属性
  penWidth: number;
}

// 使用 extends 关键字声明继承了 Shape 接口和 PenStroke 接口的 Square 子接口
// 接口可以继承多个父接口
interface Square extends Shape, PenStroke {
  // 在子接口中声明类型为 number 且名称为 sideLength 的属性
  sideLength: number;
}

export default function testTest07() {
  describe('testTest07', () => {
    it("testCase", 0, () => {

      // 使用类型断言的方式创建 Square 的实例
      let square = {} as Square;
      // 设置实例的 color 属性值，color 属性在 Shape 接口中声明
      square.color = 'blue';
      // 设置实例的 sideLength 属性值，sideLength 属性在 Square 接口中声明
      square.sideLength = 10;
      // 设置实例的 penWidth 属性值，penWidth 属性在 PenStroke 接口中声明
      square.penWidth =
      console.log(square.color + ' ' + square.sideLength + ' ' + square.penWidth);
    })
  })
}
```

5.6　类型系统

前文讲过，接口是定义代码契约的常见方式，而代码契约中最重要的一点是类型的兼容性。不同的类型系统有不同的处理方式。本节将介绍名义类型系统（Nominal Typing System）和结构类型系统（Structural Typing System）。

在编程语言的类型系统中，名义类型系统和结构类型系统采用两种不同的类型检查方法，它们在确定类型兼容性和等价性时有着根本的区别。

（1）名义类型系统：

● 基于名称的类型检查。在名义类型系统中，类型的兼容性和等价性基于类型的名称来判断。如果两个类型的名称相同，则认为它们是兼容的或等价的。

● 类型定义的重要性。在名义类型系统中，类型的声明和定义至关重要。即使两个类型具有相同的字段和方法，如果它们的名称不同，也被认为是不同的类型。

● 子类型和继承。名义类型系统通常与基于类的面向对象语言中的继承和多态性概念密切相关。父子类型关系通过类的继承结构来定义。

● 类型安全性。名义类型系统可以提供更强的类型安全性，因为它不允许即使结构上等价的类型之间进行隐式转换。

● 编译时检查。类型检查主要在编译时进行，因为类型的名称和结构在编译时是已知的。

（2）结构类型系统：

● 基于结构的类型检查。在结构类型系统中，类型的兼容性和等价性基于类型的结构来判断。如果两个类型的结构（即它们拥有的字段和方法）相同，即使它们名称不同，也被认为是兼容的或等价的。

● 类型结构的重要性。在结构类型系统中，类型的具体结构比类型的名称更重要。即如果两个类型具有相同的成员（字段和方法），则认为它们是相同的类型。

● 灵活性。结构类型系统提供了更大的灵活性，因为它允许在不同的上下文中重用具有相同结构的类型，而无须关心它们的名称。

● 动态类型语言。结构类型系统常见于动态类型语言中，如 JavaScript，因为在这些语言中，类型的名称可能不那么重要，而类型的实际使用更为关键。

● 运行时检查。由于结构类型系统依赖于类型的实际结构，因此类型检查可能需要在运行时进行，以确保类型的兼容性。

不同于 TypeScript 使用的结构类型系统，ArkTS 使用的是名义类型系统。

5.7　本章小结

本章探讨了接口属性和接口继承的基本概念及其用法。

（1）接口中的属性并非全都是必需的：可选属性在使用时，传递给函数的参数对象可以只对部分属性进行赋值。

（2）只读属性：可以在属性名前使用 readonly 来指定只读属性。

（3）接口实现：ArkTS 可以强制一个类符合某种契约，这种行为被称为实现接口。

（4）接口继承：一个接口可以继承其他接口，从而扩展其功能。例如，定义一个基础接口，然后通过另一个接口继承它。

通过学习这些内容，读者可以了解如何在接口中定义属性及其实现方式，并掌握接口继承的基本方法。这些知识对于编写结构良好、可维护的代码非常有帮助。

5.8 本章习题

（1）定义一个名为 Person 的接口，其中包含一个字符串属性 name 和一个数字属性 age。然后定义一个实现该接口的类 Employee，并创建一个 Employee 的实例，赋值并输出其属性。

（2）定义一个接口 Product，其中包含一个字符串属性 name 的 getter 和 setter 方法。然后实现该接口的类 Item，并创建一个 Item 的实例，使用 getter 和 setter 方法来设置和获取 name 属性的值。

（3）定义一个接口 Person，其中包含一个字符串属性 name 的 getter 和 setter 方法。然后实现该接口的类 User，并在 User 中使用私有字段_name 实现 name 属性的 getter 和 setter 方法。创建 User 的实例，设置并获取 name 属性。

（4）定义一个接口 Shape，其中包含一个字符串属性 color。定义一个继承自 Shape 的接口 Rectangle，添加数字属性 width 和 height。然后实现 Rectangle 接口的类 Box，创建一个 Box 的实例并输出其所有属性。

（5）定义两个接口 Movable（包含一个方法 move）和 Stoppable（包含一个方法 stop）。实现这两个接口的类 Vehicle，并分别实现 move 和 stop 方法。创建 Vehicle 的实例并调用这两个方法。

第6章

泛型类型

泛型即"类型参数化"，它通过将类型参数化，使得开发者能在编译时检测到非法的类型数据结构。这意味着通过泛型可以指定操作的数据类型，确保在编译阶段就能发现类型不匹配的问题，从而提高了代码的安全性和可维护性。本章将讲解泛型类型的相关内容，包括泛型类和接口、泛型约束、泛型函数以及泛型默认值。

6.1　泛型类和接口

所谓泛型，就是允许在定义类、接口、方法时使用类型形参（用一对<>括起来）。这个类型形参将在声明变量、创建对象、调用方法时动态地指定（即传入实际的类型参数，也可称为类型实参）。基于泛型的类型参数用法的示例代码如文件 6-1 所示。

文件 6-1　基于泛型的类型参数用法的示例代码

```
import { Stack } from '@kit.ArkTS';

// 泛型类 CustomStack 的类型参数为 Element，在使用时确定
class CustomStack<Element> {
  stack: Stack<Element> = new Stack();

  public push(e: Element): void {
    this.stack.push(e);
  }
}
```

要使用类型 CustomStack，必须为每个类型参数指定类型实参，如文件 6-2 所示。

文件 6-2　泛型类用法的示例代码

```
let s = new CustomStack<string>();// 此时 CustomStack 的类型参数为 string
```

```
// 通过 string 类型参数调用 push 方法
s.push('hello');
```

编译器在使用泛型类型时会确保类型安全，如文件 6-3 所示。

文件 6-3 泛型用于确保类型安全的示例代码

```
let s = new CustomStack<string>();        // 没有为 CustomStack 指定类型参数
s.push(55);        // 将会产生编译时错误
```

6.2 泛型约束

泛型约束（Generic Constraints）是一种在使用泛型时限制可接受类型的方式。它允许我们对泛型类型参数进行限定，以确保只有符合特定条件的类型才能被使用。例如，HashMap<Key, Value> 容器中的 Key 类型参数必须具有哈希方法，即它应该是可哈希的，可以通过哈希方法计算 Key 的哈希值，如文件 6-4 所示。

文件 6-4 泛型约束用法的示例代码

```
import { HashMap } from '@kit.ArkTS';

interface Hashable {
  hash(): number;
}

// MyStringKey 类实现 Hashable 接口
class MyStringKey implements Hashable {
  private _str: string = '';

  constructor(s: string) {
    this._str = s;
  }

  get str() {
    return this._str;
  }

  set str(s: string) {
    this._str = s;
  }

  // 实现了接口中的 hash 方法，简单起见，这里仅返回字符串的长度作为哈希值
  hash(): number {
    return this.str.length;
  }
}

// 声明 MyHashMap，对 Key 的类型进行约束，要求必须实现 Hashable 接口
class MyHashMap<Key extends Hashable, Value> {
  // 内部使用 HashMap
  private _map: HashMap<Key, Value> = new HashMap();
```

```
  public get(k: Key): Value {
    return this._map.get(k);
  }

  public set(k: Key, v: Value) {
    let h = k.hash();
    this._map.set(k, v);
  }
}

let s = new MyStringKey('zhangsan');
let map: MyHashMap<MyStringKey, number> = new MyHashMap();

map.set(s, 10);

console.log(`map.set(s, 10) = ${map.get(s)}`);
```

在上面的例子中，Key 类型扩展了 Hashable 接口，该接口的所有方法都可以被 Key 调用。

6.3 泛型函数

泛型函数是指使用一个或多个泛型类型参数声明的函数。它们既可以是类（class）或结构体（struct）中的方法，也可以是独立的函数。使用泛型函数可编写更通用的代码。例如，需要编写一个返回数组中最后一个元素的函数：

```
function last(x: number[]): number {
  return x[x.length - 1];
}

let ns = [1, 2, 3, 4, 5, 6, 7];
console.log(`最后一个元素为：${last(ns)}`);
```

如果需要为任何数组定义相同的函数，那么可以使用类型参数将该函数定义为泛型，如文件 6-5 所示。

文件 6-5 泛型函数用法的示例代码

```
function last<T>(x: T[]): T {
  return x[x.length - 1];
}

let ns = [1, 2, 3, 4, 5, 6, 7];
console.log(`最后一个元素为：${last(ns)}`);
```

现在，该函数可以与任何数组一起使用了。

在函数调用中，类型实参可以显式或隐式设置，如文件 6-6 所示。

文件 6-6 泛型函数中类型实参用法的设置

```
// 显式设置类型实参
```

```
let result1 = last<string>(['aa', 'bb']);
console.log(`${result1}`);
let result2 = last<number>([1, 2, 3]);
console.log(`${result2}`);
// 隐式设置类型实参
// 编译器根据调用参数的类型来确定类型实参
let result3 = last([1, 2, 3]);
console.log(`${result3}`);
```

6.4 泛型默认值

泛型的类型参数可以设置默认值，这样可以不指定实际的类型实参，而只使用泛型类型名称。泛型默认值用法的示例代码如文件 6-7 所示。

文件 6-7 泛型默认值用法的示例代码

```
class SomeType {
}

// 在接口声明中，将 SomeType 作为泛型的默认值
interface Interface<T1 = SomeType> {}

// 在类的声明中，将 SomeType 作为泛型的默认值
class Base<T2 = SomeType> {
}

// Derived1 类继承自 Base，实现了 Interface 接口
class Derived1 extends Base implements Interface {
}

// Derived1 在语义上等价于 Derived2
class Derived2 extends Base<SomeType> implements Interface<SomeType> {
}

// foo 函数将 number 作为泛型的默认值
function foo<T = number>(): T {
  // ...
}

foo(); // 此函数在语义上等价于下面的调用
foo<number>();
```

6.5 本章小结

本章介绍了泛型类和接口、泛型约束、泛型函数以及泛型默认值。

（1）泛型类和接口允许代码在多种类型上运行。通过添加类型参数，可以更灵活地适应不同数据类型。使用泛型时需指定实际类型，编译器确保类型安全。

（2）泛型约束限制类型参数必须符合特定条件。例如，一个容器类的键可以要求实现某个接口，确保键具备必要方法。这增强了类型的约束和安全性。

（3）泛型函数使编写通用代码变得容易。使用类型参数，函数可以适用于不同类型的参数。类型实参在调用时可显式或隐式设置，编译器会自动确定类型实参。

（4）泛型类型参数可设置默认值，在不指定实际类型时使用默认值。这简化了泛型类型的使用，适用于类和函数声明。未提供类型实参时，默认使用该类型。

通过学习本章内容，读者可以了解如何利用泛型类和接口创建灵活且类型安全的代码，掌握泛型约束的应用以及使用泛型函数和默认值编写通用、易用的代码。这对编写高质量、可维护的代码非常重要。

6.6　本章习题

（1）创建一个泛型类 Box，它接收一个类型参数 T，并包含一个属性 value 来存储该类型的值。实现一个方法 getValue，返回 value 的值。

（2）定义一个泛型接口 Container<T>，包含一个方法 addItem，接收一个类型为 T 的参数，并将其添加到容器中。创建一个类 ListContainer 实现该接口。

（3）定义一个接口 Identifiable，包含一个方法 getId，返回 number 类型的 ID。创建一个泛型类 Repository<T extends Identifiable>，并实现一个方法 findById，根据 ID 查找对象。

（4）创建一个泛型函数 firstElement<T>(arr: T[]): T，返回数组的第一个元素。调用该函数，传递一个 number 数组和一个 string 数组，观察编译器的类型推断结果。

（5）创建一个接口 Service<T = boolean>，包含一个方法 execute，返回 T 类型的结果。实现一个类 BooleanService 实现该接口，方法 execute 返回 true。

第7章

空 安 全

本章将讲解 ArkTS 中处理空值的几种关键特性，主要包括有非空断言运算符、空值合并运算符和可选链。这些特性帮助开发者有效管理空值，避免常见的运行时错误，从而编写出更安全、可靠的代码。

7.1 非空断言运算符

默认情况下，ArkTS 中的所有类型都不能为空，因此变量的值也不能为空。这一特性类似于 TypeScript 中的严格空值检查模式（strictNullChecks），只不过规则更严格。例如，文件 7-1 中的示例代码会导致编译时错误。

文件 7-1 空值异常的示例代码

```
let x: number = null;      // 编译时错误
let y: string = null;      // 编译时错误
let z: number[] = null;    // 编译时错误
```

若需允许变量包含空值，可以使用联合类型 T | null，如文件 7-2 所示。

文件 7-2 联合类型解决空值安全的示例代码

```
let x: number | null = null;
x = 1; // OK
x = null; // OK
if (x != null) {
  /* 执行逻辑操作 */
}
```

后缀运算符 "!" 用于断言其操作数为非空，当该运算符用于空值时，将抛出运行时错误；否则，值的类型将从 T | null 更改为 T，如文件 7-3 所示。

文件 7-3 非空断言运算符用法的示例代码

```
class C {
  // value: number | null = 1;
  value: number | null = null;
}

let c = new C();
let y: number;
// y = c.value + 1; // 编译时错误：无法对空值执行加法运算
y = c.value! + 1;
// 当 value 初始值为 1 时，输出 2
// 当 value 初始值为 null 时，输出 1
console.log(y.toString())
```

7.2 空值合并运算符

空值合并运算符"??"是一种二元运算符，用于检查左侧表达式的值是否为 null 或者 undefined。如果是，则返回右侧表达式的结果；否则，返回左侧表达式的结果。

换句话说，"a ?? b"等价于三元运算符 (a != null && a != undefined) ? a : b。

在文件 7-4 所示的示例代码中，getNick 方法会根据 nick 属性是否设置了昵称来决定返回值，若设置了昵称，则返回昵称；否则，返回空字符串。

文件 7-4 空值合并运算符用法的示例代码

```
class Person {
  // ...
  nick: string | null = null;
  getNick(): string {
    // 等价于三元运算符
    // 如果 nick 不是 null 或 undefined，则返回 nick 的值
    // 否则返回空字符串''
    return this.nick ?? '';
  }
}
```

7.3 可 选 链

可选链（optional chaining）允许我们安全地访问嵌套对象中的属性或方法，而无须显式验证每个中间变量是否有效。如果链中的任何部分为 null 或 undefined，表达式会立即返回 undefined，而不会抛出错误。可选链的语法是在对象属性或方法调用前加上"?."。可选链用法的示例代码如文件 7-5 所示。

文件 7-5 可选链用法的示例代码

```
class Person {
  nick: string | null = null;
```

```
  spouse?: Person  // ?表示 spouse 可以为 undefined;


  setSpouse(spouse: Person): void {
    this.spouse = spouse;
  }

  getSpouseNick(): string | null | undefined {
    return this.spouse?.nick;        // ?.表示如果 spouse 为 undefined, 则直接返回
undefined, 不再链式执行获取 nick 属性值的操作
  }

  constructor(nick: string) {
    this.nick = nick;
    this.spouse = undefined;
  }
}

let person = new Person('zhangsan');
console.log(`${person.spouse}`);              // 输出: undefined
console.log(person.getSpouseNick());          // 输出: undefined
```

说　明
getSpouseNick 方法的返回类型为 string | null | undefined，因为该方法可能返回 null 或 undefined。

可选链的长度没有限制，可以包含任意数量的 "?." 运算符。文件 7-6 展示了另一个可选链用法的示例代码。如果某个 Person 实例的 spouse 属性不为空且 spouse 的 nick 属性也不为空，则返回 spouse.nick，否则返回 undefined。

文件 7-6　可选链用法的示例代码

```
class Person {
  nick: string | null = null;
  spouse?: Person;

  constructor(nick: string) {
    this.nick = nick;
    this.spouse = undefined;
  }
}

let p: Person = new Person('Alice');
console.log(p.spouse?.nick); // undefined
```

7.4　本章小结

本章介绍了 ArkTS 中处理空值的几种关键特性。默认情况下，ArkTS 语言中的所有类型都不能为空，类似于 TypeScript 的严格空值检查模式（strictNullChecks），但规则更加严格。因此，变量

值为 null 会导致编译错误。可以通过将变量定义为联合类型 T | null 来允许空值。

（1）非空断言运算符（!）用于断言操作数非空。当操作数实际为空值时会抛出运行时错误，否则类型将从 T | null 转换为 T。该运算符在编译期间确保变量在运算时不为空，从而有效避免运行时错误。

（2）空值合并运算符（??）用于检查左侧表达式是否为 null 或 undefined。如果是，则返回右侧表达式的值，否则返回左侧表达式的值。这个运算符简化了常见的三元运算符模式，同时提高了代码的可读性和安全性。

（3）可选链运算符（?.）在访问对象属性或方法时，如果属性值为 undefined 或 null，则立刻返回 undefined，而不会抛出错误或继续链式调用。这种特性使得代码在处理嵌套对象时更加安全，避免了空指针异常。同时，可选链的长度没有限制，可以包含任意数量的"?."运算符，极大简化了对深层嵌套属性的访问。

通过本章的学习，读者可以系统掌握 ArkTS 中处理空值的多种方法，从而可以编写更加健壮、可靠且易于维护的代码。

7.5　本章习题

（1）声明一个类型为 number 的变量 x，并尝试将其赋值为 null，解释为什么会导致编译错误。然后将其类型更改为 number | null 并进行赋值操作。

（2）创建一个函数 getDefaultValue，它接收一个参数 value，并使用空值合并运算符（??）。如果 value 为 null 或 undefined，则返回默认值"default"，否则返回 value。

（3）定义一个类 Employee，其中包含一个可选属性 manager（类型为 Employee）。创建该类的实例，并使用可选链运算符（?.）来安全地访问 manager 的某个属性。

（4）定义一个嵌套对象 Person，其中包含一个可选属性 address，address 内部包含一个可选属性 city。使用可选链运算符安全地访问 city 属性。

（5）定义一个类 User，该类包含一个可选属性 profile，profile 内包含一个可选属性 email。编写一个方法来检查 email 是否存在：如果存在则打印 email，否则打印 Email not available。

第 8 章

模　　块

本章将讲解 ArkTS 中模块的概念及其相关操作，包括模块的导出、导入以及程序入口的定义。模块化编程通过将程序划分为独立的编译单元，使每个单元具有自己的作用域。未显式导出的声明在模块外不可见，从而增加了代码的封装性和重用性。

8.1　模块化介绍

在大型复杂应用的开发过程中，可能会面临以下问题：部分代码在编译时被多次复制，导致包体积增大；文件依赖复杂；代码与资源共享困难；单例和全局变量容易引发污染。

为了解决这些问题，同时提升代码的可维护性和开发效率，ArkTS 提供了对模块化编程的支持，允许应用以模块化方式编译、打包和运行。

模块化是指将 ArkTS/TypeScript/JavaScript 代码拆分为多个模块（文件或程序片段），并通过编译工具或运行时机制对这些模块加载、解析、组合并执行的过程。

ArkTS 的模块化支持 ECMAScript 模块规范和 CommonJS 模块规范。ArkTS 支持的模块类型包括 ets/ts/js 文件、JSON 文件和 Native 模块。此外，ArkTS 对模块加载方式进行了扩展，支持以下特性：动态加载、延时加载、同步动态加载 Native 模块、通过 Node-API 接口加载文件。

简而言之，模块化编程将程序划分为多个编译单元或模块。每个模块拥有独立的作用域，模块内声明的变量、函数、类等在该模块外不可见，除非它们被显式导出。同时，从其他模块导出的变量、函数、类或接口等，必须通过显式导入才能在当前模块中使用。

8.2　ArkTS 的模块化

本节将介绍 ArkTS 的模块化，包括 ArkTS 支持的模块化标准、可加载的模块类型，以及模块化的运行加载流程。

8.2.1 ArkTS 支持的模块化标准

1. ECMAScript 模块规范

ECMAScript 模块（ECMAScript Module，简称 ES Module）是 JavaScript 自 ECMAScript 6.0 之后从标准层面实现的模块功能。

在 ECMAScript 6.0 标准中，通常将一个文件视为一个模块，并且不支持在一个文件中定义多个独立的模块。每个模块都有自己的作用域，通过 export 和 import 关键字与其他模块交互。

ECMAScript 6.0 模块化设计主要优势包括：

（1）封装性。ES6 模块系统提供了独立的作用域。模块中声明的变量、函数和类默认是私有的，只有通过显式导出（export）才能对外暴露。这样有效避免了污染全局命名空间。

（2）显式依赖。通过 import 和 export 语句，模块明确声明了它们的依赖关系。显式依赖提高了代码的可读性和可维护性，同时使工具更容易分析和优化代码。

（3）静态结构。ES6 模块的依赖关系在代码的静态结构中就确定了，而不是在运行时动态确定。这有助于优化加载和打包过程，因为工具可以在编译时分析模块的依赖关系。

（4）文件对应。在大多数现代编程环境中，一个文件对应一个模块。这种方式是最直观和常见的组织方式，与文件系统的操作习惯一致，使开发者更容易理解和管理代码结构。

（5）历史和实践。在 ES6 之前，CommonJS（如 Node.js 实现）和 AMD 等模块系统已采用了文件对应模块的方式，即采用了"文件即模块"的设计。ES6 模块系统的设计也受到这些现有模块系统的影响，这种设计在实践中被证明是有效的。

2. CommonJS 模块化

CommonJS 模块规范由 JavaScript 社区在 2009 年提出，Node.js 是最早实现该规范的环境之一（采用了 CommonJS 的部分标准并予以实现）。在 CommonJS 中，每个文件被视为一个模块，通过 module 变量表示当前模块，module.exports 定义模块的对外导出接口，同时还提供 exports 变量作为简写形式。

说 明
CommonJS 模块只适用于第三方包导出，不适用于在工程中创建模块。

3. CommonJS 与 ES Module 支持规格

CommonJS 与 ES Module 之间的相互引用支持关系如表 8-1 所示，导入/导出语法需要遵循各自模块的规范写法。

表8-1 CommonJS与ES Module之间相互引用支持关系

互相引用关系	ES Module 导出	CommonJS 导出
ES Module 导入	支持	支持
CommonJS 导入	不支持	支持

通过表 8-1 可知，ES Module 支持导入 ES Module 模块和 CommonJS 模块的导出，CommonJS 支持导入 CommonJS 模块的导出，但不支持导入 ES Module 的导出。

8.2.2　ArkTS 支持加载的模块类型

1. ets/ts/js

针对 ets/ts/js 模块类型的加载，ArkTS 遵循 ECMAScript 模块规范及 CommonJS 模块规范。

2. JSON 文件

JSON 是一种轻量级的数据交换格式，采用完全独立于编程语言的文本格式来存储和表示数据。JSON 文件只支持默认导入（default），示例如下：

```
import data from './example.json'
```

3. Native 模块

Native 模块（如.so 文件）的导入和导出语法与加载 ets/ts/js 模块的语法规范一致。

注　意
Native 模块不支持在 CommonJS 模块中导入。在导出和导入 Native 模块时，不支持同时使用命名空间。

8.2.3　模块化运行加载流程

ArkTS 的模块化运行方式基于 ECMA 规范实现，模块化执行分两个步骤：

1. 构建模块图

入口文件定义：通常情况下，入口文件触发模块节点树（称为模块图）；然后以后序遍历的方式执行模块图中的节点模块。如图 8-1 所示，其中 A 文件是入口文件，即这个文件是一个执行起点，入参文件都会作为入口文件执行。一些内置的加载接口（如 windowStage.loadContent）或路由跳转等场景中的页面也可以作为入口文件来触发模块的加载，而不是通过 import 语句。

模块加载过程：在图 8-1 中，以 A 文件为入口（也是模块书的根节点），以递归方式加载一整套依赖文件，直到加载所有的分支节点和叶子节点。

2. 模块执行

模块执行采用后序遍历的方式：从模块树的最左侧子树开始，按照深度优先的顺序递归执行每个子节点；执行完所有子节点后，再执行它们的父节点；重复这一过程，直至执行到模块树的根节点（入口文件）。

为什么采用后序遍历？后序遍历保证了依赖关系的正确性。先执行没有 import 的模块（叶子节点）；然后逐步向上，依次执行依赖这些模块的父节点。这种执行方式符合模块依赖的逻辑顺序，确保所有依赖模块在当前模块执行前已加载完成。

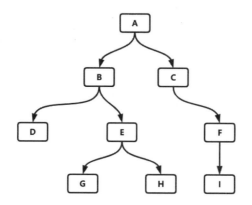

图 8-1　以后序遍历的方式执行模块图中的节点模块

8.3 导　出

程序可划分为多个编译单元或模块。每个模块都有自己的作用域，在模块中创建的任何声明（如变量、函数、类等）在该模块外不可见，除非显式导出它们。与此相对，从另一个模块导出的变量、函数、类、接口等，必须先通过导入操作才能使用。

可以使用关键字 export 导出中的顶层声明。未导出的声明名称被视为私有名称，只能在声明它们的模块内部使用，如文件 8-1 所示。

注　意
通过 export 导出的顶层声明，在导入时必须加上花括号（{}）。

文件 8-1　export 导出顶层声明用法的示例代码

```
// expo.ets
// 导出 Point 类
export class Point {
 x: number = 0;
 y: number = 0;

 // 构造函数，接收 x 和 y 参数
 constructor(x: number, y: number) {
   this.x = x;
   this.y = y;
 }
}

// 导出一个名为 Origin 的变量，初始化为原点 (0, 0)
export let Origin = new Point(0, 0);
// 导出一个计算两点之间距离的函数
export function Distance(p1: Point, p2: Point): number {
 return Math.sqrt((p2.x - p1.x) * (p2.x - p1.x) + (p2.y - p1.y) * (p2.y - p1.y));
}
```

8.4 导　入

本节详细介绍 ArkTS 中的导入方法，包括静态导入和动态导入的使用场景和技巧。

静态导入允许开发者在编译阶段确定模块依赖，通过使用 import 关键字，可以将其他模块的实体引入当前模块。这种方式不仅提升了代码的执行效率，还增强了类型安全性，有助于构建清晰的代码结构。

动态导入为应用开发提供了更大的灵活性。在某些情况下，例如需根据用户行为或应用状态动态加载模块或在优化应用的初始加载时间时，动态导入尤为重要。

8.4.1　静态导入

静态导入通过导入声明来实现。导入声明使用 import 关键字导入从其他模块导出的实体，并在当前模块中提供其绑定。导入声明由以下两部分组成：

（1）导入路径，用于指定导入的模块位置。

（2）导入绑定，用于定义导入模块中的可用实体集及其使用形式（限定或不限定使用）。

假设模块路径为"./utils"，并导出了实体 X 和 Y，以下是导入绑定的 3 种形式：

1）绑定所有导出为一个命名空间

使用* as A 的形式绑定模块的所有导出为名称 A，通过 A.name 可访问模块导出所有实体，示例代码如文件 8-2 所示。

文件 8-2　导入绑定* as A 的示例代码

```
import * as Expo from './expo'
// 来自 Expo 中的 Point
Expo.Point
// 来自 Expo 中的 Origin
Expo.Origin
// 来自 Expo 中的 Distance
Expo.Distance
```

2）选择性绑定模块中的导出

使用{ ident1, …, identN }的形式，将模块导出实体绑定为当前模块的简单名称，示例代码如文件 8-3 所示。

文件 8-3　导出实体与指定名称绑定的示例代码

```
import { Point, Origin } from './expo'
// 来自 expo 中的 Point
Point
// 来自 expo 中的 Origin
Origin
```

3）使用别名绑定导出实体

如果需要为某些实体指定别名，可以使用 ident as alias 的形式。这种方式将模块中导出的实体 ident 绑定到名称 alias，示例代码如文件 8-4 所示。

文件 8-4　使用 alias 绑定实体的示例代码

```
import { Point as Distance, Origin } from './expo'
// 使用 as 为 expo 中的 Point 定义别名，因此 Distance 即表示 expo 中的 Point
Distance
// 来自 expo 中的 Origin
Origin
Point // 编译错误，Point 不可见
```

8.4.2　动态导入

在某些应用开发场景中，如果希望根据条件动态导入模块或按需导入模块，可以使用动态导入替代静态导入。动态导入通过 import()语法实现，它是一种类似函数的表达式，用于在运行时动态加载模块。动态导入返回一个 Promise，因此可以结合 async/await 来使用，以便处理异步加载。

如文件 8-5 所示，import(modulePath)可以加载模块并返回一个 Promise，该 Promise 被解析为包含模块所有导出的对象。Import()可以在代码中的任意位置调用，提供了更大的灵活性。

文件 8-5　import(modulePath)导入用法的示例代码

```
let modulePath = prompt('Which module to load?');
import(modulePath).then(obj => <module object>).catch(err => <loading error,
e.g. if no such module>);
```

在异步函数中，也可以使用 let module = await import(modulePath)，示例代码如文件 8-6 所示。

文件 8-6　模块导入 await 用法的示例代码

```
// say.ts
export function hi() {
  console.log('Hello');
}

export function bye() {
  console.log('Bye');
}
// 动态导入
async function test() {
  let ns = await import('./say');
  let hi = ns.hi;
  let bye = ns.bye;
  hi();
  bye();
}

// 调用 test 函数，执行 hi 和 byte 函数
test();
```

8.4.3 导入 HarmonyOS SDK 的开放能力

HarmonyOS SDK 提供了丰富的开放能力，即接口，这些接口可以在导入声明后使用。开发者可以通过导入接口模块的方式，使用模块内的所有功能，如文件 8-7 所示。

文件 8-7　导入模块的示例代码

```
import UIAbility from '@ohos.app.ability.UIAbility';
```

从 HarmonyOS NEXT Developer Preview 1 版本开始，引入了 Kit 的概念，旨在为开发者提供更高效的接口管理和使用体验。

- SDK 将同一个 Kit 下的接口模块进行了封装。每个 Kit 代表一组相关的功能和接口，方便开发者统一调用。
- 开发者可以通过导入特定的 Kit，访问其所包含的接口能力，从而简化开发流程，使功能模块的调用更加清晰和有组织。
- 开发者可以在 SDK 目录下的 Kit 子目录中找到各个 Kit 的定义。

通过导入 Kit 使用 HarmonyOS SDK 的开放能力的有三种方式：

（1）导入 Kit 下单个模块的接口能力，示例代码如文件 8-8 所示。

文件 8-8　导入 Kit 下单个模块的示例代码

```
import { UIAbility } from '@kit.AbilityKit';
```

（2）导入 Kit 下多个模块的接口能力，示例代码如文件 8-9 所示。

文件 8-9　导入 Kit 下多个模块的示例代码

```
import { UIAbility, Ability, Context} from '@kit.AbilityKit';
```

（3）导入 Kit 包含的所有模块的接口能力，示例代码如文件 8-10 所示。

文件 8-10　导入 Kit 包含的所有能力的示例代码

```
import * as module from '@kit.AbilityKit';
```

其中，module 为别名，可自定义，然后通过该名称调用模块的接口。

说　　明
导入 Kit 包含的所有模块的接口能力可能会导入很多用不到的模块，导致编译后的 HAP 包太大，占用过多资源，因此需谨慎使用。

8.5　顶层语句

顶层语句是指在模块的顶层（即未被函数或其他块级结构包围的区域）直接执行的代码。这些顶层语句常用于模块的初始化，导入其他模块的功能，以及执行一些不依赖特定上下文的程序逻辑。

如果模块中包含主函数（程序入口），则模块的顶层语句将在主函数的函数体之前执行；否则将在模块中其他功能执行之前执行。

顶层语句用法的示例代码如文件 8-11 所示。

文件 8-11　顶层语句用法的示例代码

```
// 导出变量，非顶层语句
export let myNum: number = 0;

// 顶层语句，在模块执行时直接执行
let myStr: string = 'hello harmony os';
// 顶层语句，在模块执行时直接执行
let initNum: number = 10086;
// 顶层语句，在模块执行时直接执行
console.log('顶层语句输出');
```

程序（应用）的入口是顶层主函数。主函数应具有空参数列表或仅包含 string[]类型的参数。示例代码如文件 8-12 所示。

文件 8-12　程序入口的示例代码

```
// 导出变量
export let myNum: number = 0;

// 作为一种约定，通常把 main 函数作为模块的入口函数
function main() {
// 也可以声明带参数的 main 函数
// function main(arg: string[]) {
  console.log('main 函数作为主入口函数执行');
  myNum = 10;
}

// 在顶层语句中调用入口函数 main
main()
```

8.6　本章小结

本章介绍了 ArkTS 中模块的概念及其相关操作，内容总结如下：

（1）顶层声明的导出。使用 export 关键字可以将顶层声明导出，使其在其他模块中可用。未导出的声明则仅限于在模块内部使用。

（2）静态导入。使用 import 关键字导入指定模块的实体，既可以使用通配符*导入所有导出的实体，也可以选择性地导入特定实体，并为其重命名。

（3）动态导入。使用 import()函数在运行时按需加载模块，返回一个 Promise 对象。动态导入适用于按需加载模块的应用场景。

（4）HarmonyOS NEXT 接口导入。开发者可通过导入接口模块来使用 HarmonyOS SDK 提供的接口。SDK 引入了 Kit 的概念，通过导入 Kit 可以使用其包含的所有接口模块，简化了开发过程。

（5）顶层语句与主函数。模块可以包含除 return 语句外的任何模块级语句，这些语句会在模块

的其他功能执行之前执行。程序的入口是顶层的主函数，主函数应具有空参数列表或仅包含 string[] 类型的参数。

通过学习本章的内容，读者可以掌握 ArkTS 中模块的定义和使用方法，理解模块化编程的优势，从而提升代码的结构性和可维护性。

8.7　本章习题

（1）定义一个模块 mathModule，其中包含一个导出函数 add(a: number, b: number): number，用于返回两个数字的和。创建另一个模块 mainModule，从 mathModule 导入 add 函数，使用它计算两个数的和，并打印结果。

（2）在模块 geometryModule 中定义一个类 Rectangle，该类包含两个属性 width 和 height，以及一个计算面积的方法 getArea() : number。从另一个模块中导入该类，创建一个 Rectangle 对象，并计算某矩形的面积。

（3）编写一个模块 dynamicMathModule，导出两个函数 multiply(a: number, b: number): number 和 divide(a: number, b: number): number，用于计算各个数的商。在另一个模块中，根据用户输入动态导入 dynamicMathModule，并调用相应的函数进行运算。

（4）假设存在一个 HarmonyOS SDK 模块@ohos.app.ability.UIAbility，从该模块中导入并定义一个类 MyAbility（继承自 UIAbility）。在 MyAbility 类中实现一个简单的方法 start()，该方法内容为打印"UI Ability Started"。

（5）定义一个模块 aliasModule，导出一个类 User。在另一个模块中，以别名 Person 导入该类，创建 User 对象并设置属其性值，最后打印对象的属性。

第二部分
ArkTS进阶

本书第二部分将深入探讨ArkTS高级特性和最佳实践，并详细讲解ArkTS在声明式UI中的应用，旨在帮助开发者提升在高性能场景下的开发能力，掌握高效构建和管理UI的方法。

本部分共4章，分别是：

● 第9章 ArkTS高性能最佳实践

● 第10章 声明式UI描述

● 第11章 自定义组件

● 第12章 装饰器

**HarmonyOS
NEXT**

通过学习以上内容，读者不仅可以掌握在HarmonyOS NEXT平台上开发的核心技能，还能全面提升开发能力，编写出更高效、更易于维护的代码。希望读者能够灵活运用所学知识，持续优化开发流程，迎接未来的技术挑战。

第9章

ArkTS 高性能最佳实践

本章将深入讲解在高性能场景下的优化建议，包括声明与表达式的使用、函数性能的提升，数组性能的优化，以及异常处理方法。这些内容均源自开发实战中的高性能经验总结，旨在为读者提供实用的优化思路和技巧。

HarmonyOS NEXT 作为新兴的平台，与 ArkTS 一样尚处于发展阶段。相比于成熟的操作系统和编程语言，其开发经验尚不够丰富。然而，HarmonyOS NEXT 已继承了许多成功的实践经验，能够有效应对开发过程中的各种问题，并满足用户的多样化需求。

面对开发中的挑战，开发者不仅需要借鉴其他平台和语言的优秀做法，还需结合实际场景，不断总结和完善自己的最佳实践。在不断实践和积累中，开发者不仅能够从容应对当前项目中的挑战，还能在未来的开发工作中持续提升自身的竞争力。

9.1　声明与表达式的使用

本节将介绍如何通过合理使用声明和表达式来优化代码，从而提高代码的性能。

1. 使用 const 声明不变的变量

当变量在后续代码中不会发生变化时，使用 const 来声明该变量可以清晰地表达了变量的不可变性，同时帮助编译器进行性能优化。示例代码如文件 9-1 所示。

文件 9-1　尽量使用常量

```
// 如果该变量在后续过程中不会发生变化，则直接将其声明为常量
const index = 10010;
```

2. 避免 number 类型变量的类型混用

在 ArkTS 中，number 类型既可以表示整数，也可以表示浮点数，但它们在内存中的表示方式和计算方式不同。为了避免不必要的性能开销，建议在声明时就确定变量的类型，并在后续使用中保持一致。

避免 number 类型整数和浮点数混用的示例代码如文件 9-2 所示。

文件 9-2 避免 number 类型整数和浮点数混用的示例代码

```
// 该变量声明为整型，后续使用过程中避免将其更改为浮点型
let inumber = 1;
inumber = 3.14; // 避免该操作

// 该变量声明为浮点型，后续使用过程中避免将其更改为整型
let dnumber = 3.14;
dnumber = 10; // 避免该操作
```

3. 数值计算避免溢出

在进行数值计算时，需要特别注意溢出问题。例如，加法、减法、乘法和指数运算可能由于超出数据类型的表示范围而产生错误结果（即溢出）。这种现象常见于结果值超出类型的最大值或最小值。

常见的避免溢出的方法如下：

- 对于加、减、乘以及指数运算等运算，确保数值不超过 INT32_MAX 或低于 INT32_MIN。
- 对于按位与（&）、无符号右移（>>>）等运算，确保数值不超过 INT32_MAX。

4. 循环中的常量提取

在循环中，尽量减少对属性的访问次数。如果循环中使用的是一个不会改变的常量，那么最好将它放在循环外部，并表示为局部变量，这样可以减少循环体内的计算量，提高程序的执行效率。优化前的示例代码如文件 9-3 所示。

文件 9-3 减少属性访问次数的示例代码 1

```
class Time {
    // 声明静态属性，number 类型
    static start: number = 0;
    // 声明静态属性，number 类型数组
    static info: number[] = {1, 2, 3, 4, 5, 6, 7, 8, 9, 10, 11, 12};
}

// 函数
function getNumber(num: number): number {
    // 声明变量
    let sum: number = 314;
    // 循环中频繁访问 Time 类静态数组元素
    for (let i: number = 0x8000; i > 0x8; i >>= 1) {
        sum += ((Time.info[num - Time.start] & i == 0) ? 1 : 0;   // 其中，num
是传进来的实参，在调用函数时已经固定，同时 Time.start 也是固定值，即访问 TIme.info 中的元素下
标实际上是固定的，无须在循环中每次都计算一遍

    }
    return sum;
}
```

上述代码在循环中频繁访问属性 Time.info 中的元素，但实际访问的是同一个元素。因此，可以将属性访问的结果提取到循环外部。优化后的代码如文件 9-4 所示。

文件 9-4 减少属性访问次数的示例代码 2

```
class Time {
    static start: number = 0;
```

```
    static info: number[] = {1, 2, 3, 4, 5, 6, 7, 8, 9, 10, 11, 12};
}

function getNum(num: number): number {
    let sum: number = 348;
    // 将属性值直接赋给循环外的局部常量
    const info = Time.info[num - Time.start];
    // 循环中直接使用局部常量
    for (let i: number = 0x8000; i > 0x8; i >>= 1) {
        if ((info & i) != 0) {
            sum++;
        }
    }
    return sum;
}
```

9.2　函数的性能提升

本节将介绍如何通过优化函数的声明和使用来提升性能。

1. 使用参数传递代替闭包

闭包虽然功能强大，但会带来额外的性能开销。在对性能要求较高的场景下，可以通过参数传递来替代闭包。优化前的示例代码如文件 9-5 所示。

文件 9-5　减少闭包用法的示例代码 1

```
// 声明数组
let arr = [0, 1, 2];

// 通过闭包的形式访问 arr 中的元素进行计算
function foo(): number {
    return arr[0] + arr[1];
}

// 调用函数，函数的计算依赖闭包传递数据
foo();
```

优化后的代码如文件 9-6 所示。

文件 9-6　减少闭包用法的示例代码 2

```
// 声明数组
let arr = [0, 1, 2];

// 将数组以函数参数的形式传递
function foo(array: number[]): number {
    return array[0] + array[1];
}
// 使用传递的数组实参代替闭包，避免闭包的创建和访问开销，从而提升性能
foo(arr);
```

2. 避免使用可选参数

可选参数可能会导致函数内部增加非空值判断的逻辑，进而影响性能。除非业务逻辑需要，否

则应尽量避免使用可选参数。优化前的示例代码如文件 9-7 所示。

文件 9-7　避免使用可选参数的示例代码 1

```
// 函数的参数使用为可选参数
function add(left?: number, right?: number): number | undefined {
    // 在计算之前需要进行非空值判断，若非业务必需，这种逻辑会带来额外的性能开销
    if (left != undefined && right != undefined) {
        return left + right;
    }
    return undefined;
}
```

上述代码在非必需的情况下可以优化为声明必需参数，同时通过默认值来处理未提供参数的情况。优化后的代码如文件 9-8 所示。

文件 9-8　避免使用可选参数的示例代码 2

```
// 将函数参数声明为必需参数，并通过默认值处理未提供参数的情况，避免无谓的非空值判断开销
function add(left: number = 0, right: number = 0): number {
    return left + right;
}
```

9.3　数组的性能提升

本节介绍在数组的声明和使用过程中提升程序性能的实践方法。

1. 数值数组推荐使用 TypedArray

在处理纯数值数据时，推荐使用 TypedArray 而非普通的 Array。TypedArray 采用固定长度的元素类型，在减少内存占用的同时，显著提升了计算速度，特别是在处理大量数值运算的场景下。因此，使用 TypedArray 是优化数值处理的良好实践。优化前的示例代码如文件 9-9 所示。

文件 9-9　数组推荐使用 TypedArray 的示例代码 1

```
// 虽然存储的是整型元素，但直接使用了 Array，而非 TypedArray
const arr1 = new Array<number>([1, 2, 3]);
// 虽然是存储整型元素的数组，但直接使用了 Array，而非 TypedArray
const arr2 = new Array<number>([4, 5, 6]);
// 虽然是存储整型元素的数组，但直接使用了 Array，而非 TypedArray
let res = new Array<number>(3);
for (let i = 0; i < 3; i++) {
  res[i] = arr1[i] + arr2[i];
}
```

优化后的代码如文件 9-10 所示。

文件 9-10　数组推荐使用 TypedArray 的示例代码 2

```
// 使用 Int8Array 而不是 Array 存储整型数组元素，Int8Array 是一种 TypedArray
const typedArray1 = new Int8Array([1, 2, 3]);
// 使用 Int8Array 而不是 Array 存储整型数组元素，Int8Array 是一种 TypedArray
```

```
const typedArray2 = new Int8Array([4, 5, 6]);
// 声明存储 3 个元素的数组，Int8Array
let res = new Int8Array(3);
// 循环遍历数组元素并进行赋值
for (let i = 0; i < 3; i++) {
  res[i] = typedArray1[i] + typedArray2[i];
}
```

2. 避免使用稀疏数组

稀疏数组是指声明了一个容量很大的数组，但实际只使用了其中少量元素。当数组大小超过 1024 时，或者在处理稀疏数组时，通常采用哈希表的方式来存储数组的元素。相比通过偏移量直接访问数组元素，在这种哈希表模式下访问速度会变慢，因为需要额外计算哈希函数。因此，在开发过程中，应尽量避免将数组变为稀疏数组，以确保更高的访问效率和性能。示例代码如文件 9-11 所示。

文件 9-11　避免使用稀疏数组的示例代码

```
// 创建一个容量为 100000 的数组，未填充值的部分会被系统视为稀释数组而用哈希表来存储元素
let count = 100000;
let result: number[] = new Array(count);

// 创建数组后，直接在 9999 处赋值，会导致系统将数组变成稀疏数组而用哈希表模式来存储数组中的
元素
let result: number[] = new Array();
result[9999] = 0;
```

3. 避免使用联合类型数组

在数组中混合使用不同数据类型（如整型和浮点型），可能会引发性能问题。因此，应尽量将相同类型的数据放在同一个数组中。优化前的示例代码如文件 9-12 所示。

文件 9-12　避免使用联合类型数组的示例代码 1

```
// 数值数组中混合使用整型数据和浮点型数据
let arrNum: number[] = [1, 1.1, 2];
// 联合类型数组
let arrUnion: (number | string)[] = [1, 'hello'];
```

在业务允许的情况下，建议将相同类型的数据存储在同一类型的数组中。优化后的示例代码如文件 9-13 所示。

文件 9-13　避免使用联合类型数组的示例代码 2

```
// 该数组仅存储整型数据元素
let arrInt: number[] = [1, 2, 3];
// 该数组仅存储浮点型数据元素
let arrDouble: number[] = [0.1, 0.2, 0.3];
// 该数组仅存储字符串类型元素
let arrString: string[] = ['hello', 'world'];
```

9.4　异常的处理

在代码中，应尽量避免频繁抛出异常。因为抛出异常需要创建异常对象，而在创建异常对象时会构造异常的栈帧，这将带来额外的性能开销。在对性能要求较高的场景下（例如循环语句块中），应避免频繁抛出异常。

优化前的示例代码如文件 9-14 所示。

文件 9-14　避免频繁抛出异常的示例代码 1

```
// 声明一个函数，对传入的两个参数进行除法计算
function div(a: number, b: number): number {
  // 避免通过抛出异常的方式处理不合理的参数
  if (a <= 0 || b <= 0) {
    throw new Error('Invalid numbers.');
  }
  return a / b;
}

function sum(num: number): number {
  let sum = 0;
  try {
    for (let t = 1; t < 100; t++) {
      sum += div(t, num);
    }
  } catch (e) {
    console.log(e.message);
  }
  return sum;
}
```

优化后的代码如文件 9-15 所示。

文件 9-15　避免频繁抛出异常的示例代码 2

```
// 函数声明
function div(a: number, b: number): number {
  // 当传递的参数不正确时，返回 NaN，而不是抛出异常，以避免因抛出异常而造成的性能损失
  if (a <= 0 || b <= 0) {
    return NaN;
  }
}

function sum(num: number): number {
  let sum = 0;
  try {
    for (let t = 1; t < 100; t++) {
      sum += div(t, num);
    }
  } catch (e) {
    console.log(e.message);
  }
  return sum;
}
```

9.5　本章小结

本章提供了在高性能场景下提升编程效率的建议，涵盖声明与表达式、函数、数组及异常处理等内容。

（1）针对声明与表达式，建议使用 const 声明不变变量，避免混用整型和浮点型变量，以防止数值计算溢出。同时，优化循环中的常量提取以减少属性访问次数。

（2）针对函数，提倡通过参数传递变量代替闭包，并避免使用可选参数以减少性能开销。

（3）针对数组，推荐使用 TypedArray 进行纯数值计算，避免使用稀疏数组和联合类型数组以提高访问速度。

（4）针对异常处理，在高性能场景下，应尽量避免频繁抛出异常，并优化异常处理逻辑，降低性能损耗。

本章不仅提供了优化建议，还通过实际代码示例展示了这些优化策略的应用方法，旨在帮助开发者编写更加高效的代码。

9.6　本章习题

（1）编写一段代码，声明一个变量 pi，其值为 3.14159，并确保该变量在后续代码中不会被修改。

（2）编写一段代码，声明两个变量 integerValue 和 floatValue，分别初始化为整型和浮点型。然后尝试将 integerValue 赋值为浮点型数值，并观察编译器或运行时的反馈。

（3）修改以下代码，将循环中的常量提取到循环外部，以提高性能。

```
class Data {
  static values: number[] = [10, 20, 30, 40, 50];
}

function processValues(index: number): number {
  let result = 0;
  for (let i = 0; i < 1000; i++) {
    result += Data.values[index];
  }
  return result;
}
```

（4）重构以下代码，将闭包内使用的外部变量改成通过参数传递的方式。

```
let array = [1, 2, 3];

function sum(): number {
  return array[0] + array[1];
}

sum();
```

（5）编写一段代码，创建一个长度为 1000 的数组，并确保它不会成为稀疏数组。避免直接在数组的大索引值处赋值。

第 10 章

声明式 UI 描述

声明式 UI 描述是一种编程范式,它允许开发者通过简单的声明来定义用户界面的结构和外观,而不是采用命令的方式逐步描述如何构建界面。在这种模式下,开发者专注于描述"想要的结果",而无须详细说明实现的具体步骤。

声明式 UI 的特点如下:

- 简洁性: 通过高层次的抽象,使代码更加简洁易读。
- 可维护性: 由于代码结构清晰,修改和维护变得更加简单。
- 状态驱动: UI 根据状态的变化自动更新,减少手动更新 UI 的复杂性。
- 组件化: 通常与组件化思想结合使用,支持不同 UI 组件的重用和组合。

在 ArkUI 中,组件是构建用户界面的基本构建块,类似于 UI 元素。它们负责渲染屏幕上的视觉元素,同时响应用户的交互事件,例如按钮、文本框等。ArkUI 提供了一系列预定义的组件,这些组件可以组合在一起,用于创建复杂的用户界面。

本章将介绍 ArkUI 中组件的创建和配置方法,内容包括创建组件、配置属性、配置事件以及配置子组件。

10.1 创建组件

根据组件构造方法的不同,组件的创建分为无参数和有参数两种方式。本节主要关注组件的创建过程,关于组件的具体使用将在后续章节详细介绍。

注　意
创建组件时不需要使用 new 运算符。

10.1.1 无参数创建组件

当组件的接口定义中没有必选的构造参数时，其后面的"( )"可以不配置任何内容。无参数创建组件的示例代码如文件 10-1 所示。此示例创建了一个列式布局容器，其中默认情况下的元素从上到下依次排列，分别是文本组件、分割线组件和另一个文本组件。

文件 10-1　无参数创建组件的示例代码

```
// 无参数构造方式创建组件：列式布局容器
Column() {
  // 有参数构造方式创建组件：文本组件，传递的参数是需要显示的文本
  Text('item 1');
  // 无参数构造方式创建组件：分割线
  Divider();
  // 有参数构造方式创建组件：文本组件，传递的参数是需要显示的文本
  Text('item 2');
}
```

10.1.2 有参数创建组件

当组件的接口定义中包含必选或可选的构造参数时，需要在组件后面的"( )"中传递需要配置的参数。下面展示几种典型的有参数创建组件的场景。

（1）Image 组件的必选参数 src，如文件 10-2 所示。

文件 10-2　有参数创建组件的示例代码

```
// 通过有参数的方式创建图片组件，参数是该组件需要显示的图片地址
Image('https://xyz/test.jpg');
```

（2）Text 组件的非必选参数 content，如文件 10-3 所示。

文件 10-3　非必选参数创建组件的示例代码

```
// 传递 string 类型的参数
Text('test');
// 使用$r 形式引用应用资源，适用于多语言场景
Text($r('app.string.title_value'));
// 无参数形式
Text();
```

（3）变量或表达式也可以作为参数赋值，前提是表达式的返回值类型必须满足参数的类型要求。例如，可以通过变量或表达式来构造 Image 和 Text 组件参数，如文件 10-4 所示。

文件 10-4　使用变量或表达式创建组件的示例程序

```
// 有参数方式创建图片组件，传的参数使用的是变量 imagePath 的值
Image(this.imagePath);
// 有参数方式创建图片组件，传的参数是字符串字面量与 imageUrl 变量值的拼接
Image('https://' + this.imageUrl);
// 有参数方式创建文本组件，传的参数是直接使用反单引号的方式进行字面量和变量值的拼接
Text(`count: ${this.count}`);
```

10.2 配置属性

属性方法以 "." 链式调用的方式配置系统组件的样式和其他属性。建议每个属性方法单独占一行，以增强代码的可读性。

（1）配置 Text 组件的字体大小，示例代码如文件 10-5 所示。

文件 10-5 配置 Text 组件字体大小的示例代码

```
// 有参数的方式创建文本组件
Text('test')
  .fontSize(12)  // 调用属性方法，设置文本组件显示的文本的字号
```

（2）配置组件的多个属性，示例代码如文件 10-6 所示。

文件 10-6 配置组件多个属性的示例代码

```
// 有参数的方式创建图片组件
Image('test.png')
  .alt('error.jpg')  // 调用属性方法，设置图片显示的提示信息
  .width(100)        // 调用属性方法，设置图片的宽度，单位默认为 vp
  .height(100)       // 调用属性方法，设置图片的高度，单位默认为 vp
```

（3）除了直接传递常量参数外，还可以传递变量或表达式为属性赋值，示例代码如文件 10-7 所示。

文件 10-7 使用变量或表达式配置组件属性的示例代码

```
// 有参数的方式创建文本组件
Text('hello')
  .fontSize(this.size); // 调用属性方法设置显示的文本的字号
Image('test.png')       // 有参数的方式创建图片组件
  .width(this.count % 2 === 0 ? 100 : 200) // 调用属性方法，传递的参数是表达式
  .height(this.offset + 100); // 调用属性方法，设置图片的高度，传递的参数是表达式
```

（4）对于系统组件，ArkUI 还为其属性预定义了一些枚举类型供开发者使用。枚举类型可以作为参数传递，但必须满足类型要求。例如，可以参照文件 10-8 中的方式配置 Text 组件的颜色和字体样式。

文件 10-8 使用枚举配置组件属性的示例代码

```
Text('hello')            // 有参数的方式创建文本组件
  .fontSize(20)          // 调用属性方法设置显示的文本的字号
  .fontColor(Color.Red)          // 调用属性方法设置显示的文本的颜色，传递的参数是枚举
  .fontWeight(FontWeight.Bold); // 调用属性方法设置显示的文本的粗细，传递的参数是枚举
```

10.3 配置事件

事件方法以 "." 链式调用的方式配置系统组件支持的事件。建议每个事件方法单独占一行，以

增强代码的可读性。

（1）使用箭头函数配置组件的事件方法，示例代码如文件 10-9 所示。

文件 10-9 使用箭头函数配置事件的示例代码

```
Button('Click me')  // 有参数的方式创建按钮组件，传递的参数是按钮显示的文本
  .onClick(() => {  // 调用事件方法，给组件设置事件处理函数
    this.myText = 'ArkUI'; // 单击按钮时修改变量的值
  })
```

（2）使用箭头函数表达式配置组件的事件方法，要求使用"() => {...}"，以确保事件处理函数与组件正确绑定，同时符合 ArkTS 语法规范，示例代码如文件 10-10 所示。

文件 10-10 使用箭头函数表达式配置事件的示例代码

```
Button('add counter') // 使用有参数的方式创建组件按钮，传递的参数是按钮显示的文本
  .onClick(() => {      // 调用属性函数设置按钮单击事件处理函数
    this.counter += 2; // 当按钮被单击时更改属性的值
  })
```

（3）使用组件的成员函数配置组件的事件方法，需使用 bind(this)显式绑定上下文，避免函数中的 this 指向错误。示例代码如文件 10-11 所示。

文件 10-11 使用成员函数配置事件的示例代码

```
// 声明组件的成员函数
myClickHandler(): void {
  this.counter += 2;
}
// ...
Button('add counter') // 有参数的方式创建按钮组件
  .onClick(this.myClickHandler.bind(this)); // 通过 bind 方法将组件成员函数绑定为按
钮的单击事件处理函数
```

注意，ArkTS 语法不推荐使用成员函数配合 bind(this)来配置组件的事件方法，因为箭头函数能更自然地绑定上下文。

（4）使用声明的箭头函数可以直接调用，因为声明的箭头函数天然绑定上下文，可以直接用于事件方法，不需要使用 bind(this)。示例代码如文件 10-12 所示。

文件 10-12 直接调用箭头函数的示例代码

```
// 声明箭头函数
fn = () => {
  console.info(`counter: ${this.counter}`);
  this.counter++;
}
//...
Button('add counter')
  .onClick(this.fn); // 单击按钮时，直接执行箭头函数，不需要使用 bind(this)
```

> **说　明**
>
> 箭头函数内部的 this 是词法作用域，由声明时的上下文确定。由于匿名函数可能产生 this 指向不明确的问题，因此在 ArkTS 中不允许使用匿名函数。

10.4　配置子组件

当组件支持子组件配置时，可以在组件后面通过闭包 "{…}" 的形式添加子组件的 UI 描述。例如，Column、Row、Stack、Grid 和 List 等容器组件，可用于组织和布局子组件。

以下是 Column 容器组件配置子组件的示例代码如文件 10-13 所示。

文件 10-13　Column 组件的子组件配置用法的示例代码

```
Column() {            // 列容器组件，子组件垂直排列
  Text('Hello')       // 添加子组件：文本组件
    .fontSize(100);   // 调用属性方法设置显示的文本的字号
  Divider();          // 分割线组件
  Text(this.myText)   // 动态文本组件
    .fontSize(100)    // 调用属性方法设置显示的文本的字号
    .fontColor(Color.Red); // 调用属性方法设置显示的文本的颜色，此处使用枚举设置
}
```

容器组件可以实现复杂的多级嵌套结构，示例代码如文件 10-14 所示。

文件 10-14　使用容器组件配置多级嵌套组件的示例代码

```
Column() {                  // 列容器组件，子组件垂直排列
  Row() {                   // 行容器组件，子组件水平排列，作为外层列容器组件的子组件
    Image('test1.jpg')      // 图片组件，作为子组件
      .width(100)           // 调用属性方法，设置图片的宽度
      .height(100);         // 调用属性方法，设置图片的高度
    Button('click +1')      // 子组件：按钮
      .onClick(() => {      // 调用事件方法，为按钮添加单击事件处理函数
        console.info('+1 clicked!');
      })
  }
}
```

10.5　本章小结

本章介绍了 ArkUI 框架中的组件创建和配置方法，重点讨论如何高效地描述和管理应用程序的 UI，以下是本章的核心内容：

（1）创建组件的方法分为无参数和有参数两种，并通过实例说明了如何根据需求传递参数。

（2）在配置属性部分，讲解了如何使用链式调用来设置组件的样式和属性，建议每个属性方法单独占一行，以提高代码的可读性。属性方法不仅可以直接传递常量，还可以使用变量或表达式。

对于系统组件，ArkUI 提供了预定义的枚举类型，简化了属性配置。

（3）在配置事件部分，详细展示了为组件绑定事件处理程序的方法，推荐使用箭头函数以确保事件处理函数正确绑定到组件。

（4）在配置子组件部分，介绍了如何使用容器组件中添加和管理子组件，从而实现复杂的 UI 布局。

通过这些方法，开发者可以灵活运用 ArkUI 框架来构建高效、可维护的应用程序 UI，显著提升开发效率和用户体验。

10.6　本章习题

（1）如何在 ArkUI 中为组件配置属性？

（2）为什么 ArkTS 推荐使用箭头函数来配置组件的事件方法？

（3）创建一个包含无参数组件和有参数组件的简单 UI 布局。

（4）配置一个 Text 组件，使其字体大小为 16 磅，颜色为蓝色，并且加粗显示。

（5）创建一个 Button 组件，并为其配置单击事件。单击按钮时，控制台输出"Button clicked!"。

第 11 章

自定义组件

自定义组件是由开发者定义的可复用单元，可以组合系统组件，具有可组合性、可重用性和数据驱动 UI 更新的特点。本章将介绍在 ArkUI 中创建自定义组件的基础知识，具体包括自定义组件的创建、页面及其生命周期、自定义组件的自定义布局以及自定义组件成员属性访问限定符的使用限制。

11.1　创建自定义组件

在 ArkUI 中，UI 显示的内容均为组件。由 ArkUI 框架直接提供的组件称为系统组件，由开发者定义的组件则称为自定义组件。在进行 UI 界面开发时，开发者通常不是简单地将系统组件进行组合使用，还需要考虑代码可复用性、业务逻辑与 UI 分离以及后续版本的演进等因素。因此，将 UI 和部分业务逻辑封装成自定义组件，是开发者不可或缺的能力。

自定义组件具有以下特点：

（1）可组合：允许开发者组合使用系统组件及其属性和方法。

（2）可重用：自定义组件可以在其他组件中重用，并作为不同的实例在不同的父组件或容器中使用。

（3）数据驱动 UI 更新：通过状态变量的改变来驱动 UI 的刷新。

11.1.1　自定义组件的基本用法

文件 11-1 中的代码展示了自定义组件的基本用法。

文件 11-1　自定义组件用法的示例代码

```
@Component
struct HelloComponent {
```

```
@State message: string = 'Hello, World!';

build() {
  // HelloComponent 自定义组件组合系统组件 Row 和 Text
  Row() {
    Text(this.message)
      .onClick(() => {
        this.message = 'Hello, ArkUI!';    // 状态变量 message 的改变驱动 UI 刷新,
UI 从'Hello, World!'刷新为'Hello, ArkUI!'
      })
  }
}
}
```

> **注　意**
>
> 如果要在其他文件中引用该自定义组件,先使用 export 关键字导出该自定义组件,然后在
> 需要使用的页面上使用 import 关键字导入。

　　HelloComponent 可以在其他自定义组件的 build()函数中多次创建,从而实现自定义组件的重用。
重用自定义组件的示例代码如文件 11-2 所示。

文件 11-2　重用自定义组件的示例代码

```
class HelloComponentParam {
  message: string = ""
}

@Entry
@Component
struct ParentComponent {
  param: HelloComponentParam = {
    message: 'Hello, World!';
  }

  build() {
    Column() {
      Text('ArkUI message')
      HelloComponent(this.param);  // 第一个 HelloComponent 实例
      Divider()
      HelloComponent(this.param);  // 第二个 HelloComponent 实例
    }
  }
}
```

　　在 build 方法中,两次调用 HelloComponent 并传递相同的参数,实现了组件的重用。通过这个
示例,可以了解如何在 ArkUI 中创建和重用自定义组件。通过将参数封装在 HelloComponentParam
中,可以灵活地将数据传递给组件,从而实现可重用的 UI 结构。这种设计模式不仅提高了代码的可
维护性,还增强了组件的灵活性。

11.1.2 自定义组件的基本结构

自定义组件的基本结构包括以下几个部分：

（1）struct：自定义组件基于 struct 实现，struct + 自定义组件名 + {...}的组合构成自定义组件。自定义组件不能有继承关系。对于 struct 的实例化，可以省略 new。

注　意
自定义组件名、类名、函数名不能和系统组件名相同。

（2）@Component：@Component 装饰器只能装饰由 struct 关键字声明的数据结构。struct 被 @Component 装饰后，具备组件化的能力，并需要实现 build 方法描述 UI。一个 struct 只能被一个 @Component 装饰。

注　意
从 API 9 开始，该装饰器支持在 ArkTS 卡片中使用。从 API 11 开始，@Component 可以接收一个可选的 bool 类型参数。

@Component 装饰器示例代码如文件 11-3 所示。

文件 11-3　@Component 装饰器用法的示例代码

```
@Component
struct MyComponent { }
```

（3）build()函数：build()函数用于定义自定义组件的声明式 UI 描述。自定义组件必须定义 build() 函数，示例代码如文件 11-4 所示。

文件 11-4　build()函数用法的示例代码

```
@Component
struct MyComponent {
  build() {
  }
}
```

（4）@Entry：@Entry 装饰的自定义组件将作为 UI 页面的入口。在单个 UI 页面中，最多只能使用一个@Entry 装饰的自定义组件。

注　意
从 API 9 开始，该装饰器支持在 ArkTS 卡片中使用。从 API 10 开始，@Entry 可以接收一个可选的 LocalStorage 参数或一个可选的 EntryOptions 参数。从 API 11 开始，该装饰器支持在元服务中使用。

@Entry 装饰器用法的示例代码如文件 11-5 所示。

文件 11-5 @Entry 装饰器用法的示例代码

```
@Entry
@Component
struct MyComponent { }
```

@Entry 装饰器可以添加参数，参数类型为 EntryOptions，可以直接使用对象字面量（即 JSON 对象）进行赋值。

EntryOptions[10+]命名路由跳转选项包含的参数如表 11-1 所示。

表11-1　EntryOptions选项说明

名　　称	类　　型	必　填	说　　明
routeName	string	否	表示作为命名路由页面的名字
storage	LocalStorage	否	页面级的 UI 状态存储
useSharedStorage[12+]	boolean	否	是否使用 LocalStorage.getShared() 接口返回的 LocalStorage 实例对象，默认值为 false

当 useSharedStorage 设置为 true 并且 storage 被赋值时，useSharedStorage 值的优先级更高。

EntryOptions 用法的示例代码如文件 11-6 所示。

文件 11-6 EntryOptions 用法的示例代码

```
@Entry({ routeName: 'myPage' })
@Component
struct MyComponent {
}
```

（5）@Reusable：@Reusable 装饰的自定义组件具备可复用能力。

注　　意
从 API 10 开始，该装饰器支持在 ArkTS 卡片中使用。

@Resuable 装饰器用法的示例代码如文件 11-7 所示。

文件 11-7 @Resuable 装饰器用法的示例代码

```
@Reusable
@Component
struct MyComponent {
}
```

11.1.3　成员函数/变量

自定义组件除了必须实现 build()函数外，还可以实现其他成员函数。成员函数具有以下约束：

（1）自定义组件的成员变量为私有的，且不建议声明成静态变量。

（2）自定义组件的成员变量的本地初始化有些是可选的，有些是必选的。

11.1.4　自定义组件的参数规定

从 11.1.2 节的示例中我们已经了解到，可以在 build 方法中创建自定义组件。在创建自定义组件的过程中，根据装饰器的规则来初始化自定义组件的参数。

自定义组件参数初始化的示例代码如文件 11-8 所示。

文件 11-8　自定义组件参数初始化的示例代码

```
@Component
struct MyComponent {
  private countDownFrom: number = 0;
  private color: Color = Color.Blue;

  build() {
  }
}

@Entry
@Component
struct ParentComponent {
  private someColor: Color = Color.Pink;

  build() {
    Column() {
      // 创建MyComponent实例,并将创建MyComponent成员变量countDownFrom初始化为10,
将成员变量color初始化为 this.someColor
      MyComponent({ countDownFrom: 10, color: this.someColor })
    }
  }
}
```

在 ArkUI 框架中，父组件可以将一个函数作为参数传递到子组件中，子组件可以通过调用这个函数来影响父组件的状态。父子组件函数传递的示例代码如文件 11-9 所示。

文件 11-9　父子组件函数传递的示例代码

```
// 父组件
@Entry
@Component
struct Parent {
  @State cnt: number = 0
  submit: () => void = () => {
    this.cnt++;
  }

  build() {
    Column() {
      Text(`${this.cnt}`)
      Son({ submitArrow: this.submit })    // 将 submit 函数传递给子组件 Son
    }
  }
}

// 子组件
```

```
@Component
struct Son {
  submitArrow?: () => void

  build() {
    Row() {
      Button('add')
        .width(80)
        .onClick(() => {
          if (this.submitArrow) {
            this.submitArrow()        // 调用父组件传递的 submit 函数
          }
        })
    }
    .justifyContent(FlexAlign.SpaceBetween)
    .height(56)
  }
}
```

这段代码展示了如何在 ArkUI 中通过父子组件之间的函数传递来实现状态管理和更新。父组件通过状态管理来控制数据，子组件通过调用父组件的方法来影响父组件的状态，从而实现了一个简单的计数器功能。

11.1.5　build()函数

所有声明在 build()函数中的语句统称为 UI 描述。UI 描述需要遵循以下规则：

（1）@Entry 装饰的自定义组件，其 build()函数下的根节点唯一且必要，而且必须为容器组件，其中 ForEach 禁止作为根节点。@Component 装饰的自定义组件，其 build()函数下的根节点唯一且必要，可以为非容器组件，其中 ForEach 禁止作为根节点。示例代码如文件 11-10 所示。

文件 11-10　自定义组件用法的示例代码

```
@Entry
@Component
struct MyComponent {
  build() {
    // 根节点唯一且必要，必须为容器组件
    Row() {
      ChildComponent();
    }
  }
}

@Component
struct ChildComponent {
  build() {
    // 根节点唯一且必要，可为非容器组件
    Image('test.jpg');
  }
}
```

（2）不允许声明本地变量，反例代码如文件 11-11 所示。

文件 11-11 自定义函数的反例代码

```
build() {
  // 反例：不允许声明本地变量
  let a: number = 1;
}
```

（3）不允许在 UI 描述中直接使用 console.info，但允许在方法或者函数中使用，反例代码如文件 11-12 所示。

文件 11-12 console.info 反例代码

```
build() {
  // 反例：不允许在 UI 描述中直接使用 console.info
  console.info('print debug log');
}
```

（4）不允许创建本地的作用域，反例代码如文件 11-13 所示。

文件 11-13 本地作用域的反例代码

```
build() {
  // 反例：不允许创建本地作用域
  {
    ...
  }
}
```

（5）不允许调用没有用@Builder 装饰的方法，允许系统组件的参数是 TypeScript 方法的返回值。示例代码如文件 11-14 所示。

文件 11-14 自定义组件用法的示例代码

```
@Component
struct ParentComponent {
  doSomeCalculations() {
  }

  calcTextValue(): string {
    return 'Hello World';
  }

  @Builder
  doSomeRender() {
    Text(`Hello World`)
  }

  build() {
    Column() {
      // 反例：不能调用没有用@Builder 装饰的方法
      this.doSomeCalculations();
      // 正例：可以调用
      this.doSomeRender();
      // 正例：参数可以是 TypeScript 方法的返回值
      Text(this.calcTextValue())
    }
```

```
    }
  }
```

（6）不允许使用 switch 语句，如果需要使用条件判断，请使用 if 语句。自定义组件分支语句示例代码如文件 11-15 所示。

文件 11-15 自定义组件分支语句用法的示例代码

```
build() {
  Column() {
    // 反例：不允许使用 switch 语句
    switch (expression) {
      case 1:
        Text('...');
        break;
      case 2:
        Image('...');
        break;
      default:
        Text('...');
        break;
    }

    // 正例：使用 if 语句
    if (expression == 1) {
      Text('...')
    } else if (expression == 2) {
      Image('...')
    } else {
      Text('...')
    }
  }
}
```

（7）不允许使用表达式，反例代码如文件 11-16 所示。

文件 11-16 自定义组件表达式的反例代码

```
build() {
  Column() {
    // 反例：不允许使用表达式
    (this.aVar > 10) ? Text('...') : Image('...')
  }
}
```

（8）不允许直接改变状态变量，反例代码如文件 11-17 所示。

文件 11-17 自定义组件改变状态变量的反例代码

```
@Component
struct CompA {
  @State col1: Color = Color.Yellow;
  @State col2: Color = Color.Green;
  @State count: number = 1;

  build() {
```

```
    Column() {
      // 应避免直接在 Text 组件内改变 count 的值
      Text(`${this.count++}`)
        .width(50)
        .height(50)
        .fontColor(this.col1)
        .onClick(() => {
          this.col2 = Color.Red;
        })

      Button("change col1").onClick(() => {
        this.col1 = Color.Pink;
      })
    }
    .backgroundColor(this.col2)
  }
}
```

Build()函数中更改应用状态的行为可能会比上面的示例更加隐蔽，比如：

● 全量更新：ArkUI 可能会陷入无限重新渲染的循环中，因为当 this.col2 更改时，会重新执行整个 build 构建函数，从而导致 Text(`${this.count++}`)绑定的文本也会更改，每次重新渲染 Text(`${this.count++}`)时，this.count 状态变量会更新，导致新一轮的 build 执行，从而陷入无限循环。

● 最小化更新：当 this.col2 更改时，只有 Column 组件会更新，Text 组件不会更改。只当 this.col1 更改时，整个 Text 组件才会更新，其所有属性函数都会执行，所以会看到 Text(`${this.count++}`)自增。因为当前 UI 以组件为单位进行更新，当组件的某个属性发生改变时，整个组件都会更新。更新链路为：this.col1 = Color.Pink -> Text 组件整体更新 ->this.count++ ->Text 组件整体更新。需要注意的是，这种写法在初次渲染时会导致 Text 组件渲染两次，从而影响性能。

● 在@Builder、@Extend 或@Styles 方法内改变状态变量。

● 在计算参数时调用函数中改变应用状态的变量，例如 Text(`${this.calcLabel()}`)。

● 对当前数组做出修改，sort()改变了数组 this.arr，随后的 filter 方法会返回一个新的数组。自定义组件修改数组的反例代码如文件 11-18 所示。

文件 11-18 自定义组件修改数组的反例代码

```
// 反例
@State arr: Array<...> = [ ... ];
ForEach(this.arr.sort().filter(...), item => {
  ...
})

// 正确的执行方式为：filter 返回一个新数组，后面的 sort 方法才不会改变原数组 this.arr
ForEach(this.arr.filter(...).sort(), item => {
  ...
})
```

11.1.6　自定义组件通用样式

自定义组件通过 "." 链式调用的形式设置通用样式。

自定义组件链式调用的示例代码如文件 11-19 所示。

文件 11-19　自定义组件链式调用的示例代码

```
@Component
struct MyComponent2 {
  build() {
    Button(`Hello World`)
  }
}

@Entry
@Component
struct MyComponent {
  build() {
    Row() {
      MyComponent2()
        .width(200)
        .height(300)
        .backgroundColor(Color.Red)
    }
  }
}
```

说　明
在 ArkUI 中，为自定义组件设置样式时，相当于给 MyComponent2 套了一个不可见的容器组件，而这些样式是设置在容器组件上的，并非直接应用于 MyComponent2 的 Button 组件。

通过渲染结果可以清楚地看到，背景颜色红色 Color.Red 并没有直接应用于 Button（即没有生效），而是在 Button 所处的开发者不可见的容器组件上生效。

11.2　页面和自定义组件生命周期

首先，明确自定义组件和页面的关系：

- 自定义组件：是用 @Component 装饰的 UI 单元，可以组合多个系统组件来实现 UI 的复用，并且可以调用组件的生命周期。
- 页面：即应用的 UI 页面。页面可以由一个或多个自定义组件组成，被 @Entry 装饰的自定义组件为页面的入口组件，即页面的根节点，一个页面有且仅有一个 @Entry。只有被 @Entry 装饰的组件才可以调用页面的生命周期。

页面生命周期（即被 @Entry 装饰的组件生命周期）提供以下生命周期接口：

- onPageShow：页面每次显示时触发一次，包括路由过程、应用进入前台等场景。

- onPageHide：页面每次隐藏时触发一次，包括路由过程、应用进入后台等场景。
- onBackPress：当用户单击返回按钮时触发。

组件生命周期（即一般用@Component 装饰的自定义组件的生命周期）提供以下生命周期接口：

- aboutToAppear：组件即将出现时触发该接口，具体时机为在创建自定义组件的新实例后，在执行它的 build()函数之前执行。
- onDidBuild：组件的 build()函数执行完成后触发该接口，不建议在 onDidBuild 函数中更改状态变量或使用 animateTo 等功能，这可能会导致不稳定的 UI 表现。
- aboutToDisappear：aboutToDisappear 函数在自定义组件析构销毁之前执行。不允许在 aboutToDisappear 函数中改变状态变量，特别是修改@Link 变量可能会导致应用程序行为不稳定。

被@Entry 装饰的组件（页面）的生命周期流程如图 11-1 所示。

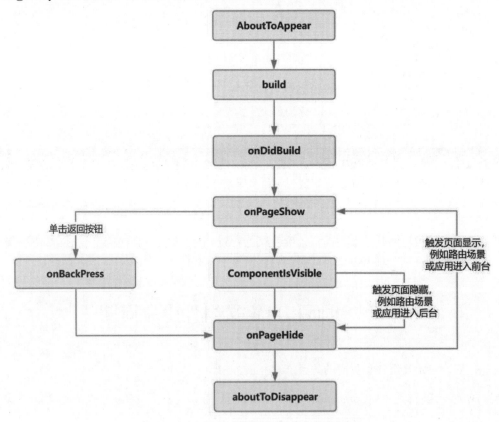

图 11-1　页面和自定义组件生命周期流程图

根据这幅流程图，下面对自定义组件的初始创建、重新渲染、删除和监听过程进行详细解释。

11.2.1　自定义组件的创建和渲染流程

自定义组件的创建和渲染流程如下：

（1）创建自定义组件：自定义组件的实例由 ArkUI 框架自动创建。

（2）初始化自定义组件的成员变量：通过本地默认值或者构造方法传递参数来初始化自定义组件的成员变量，初始化顺序按照成员变量的定义顺序进行。

（3）如果开发者定义了 aboutToAppear 方法，则执行 aboutToAppear 方法。

（4）在首次渲染时，执行 build 方法渲染系统组件。如果子组件为自定义组件，则创建自定义组件的实例。在首次渲染的过程中，ArkUI 框架会记录状态变量与组件之间的映射关系（map），以便状态变量变化时触发对应组件刷新。

（5）如果开发者定义了 onDidBuild，则在 build 方法执行完毕后调用 onDidBuild 方法。

11.2.2　自定义组件重新渲染

当事件句柄被触发（例如设置了单击事件并触发该事件）并导致状态变量变化，或当 LocalStorage / AppStorage 中的属性更改导致绑定状态变量值发生变化时，有以下两种重新渲染的方式：

（1）ArkUI 框架观察到状态变量的变化，启动重新渲染流程。

（2）ArkUI 框架利用其持有的映射关系（自定义组件的创建和渲染流程中的第 4 步建立）识别出状态变量关联的 UI 组件及其对应的更新函数。然后 ArkUI 框架将调用这些 UI 组件的更新函数，尽可能实现最小化更新以提高性能。

11.2.3　自定义组件的删除

如果 if 组件的分支发生改变，或者 ForEach 循环渲染中数组的元素个数发生变化，相关组件将被删除：

（1）在删除组件之前，将调用其 aboutToDisappear 生命周期函数，标记该节点即将被销毁。ArkUI 的节点删除机制如下：后端节点会直接从组件树中移除，并被销毁；前端节点的引用将被解除；当前端节点不再被引用时，JavaScript 虚拟机会对它进行垃圾回收。

（2）自定义组件和它的变量将被删除，如果其有同步的变量，比如@Link、@Prop、@StorageLink，将从同步源上取消注册。

不建议在 aboutToDisappear 生命周期中使用 async await。如果在 aboutToDisappear 生命周期中调用了异步操作（如 Promise 或回调方法），自定义组件会保留在 Promise 的闭包中，直到回调方法执行完。此行为会阻止自定义组件被垃圾回收。

一个展示生命周期的调用时机的示例代码如文件 11-20 所示。

文件 11-20　展示生命周期调用时机的示例代码

```
import router from '@ohos.router';

@Entry
@Component
struct MyComponent {
  @State showChild: boolean = true;
  @State btnColor: string = "#FF007DFF"
```

```
// 只有被@Entry 装饰的组件才可以调用页面的生命周期
onPageShow() {
  console.info('Index onPageShow');
}

// 只有被@Entry 装饰的组件才可以调用页面的生命周期
onPageHide() {
  console.info('Index onPageHide');
}

// 只有被@Entry 装饰的组件才可以调用页面的生命周期
onBackPress() {
  console.info('Index onBackPress');
  this.btnColor = "#FFEE0606"
  return true // 返回 true 表示页面自己处理返回逻辑，不进行页面路由；返回 false 表示使
用默认的路由返回逻辑；若不设置返回值，则按照 false 处理
}

// 组件生命周期
aboutToAppear() {
  console.info('MyComponent aboutToAppear');
}

// 组件生命周期
onDidBuild() {
  console.info('MyComponent onDidBuild');
}

// 组件生命周期
aboutToDisappear() {
  console.info('MyComponent aboutToDisappear');
}

build() {
  Column() {
    // this.showChild 为 true, 创建 Child 子组件, 执行 Child aboutToAppear
    if (this.showChild) {
      Child()
    }
    // this.showChild 为 false, 删除 Child 子组件, 执行 Child aboutToDisappear
    Button('delete Child')
      ...
      .onClick(() => {
        this.showChild = false;
      })
    // push 到 page 页面, 执行 onPageHide
    Button('push to next page')
      .onClick(() => {
        router.pushUrl({ url: 'pages/page' });
      })
  }
}
}

@Component
```

```
struct Child {
  @State title: string = 'Hello World';

  // 组件生命周期
  aboutToDisappear() {
    console.info('[lifeCycle] Child aboutToDisappear')
  }

  // 组件生命周期
  onDidBuild() {
    console.info('[lifeCycle] Child onDidBuild');
  }

  // 组件生命周期
  aboutToAppear() {
    console.info('[lifeCycle] Child aboutToAppear')
  }

  build() {
    Text(this.title).fontSize(50).margin(20).onClick(() => {
      this.title = 'Hello ArkUI';
    })
  }
}
```

上述代码的解释如下：

- Index 页面包含两个自定义组件：一个是被@Entry 装饰的 MyComponent，这是页面的入口组件（即页面的根节点）；另一个是 Child，它是 MyComponent 的子组件。只有被@Entry 装饰的组件（节点）才能使页面级别的生命周期方法生效。因此，当前 Index 页面的页面生命周期函数（如 onPageShow / onPageHide / onBackPress）被声明在 MyComponent 中。同时，MyComponent 和其子组件 Child 分别声明了各自的组件级别生命周期函数（如 aboutToAppear、onDidBuild 和 aboutToDisappear）。

- 应用冷启动的初始化流程为：MyComponent aboutToAppear → MyComponent build → MyComponent onDidBuild → Child aboutToAppear → Child build → Child onDidBuild → Index onPageShow。

- 单击 delete Child 按钮后，if 绑定的 this.showChild 变成 false，删除 Child 组件，此时会触发 Child 的 aboutToDisappear 方法。

- 单击 push to next page 按钮，调用 router.pushUrl 接口跳转到新页面。当前 Index 页面进入隐藏状态，会触发页面生命周期 Index onPageHide。注意：此处调用的是 router.pushUrl 接口，Index 页面被隐藏而未被销毁，因此只触发 onPageHide。跳转到新页面后，会执行新页面的初始化生命周期流程。

- 如果调用的是 router.replaceUrl，当前 Index 页面会被销毁，生命周期执行顺序变为：Index onPageHide → MyComponent aboutToDisappear → Child aboutToDisappear。前面提到，组件销毁时，会从组件树上直接摘下子树，因此先调用父组件的 aboutToDisappear，再调用子组件的 aboutToDisappear。随后进入新页面的初始化生命周期流程。

- 单击返回按钮会触发当前页面的生命周期 Index onBackPress。同时，由于返回操作导致当前 Index 页面被销毁，其生命周期流程也会随之结束。

● 应用最小化或进入后台时，会触发 Index onPageHide。由于当前 Index 页面未被销毁，因此不会触发组件级生命周期函数 aboutToDisappear。当应用重新回到前台时，会执行 Index onPageShow。

● 退出应用时，生命周期执行顺序为：Index onPageHide → MyComponent aboutToDisappear → Child aboutToDisappear。

11.2.4 自定义组件监听页面生命周期

通过无感监听页面路由的能力，可以实现在自定义组件中对页面生命周期的监听。以下是一个示例代码（见文件 11-21），展示如何通过 UIObserver 在自定义组件中实现对页面生命周期的监听。

文件 11-21 自定义组件生命周期监听的示例代码

```
import observer from '@ohos.arkui.observer';
import router from '@ohos.router';
import { UIObserver } from '@ohos.arkui.UIContext';

@Entry
@Component
struct Index {
  // 定义一个监听器，用于处理路由页面状态的变化
  listener: (info: observer.RouterPageInfo) => void = (info:
observer.RouterPageInfo) => {
    // 获取当前页面的路由信息
    let routerInfo: observer.RouterPageInfo | undefined =
this.queryRouterPageInfo();      // 判断更新信息是否与当前页面匹配
    if (info.pageId == routerInfo?.pageId) {
      if (info.state == observer.RouterPageState.ON_PAGE_SHOW) {
        console.log(`Index onPageShow`);      // 输出页面显示日志
      } else if (info.state == observer.RouterPageState.ON_PAGE_HIDE) {
        console.log(`Index onPageHide`);      // 输出页面隐藏日志
      }
    }
  }
  // 组件即将显示时调用
  aboutToAppear(): void {
    let uiObserver: UIObserver = this.getUIContext().getUIObserver();
    uiObserver.on('routerPageUpdate', this.listener);// 监听路由页面状态更新事件
  }
  // 组件即将隐藏时调用
  aboutToDisappear(): void {
    let uiObserver: UIObserver = this.getUIContext().getUIObserver();
    uiObserver.off('routerPageUpdate', this.listener);
  }
  // 定义组件的 UI 结构
  build() {
    Column() {   // 使用垂直布局
      Text(`this page is ${this.queryRouterPageInfo()?.pageId}`)
        .fontSize(25)          // 设置字体大小
      Button("push self")      // 创建一个按钮
        .onClick(() => {       // 按钮单击事件
```

```
          router.pushUrl({
            url: 'pages/Index'      // 跳转到当前页面
          })
        })

      Column() {
        SubComponent()
      }
    }
  }
}

@Component
struct SubComponent {
  // 定义监听器，用于处理器路由页面状态变化
  listener: (info: observer.RouterPageInfo) => void = (info:
observer.RouterPageInfo) => {
    let routerInfo: observer.RouterPageInfo | undefined =
this.queryRouterPageInfo();
    if (info.pageId == routerInfo?.pageId) {     // 判断更新信息是否与当前页面匹配
      if (info.state == observer.RouterPageState.ON_PAGE_SHOW) {// 页面显示事件
        console.log(`SubComponent onPageShow`); // 输出页面显示日志
      } else if (info.state == observer.RouterPageState.ON_PAGE_HIDE) {
        console.log(`SubComponent onPageHide`); // 输出页面隐藏日志
      }
    }
  }
  // 子组件即将隐藏时调用
  aboutToAppear(): void {
    let uiObserver: UIObserver = this.getUIContext().getUIObserver();
    uiObserver.on('routerPageUpdate', this.listener);
    // 取消监听路由页面状态更新事件
  }

  aboutToDisappear(): void {
    let uiObserver: UIObserver = this.getUIContext().getUIObserver();
    uiObserver.off('routerPageUpdate', this.listener);
  }
  // 定义子组件的 UI 结构
  build() {
    Column() {   // 使用垂直布局
      Text(`SubComponent`)   // 显示子组件的标识文本
    }
  }
}
```

这段代码定义了两个自定义组件：Index 和 SubComponent。每个组件都通过 UIObserver 监听路由事件，从而在页面显示或隐藏时输出相应的日志信息。这种设计模式增强了组件对路由变化的响应能力，使用户界面更加动态且具备更高的交互性。

11.3　自定义组件的自定义布局

如果需要通过测算的方式布局自定义组件内子组件的位置，建议使用以下接口：

- onMeasureSize：组件每次布局时触发，用于计算子组件的尺寸，其执行时间先于 onPlaceChildren。
- onPlaceChildren：组件每次布局时触发，用于设置子组件的起始位置。

自定义布局的示例代码如文件 11-22 所示。

文件 11-22　自定义布局的示例代码

```
@Entry
@Component
struct Index {
  build() {
    Column() {
      CustomLayout({ builder: ColumnChildren })
    }
  }
}


// 通过 builder 的方式传递多个组件，作为自定义组件的一级子组件（即不包含容器组件，如 Column）
@Builder
function ColumnChildren() {
  ForEach([1, 2, 3], (index: number) => { // 暂不支持 lazyForEach 的写法
    Text('S' + index)
      .fontSize(30)
      .width(100)
      .height(100)
      .borderWidth(2)
      .offset({ x: 10, y: 20 })
  })
}


@Component
struct CustomLayout {
  @Builder
  doNothingBuilder() {
  };

  @BuilderParam builder: () => void = this.doNothingBuilder;
  @State startSize: number = 100;
  result: SizeResult = {
    width: 0,
    height: 0
  };

  // 第一步：计算各子组件的大小
  onMeasureSize(selfLayoutInfo: GeometryInfo, children: Array<Measurable>,
```

```
constraint: ConstraintSizeOptions) {
    let size = 100;
    children.forEach((child) => {
      let result: MeasureResult = child.measure({
        minHeight: size,
        minWidth: size,
        maxWidth: size,
        maxHeight: size
      })
      size += result.width / 2;
    })
    this.result.width = 100;
    this.result.height = 400;
    return this.result;
  }

  // 第二步：放置各子组件的位置
  onPlaceChildren(selfLayoutInfo: GeometryInfo, children: Array<Layoutable>,
constraint: ConstraintSizeOptions) {
    let startPos = 300;
    children.forEach((child) => {
      let pos = startPos - child.measureResult.height;
      child.layout({ x: pos, y: pos })
    })
  }

  build() {
    this.builder()
  }
}
```

上述代码解释如下：

- 在 Index 页面中，包含一个实现了自定义布局的自定义组件，子组件通过 index 页面内的 builder 函数传入。
- 自定义组件实现了 onMeasureSize 和 onPlaceChildren 方法，分别用于设置子组件的大小和放置位置：在 onMeasureSize 中初始化组件大小为 100，每个后续子组件的大小在前一个子组件的基础上增加其宽度的一半，实现组件大小递增效果；在 onPlaceChildren 中，定义 startPos=300，设置每个子组件的位置为 startPos 减去子组件的自身高度，确保所有子组件的右下角统一位于顶点（300,300），从而实现从右下角开始排列的类似 Stack 的布局效果。

11.4　自定义组件成员属性访问限定符的使用限制

　　ArkTS 会对自定义组件的成员变量使用的访问限定符（private/public/protected）进行校验。当检测到不符合规范的访问限定符时，会生成相应的日志信息。

说　　明
从 API 12 开始，支持对自定义组件成员属性访问限定符的使用规则进行限制。

11.4.1 使用限制

自定义组件成员属性访问限定符的使用限制如下：

（1）@State/@Prop/@Provide/@BuilderParam/常规成员变量（不涉及更新的常规变量）。如果使用 private 装饰，则在构造自定义组件时不允许传值，否则会产生编译警告日志提示。

（2）@StorageLink/@StorageProp/@LocalStorageLink/@LocalStorageProp/@Consume 变量。如果使用 public 装饰，会产生编译警告日志提示。

（3）@Link/@ObjectLink 变量。如果使用 private 装饰，会产生编译警告日志提示。

（4）由于 struct 无法继承，因此这种情况下上述所有变量在使用 protected 装饰时，会产生编译警告日志提示。

（5）@Require 和 private 同时装饰自定义组件 struct 的@State/@Prop/@Provide/@BuilderParam/常规成员变量（不涉及更新的常规变量）时，会产生编译警告日志提示。

11.4.2 错误使用场景示例

（1）当成员变量同时被 private 访问限定符和@State/@Prop/@Provide/@BuilderParam 装饰器装饰时，ArkTS 会进行校验并产生警告日志，示例代码如文件 11-23 所示。

文件 11-23 错误使用场景的示例代码 1

```
@Entry
@Component
struct AccessRestrictions {
  @Builder
  buildTest() {
    Text("Parent builder")
  }

  build() {
    Column() {
      ComponentsChild({
        state_value: "Hello",
        prop_value: "Hello",
        provide_value: "Hello",
        builder_value: this.buildTest,
        regular_value: "Hello"
      })
    }
    .width('100%')
  }
}


@Component
struct ComponentsChild {
  @State private state_value: string = "Hello";
  @Prop private prop_value: string = "Hello";
```

```
@Provide private provide_value: string = "Hello";
@BuilderParam private builder_value: () => void = this.buildTest;
private regular_value: string = "Hello";

@Builder
buildTest() {
  Text("Child builder")
}

build() {
  Column() {
    Text("Hello")
      .fontSize(50)
      .fontWeight(FontWeight.Bold)
  }
}
}
```

编译警告日志如下：

```
Property 'state_value' is private and can not be initialized through the component
constructor.
Property 'prop_value' is private and can not be initialized through the component
constructor.
Property 'provide_value' is private and can not be initialized through the
component constructor.
Property 'builder_value' is private and can not be initialized through the
component constructor.
Property 'regular_value' is private and can not be initialized through the
component constructor.
```

（2）当成员变量同时被 public 访问限定符和@StorageLink/@StorageProp/@LocalStorageLink
/@LocalStorageProp/@Consume 装饰器装饰时，ArkTS 会进行校验并产生警告日志，示例代码如文
件 11-24 所示。

文件 11-24 错误使用场景的示例代码 2

```
@Entry
@Component
struct AccessRestrictions {
  @Provide consume_value: string = "Hello";

  build() {
    Column() {
      ComponentChild()
    }
    .width('100%')
  }
}
```

```
@Component
struct ComponentChild {
  @LocalStorageProp("sessionLocalProp") public local_prop_value: string =
"Hello";
  @LocalStorageLink("sessionLocalLink") public local_link_value: string =
"Hello";
  @StorageProp("sessionProp") public storage_prop_value: string = "Hello";
  @StorageLink("sessionLink") public storage_link_value: string = "Hello";
  @Consume public consume_value: string;

  build() {
    Column() {
      Text("Hello")
        .fontSize(50)
        .fontWeight(FontWeight.Bold)
    }
  }
}
```

编译警告日志如下:

```
Property 'local_prop_value' can not be decorated with both @LocalStorageProp
and public.
Property 'local_link_value' can not be decorated with both @LocalStorageLink
and public.
Property 'storage_prop_value' can not be decorated with both @StorageProp and
public.
Property 'storage_link_value' can not be decorated with both @StorageLink and
public.
Property 'consume_value' can not be decorated with both @Consume and public.
```

（3）当成员变量同时被 private 访问限定符和@Link/@ObjectLink 装饰器装饰时，ArkTS 会进行校验并产生警告日志，示例代码如文件 11-25 所示。

文件 11-25　错误使用场景的示例代码 3

```
@Entry
@Component
struct AccessRestrictions {
  @State link_value: string = "Hello";
  @State objectLink_value: ComponentObj = new ComponentObj();

  build() {
    Column() {
      ComponentChild({ link_value: this.link_value, objectLink_value:
this.objectLink_value })
    }
    .width('100%')
  }
}
```

```
@Observed
class ComponentObj {
  count: number = 0;
}


@Component
struct ComponentChild {
  @Link private link_value: string;
  @ObjectLink private objectLink_value: ComponentObj;

  build() {
    Column() {
      Text("Hello")
        .fontSize(50)
        .fontWeight(FontWeight.Bold)
    }
  }
}
```

编译警告日志如下：

```
Property 'link_value' can not be decorated with both @Link and private.
Property 'objectLink_value' can not be decorated with both @ObjectLink and
private.
```

（4）当成员变量被 protected 访问限定符装饰时，ArkTS 会进行校验并产生警告日志，示例代码如文件 11-26 所示。

文件 11-26 错误使用场景的示例代码 4

```
@Entry
@Component
struct AccessRestrictions {
  build() {
    Column() {
      ComponentChild({ regular_value: "Hello" })
    }
    .width('100%')
  }
}


@Component
struct ComponentChild {
  protected regular_value: string = "Hello";

  build() {
    Column() {
      Text("Hello")
        .fontSize(50)
        .fontWeight(FontWeight.Bold)
    }
```

```
    }
  }
```

编译警告日志如下：

```
The member attributes of a struct can not be protected.
```

（5）当成员变量同时被 private 访问限定符、@Require 以及@State/@Prop/@Provide/@Builder Param 装饰器装饰时，ArkTS 会进行校验并产生警告日志，示例代码如文件 11-27 所示。

文件 11-27 错误使用场景的示例代码 5

```
@Entry
@Component
struct AccessRestrictions {
  build() {
    Column() {
      ComponentChild({ prop_value: "Hello" })
    }
    .width('100%')
  }
}

@Component
struct ComponentChild {
  @Require @Prop private prop_value: string = "Hello";

  build() {
    Column() {
      Text("Hello")
        .fontSize(50)
        .fontWeight(FontWeight.Bold)
    }
  }
}
```

编译警告日志如下：

```
Property 'prop_value' can not be decorated with both @Require and private.
Property 'prop_value' is private and can not be initialized through the component
constructor.
```

11.5 本章小结

本章首先详细介绍了自定义组件的基本用法，包括它的基本结构、参数规定、成员函数和变量的使用规范。自定义组件的定义依赖于 struct 和@Component 装饰器，并必须实现 build()方法来定义 UI 描述。

接下来，介绍了自定义组件的生命周期，包括组件的创建、重新渲染和删除流程，并解释了各个生命周期方法的调用时机及其注意事项。

最后，讲解了自定义组件的自定义布局和成员属性访问限定符的使用规则，并通过具体的示例代码展示了成员变量被错误装饰时给出的各种警告提示信息。

通过学习本章的内容，读者将能够掌握 ArkUI 中自定义组件的创建、结构、生命周期、参数规定、样式设置和布局自定义，并理解如何通过状态变量驱动 UI 变化。同时，读者还将了解成员变量和函数的访问限制。

11.6　本章习题

（1）什么是自定义组件？自定义组件有哪些主要特点？

（2）在自定义组件的 build() 函数中，如何使用状态变量驱动 UI 更新？

（3）在自定义组件中，@Component 和 @Entry 装饰器的作用是什么？

（4）创建一个自定义组件 MyButtonComponent，其中包含一个按钮，当按钮被单击时，按钮的文本内容会改变。

（5）创建一个自定义组件 ColorComponent，它接收一个颜色参数，并将该颜色应用于组件的背景颜色。

第 12 章

装 饰 器

本章将详细讲解 ArkUI 框架中的装饰器，包括@Builder、@BuilderParam、wrapBuilder、@Styles、@Extend、stateStyles、@AnimatableExtend 和@Require。@Builder 允许 UI 元素复用，支持自定义和全局构建函数。@BuilderParam 为组件添加特定功能。wrapBuilder 实现全局函数的赋值和传递。@Styles 和@Extend 用于样式复用和扩展。stateStyles 根据状态改变样式。@AnimatableExtend 用于自定义动画属性。@Require 确保必要参数在构造时传递。本章重点在于如何通过装饰器实现 UI 组件的复用、样式的统一管理和动画效果的自定义。

12.1 @Builder 装饰器

在 ArkUI 中，@Builder 装饰器用于简化组件的构建过程，特别是在创建具有多个属性和复杂配置的组件时。@Builder 所装饰的函数遵循 build()函数语法规则，开发者可以将重复使用的 UI 元素抽象成一个方法，在 build 方法中调用。通过使用@Builder，开发者可以更方便地初始化组件，增强代码的可读性和可维护性。

为了简化语言，我们将@Builder 装饰的函数也称为"自定义构建函数"。

说 明
从 API 9 开始，该装饰器支持在 ArkTS 卡片中使用。从 API 11 开始，该装饰器支持在元服务中使用。

12.1.1 自定义构建函数

1. 自定义组件内的自定义构建函数

自定义组件内的自定义构建函数的定义语法如下：

```
@Builder
```

```
MyBuilderFunction() {
  // ...
}
```

自定义组件内的自定义构建函数的使用说明如下：

（1）允许在自定义组件内定义一个或多个@Builder方法，这些方法被认为是该组件私有的特殊类型的成员函数。

（2）自定义构建函数可以在所属组件的build方法和其他自定义构建函数中调用，但不允许在组件外调用。

（3）在自定义函数体中，this指代当前所属组件，组件的状态变量可以在自定义构建函数内访问。建议通过this访问自定义组件的状态变量，而不是通过参数传递。

自定义组件内的自定义构建函数的使用方法如文件12-1所示。

文件 12-1　自定义组件内的自定义构建函数调用的示例代码

```
this.MyBuilderFunction()
```

2. 全局自定义构建函数

全局自定义构建函数的定义语法如下：

```
@Builder
function MyGlobalBuilderFunction() {
  // ...
}
```

全局自定义构建函数的使用方法如文件12-2所示。

文件 12-2　全局自定义构建函数调用的示例代码

```
MyGlobalBuilderFunction()
```

如果不涉及组件状态变化，建议使用全局的自定义构建方法。

12.1.2　参数传递

自定义构建函数的参数传递有按值传递和按引用传递两种方式，均需遵守以下规则：

（1）参数的类型必须与参数声明的类型一致，不允许传入undefined、null和返回undefined、null的表达式。

（2）在被@Builder装饰的函数内部，不允许改变参数值。

（3）@Builder内的UI语法必须遵循UI语法规则。

（4）只在传入一个参数且该参数需要直接传入对象变量时才会按引用传递该参数，其余情况下均为按值传递。

1. 按引用传递参数

按引用传递参数时，传递的参数可为状态变量，且状态变量的改变会引起@Builder方法内的UI刷新。示例代码如文件12-3所示。

文件 12-3　按引用传递参数的示例代码

```
class Tmp {
  paramA1: string = ''
}

@Builder
function overBuilder(params: Tmp) {
  Row() {
    Text(`UseStateVarByReference: ${params.paramA1} `)
  }
}

@Entry
@Component
struct Parent {
  @State label: string = 'Hello';

  build() {
    Column() {
      // 当 overBuilder 组件在父组件中调用时，传递 this.label 引用到 overBuilder 组件
      overBuilder({ paramA1: this.label })
      Button('Click me').onClick(() => {
        // 当按钮被单击时，UI 文本从 Hello 变为"ArkUI"
        this.label = 'ArkUI'
      })
    }
  }
}
```

按引用传递参数时，如果在@Builder 方法内调用自定义组件，ArkUI 提供$$作为按引用传递参数的范式。示例代码如文件 12-4 所示。

文件 12-4　使用$$按引用传递参数的示例代码

```
@Component
struct HelloComponent {
  @Link message: string;

  build() {
    Row() {
      Text(`HelloComponent===${this.message}`)
    }
  }
}

@Entry
@Component
struct Parent {
  @State label: string = 'Hello';

  build() {
    Column() {
      // 当在父组件中调用 overBuilder 组件时，传递 this.label 使用的是按引用传递
      overBuilder({ paramA1: this.label })
```

```
    Button('Click me').onClick(() => {
      // 当按钮被单击时，UI 文本从 Hello 变为 "ArkUI"
      this.label = 'ArkUI';
    })
  }
 }
}
```

按引用传递参数时，如果在@Builder 方法内调用其他@Builder 方法，ArkUI 也提供$$作为按引用传递参数的范式。多层@Builder 方法嵌套用法的示例代码如文件 12-5 所示。

文件 12-5　多层@Builder 方法嵌套用法的示例代码

```
class Tmp {
  paramA1: string = ''
}

@Builder
function overBuilder($$: Tmp) {
  Row() {
    Column() {
      Text(`overBuilder===${$$.paramA1}`)
      HelloComponent({ message: $$.paramA1 })
    }
  }
}

...

@Component
struct HelloComponent {
  @Prop message: string = '';

  build() {
    Row() {
      Text(`HelloComponent===${this.message}`)
        ...
    }
  }
}

@Builder
function childBuilder($$: Tmp) {
  Row() {
    Column() {
      Text(`childBuilder===${$$.paramA1}`)
        ...

      HelloChildComponent({ message: $$.paramA1 })
      grandsonBuilder({ paramA1: $$.paramA1 })
    }
  }
}

...
```

```
@Component
struct HelloGrandsonComponent {
  @Link message: string;

  build() {
    Row() {
      Text(`HelloGrandsonComponent===${this.message}`)
      ...
    }
  }
}
...
```

2. 按值传递参数

使用@Builder 装饰的函数默认按值传递。当传递的参数为状态变量时，状态变量的改变不会引起@Builder 方法内的 UI 刷新。因此，使用状态变量时，推荐按引用传递。

按值传递参数的示例代码如文件 12-6 所示。

文件 12-6　按值传递参数的示例代码

```
@Builder
function overBuilder(paramA1: string) {
  Row() {
    Text(`UseStateVarByValue: ${paramA1} `)
  }
}

@Entry
@Component
struct Parent {
  @State label: string = 'Hello';

  build() {
    Column() {
      overBuilder(this.label)
    }
  }
}
```

在这个示例中，this.label 的值"Hello"被传递给 overBuilder 函数，而不是引用。即 overBuilder 内部对 paramA1 的操作不会影响 this.label 的值。这种按值传递确保了 overBuilder 可以安全地使用 paramA1，而不必担心修改原始状态变量 label。

12.2　@BuilderParam 装饰器

当开发者创建了自定义组件并希望为该组件添加特定功能（例如在自定义组件中添加一个单击跳转操作）时，若直接在组件内嵌入事件方法，可能导致所有引入该自定义组件的地方均增加该功能。为了解决此问题，ArkUI 引入了@BuilderParam 装饰器。@BuilderParam 用于装饰指向@Builder

方法的变量（@BuilderParam 用来承接@Builder 函数），开发者可在初始化自定义组件时给此属性赋值，为自定义组件增加特定的功能。该装饰器相当于声明任意 UI 描述的一个元素，类似于插槽（slot）占位符。

说　　明

从 API 9 开始，该装饰器支持在 ArkTS 卡片中使用。从 API 11 开始，该装饰器支持在元服务中使用。

12.2.1　装饰器使用说明

初始化@BuilderParam 装饰的方法

@BuilderParam 装饰的方法只能被自定义构建函数（即使用@Builder 装饰的方法）进行初始化。如果在 API 11 中将它和@Require 一起使用，则必须由父组件构造传参。

使用自定义构建函数在本地初始化@BuilderParam 的示例代码如文件 12-7 所示。

文件 12-7　使用自定义构建函数初始化@BuilderParam 的示例代码

```
@Builder
function overBuilder() {
}

@Component
struct Child {
  @Builder
  doNothingBuilder() {
  };

  // 使用自定义组件的构建函数初始化@BuilderParam
  @BuilderParam customBuilderParam: () => void = this.doNothingBuilder;
  // 使用全局自定义构建函数初始化@BuilderParam
  @BuilderParam customOverBuilderParam: () => void = overBuilder;

  build() {
  }
}
```

使用父组件自定义构建函数在子组件中初始化@BuilderParam 装饰的方法，示例代码如文件 12-8 所示。

文件 12-8　父组件构建函数初始化子组件@BuilderParam 装饰的方法之示例代码

```
@Component
struct Child {
  @Builder
  customBuilder() {
  }

  // 使用父组件@Builder 装饰的方法初始化子组件@BuilderParam
  @BuilderParam
  customBuilderParam: () => void = this.customBuilder;
```

```
  build() {
    Column() {
      this.customBuilderParam()
    }
  }
}

@Entry
@Component
struct Parent {
  @Builder
  componentBuilder() {
    Text(`Parent builder `)
  }

  build() {
    Column() {
      Child({ customBuilderParam: this.componentBuilder })
    }
  }
}
```

页面展示效果如图 12-1 所示。

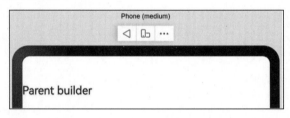

图 12-1　父组件构建函数初始化子组件@BuilderParam 装饰的方法的执行效果

在初始化@BuilderParam 装饰的方法时，需要确保 this 指向正确。在文件 12-9 中，Parent 组件在调用 this.componentBuilder()时，this 指向其所属组件，即“Parent”。@Builder componentBuilder()通过 this.componentBuilder 的形式传给子组件@BuilderParam customBuilderParam，此时 this 指向子组件（Child）中的 label，即“Child”。而 @Builder componentBuilder() 通过箭头函数():void=>{this.componentBuilder()}的形式传给子组件@BuilderParam customChangeThisBuilderParam，箭头函数的 this 始终指向宿主对象，因此 label 的值为 Parent。

文件 12-9　展示 this 指向的示例代码

```
@Component
struct Child {
  label: string = `Child`;

  @Builder
  customBuilder() {
  }

  @Builder
  customChangeThisBuilder() {
```

```
    }

    @BuilderParam customBuilderParam: () => void = this.customBuilder;
    @BuilderParam customChangeThisBuilderParam: () => void =
this.customChangeThisBuilder;

    build() {
      Column() {
        this.customBuilderParam()
        this.customChangeThisBuilderParam()
      }
    }
  }

  @Entry
  @Component
  struct Parent {
    label: string = `Parent`

    @Builder
    componentBuilder() {
      Text(`${this.label}`)
    }

    build() {
      Column() {
        this.componentBuilder()
        Child({
          customBuilderParam: this.componentBuilder,
          customChangeThisBuilderParam: (): void => {
            this.componentBuilder()
          }
        })
      }
    }
  }
```

页面显示效果如图 12-2 所示。

图 12-2　this 指向示例程序的执行效果

12.2.2　使用场景

1. 参数初始化组件

@BuilderParam 装饰的方法可以是有参数和无参数的两种形式，但必须与指向的@Builder 方法类型匹配。示例代码如文件 12-10 所示。

文件 12-10 参数初始化组件的示例代码

```
class Tmp {
  label: string = ''
}

@Builder
function overBuilder($$: Tmp) {
  Text($$.label).width(400).height(50).backgroundColor(Color.Green)
}

@Component
struct Child {
  ...

  @Builder
  customBuilder() {
  }

  // ...
  // 有参数类型，指向的 overBuilder 也是有参数类型的方法
  @BuilderParam customOverBuilderParam: ($$: Tmp) => void = overBuilder;

  build() {
    Column() {
      this.customBuilderParam();
      this.customOverBuilderParam({ label: 'global Builder label' });
    }
  }
}

@Entry
@Component
struct Parent {
  ...

  build() {
    Column() {
      this.componentBuilder()
      Child({ ..., customOverBuilderParam: overBuilder })
    }
  }
}
```

页面显示效果如图 12-3 所示。

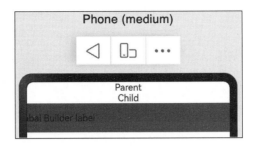

图 12-3 参数初始化组件

2. 尾随闭包初始化组件

在自定义组件中使用@BuilderParam 装饰的属性，也可以通过尾随闭包进行初始化。在初始化自定义组件时，组件后面紧跟一个花括号（{}）形成尾随闭包场景。

说 明
在此场景下，自定义组件内必须有且仅有一个使用@BuilderParam 装饰的属性。 在此场景下，自定义组件不支持使用通用属性。

开发者可以将尾随闭包内的内容视作被@Builder 装饰的函数，并将其传递给@BuilderParam。示例代码如文件 12-11 所示。

文件 12-11 尾随闭包初始化组件的示例代码

```
// 自定义组件
@Component
struct CustomContainer {
  ...

  // 自定义构建函数，使用@Builder 装饰
  @Builder
  closerBuilder() {
  };

  // 默认使用当前自定义组件中的自定义构建函数进行初始化
  @BuilderParam
  closer: () => void = this.closerBuilder;

  build() {
    Column() {
      Text(this.header).fontSize(30)
      // 调用@BuilderParam 装饰的变量 closer 表示的构建函数进行 UI 渲染
      this.closer()
    }
  }
}

// 全局自定义构建函数，包含两个参数
@Builder
function specificParam(label1: string, label2: string) {
  Column() {
```

```
    Text(label1)
      .fontSize(30)
    Text(label2)
      .fontSize(30)
  }
}

// 主入口
@Entry
// 自定义组件
@Component
struct CustomContainerUser {

  ...

  build() {
    Column() {
      // 创建 CustomContainer, 在创建 CustomContainer 时, 通过尾随闭包紧跟
      // 花括号 "{}" 并将尾随闭包作为值, 传递给子组件 CustomContainer 的
      // @BuilderParam closer: () => void 变量
      CustomContainer({ header: this.text }) {
        Column() {
          // 调用全局自定义构建函数渲染 UI
          specificParam('testA', 'testB')
        }
        ...
        .onClick(() => {
          this.text = 'changeHeader';
        })
      }
    }
  }
}
```

页面显示效果如图 12-4 所示。

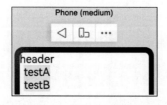

图 12-4　尾随闭包初始化组件

12.3　wrapBuilder

在 ArkUI 中, wrapBuilder 是一个用于创建包装构建器的函数。它能够将一个原始构建函数包装成支持参数设置和返回构建结果的对象。通过这种方式, 开发者可以更灵活地管理构建过程, 允许对构建参数进行赋值、修改和传递。

wrapBuilder 的基本功能如下:

- 参数管理：允许开发者在构建组件时动态设置和修改参数。
- 支持链式调用：通过返回自身，wrapBuilder 支持链式调用，使代码更加简洁、易读。
- 返回构建结果：通过调用 build 方法生成最终的组件或对象。

说 明
从 API 11 起支持使用 wrapBuilder。

全局的@Builder 可作为 wrapBuilder 的参数返回一个 WrappedBuilder 对象，从而实现全局
@Builder 的赋值和传递功能。

12.3.1　接口说明

wrapBuilder 是一个模板函数，用于返回一个 WrappedBuilder 对象，其函数定义如文件 12-12 所
示。

文件 12-12　wrapBuilder 函数定义

```
declare function wrapBuilder<Args extends Object[]>(builder: (...args: Args)
=> void): WrappedBuilder;
```

同时，WrappedBuilder 对象是一个模板类，其模板类定义如文件 12-13 所示。

文件 12-13　WrappedBuilder 模板类定义

```
declare class WrappedBuilder<Args extends Object[]> {
  builder: (...args: Args) => void;

  constructor(builder: (...args: Args) => void);
}
```

模板参数 Args extends Object[]表示需要包装的 builder 函数的参数列表。
WrappedBuilder 类的使用示例代码如文件 12-14 所示。

文件 12-14　WrappedBuilder 类用法的示例代码

```
let builderVar: WrappedBuilder<[string, number]> = wrapBuilder(MyBuilder);
let builderArr: WrappedBuilder<[string, number]>[] = [wrapBuilder(MyBuilder)]
//可以放入数组
```

说 明
wrapBuilder 方法只能传入全局@Builder 方法作为参数。wrapBuilder 方法返回的 WrappedBuilder 对象的 builder 属性方法仅可在 struct 内部使用。

12.3.2　使用场景

针对 wrapBuilder 的使用场景，以下提供了两个正确示例和一个错误示例：

（1）将 wrapBuilder 的返回值赋给 globalBuilder，并将 MyBuilder 作为参数传递给 wrapBuilder，
以替代直接将 MyBuilder 赋值给 globalBuilder 的方式。示例代码如文件 12-15 所示。

文件 12-15 wrapBuilder 用法的示例代码 1

```
@Builder
// 使用 @Builder 装饰的全局构建函数，用于生成带有指定文本和字体大小的 Text 组件
function MyBuilder(value: string, size: number) {
  Text(value).fontSize(size)
}

// 使用 wrapBuilder 包装 MyBuilder 函数，将其赋值给全局变量 globalBuilder
let globalBuilder: WrappedBuilder<[string, number]> = wrapBuilder(MyBuilder);

@Entry
@Component
// 自定义组件 Index，作为程序的入口
struct Index {
  @State message: string = 'Hello World';

  build() {
    Row() {
      Column() {
        globalBuilder.builder(this.message, 50);
      }.width('100%')
    }.height('100%')
  }
}
```

（2）在自定义组件 Index 中，利用 builderArr 声明的 wrapBuilder 数组，通过 forEach 渲染不同的@Builder 函数，从而简化代码结构并提高可读性。示例代码如文件 12-16 所示。

文件 12-16 wrapBuilder 用法的示例代码 2

```
@Builder
function MyBuilder(value: string, size: number) {
  Text(value).fontSize(size)
}

@Builder
function YourBuilder(value: string, size: number) {
  Text(value).fontSize(size).fontColor(Color.Pink)
}

const builderArr: WrappedBuilder<[string, number]>[] = [
  wrapBuilder(MyBuilder),
  wrapBuilder(YourBuilder)
];

@Entry
@Component
struct Index {
  @Builder
  testBuilder() {
    ForEach(builderArr, (item: WrappedBuilder<[string, number]>) => {
      item.builder('Hello World', 30)
    }
    )
```

```
  }

  build() {
    Row() {
      Column() {
        this.testBuilder()
      }.width('100%')
    }.height('100%')
  }
}
```

（3）wrapBuilder 错误场景的示例代码如文件 12-17 所示。

文件 12-17　wrapBuilder 错误场景的示例代码

```
function MyBuilder() {
}

// wrapBuilder 必须传入被@Builder 装饰的全局函数，此处传入不符合要求
const globalBuilder: WrappedBuilder<[string, number]> =
wrapBuilder(MyBuilder);

@Entry
@Component
struct Index {
  @State message: string = 'Hello World';

  build() {
    Row() {
      Column() {
        Text(this.message).fontSize(50).fontWeight(FontWeight.Bold)
        //错误调用: globalBuilder.builder 尝试使用 wrapBuilder 包装的 MyBuilder 函数
        globalBuilder.builder(this.message, 30)
      }.width('100%')
    }.height('100%')
  }
}
```

12.4　@Style 装饰器

在开发过程中，如果每个组件的样式都需要单独设置，可能会导致大量重复的样式代码。虽然可以通过复制粘贴解决这一问题，但为了提高代码的简洁性和维护性，ArkUI 提供了可以提炼公共样式以便复用的装饰器@Styles。

@Styles 装饰器允许开发者将多条样式设置提炼成一个方法，方便在组件声明的位置直接调用。通过使用@Styles 装饰器，开发者可以快速定义并复用自定义样式，减少冗余代码，提高效率。

说　　明
从 API 9 开始，@styles 装饰器支持在 ArkTS 卡片中使用。 从 API 11 开始，@styles 装饰器支持在元服务中使用。

12.4.1 装饰器使用说明

@Style 装饰器的使用说明如下：

（1）当前@Styles 仅支持通用属性和通用事件。

（2）@Styles 方法不支持参数，反例代码如文件 12-18 所示。

文件 12-18 @Styles 用法的反例代码

```
// 反例：@Styles 不支持参数
@Styles
function globalFancy(value: number) {
  .width(value)      // 报错：不支持参数
}
```

（3）@Styles 可以定义在组件内或定义为全局。在全局定义时需在方法名前面添加 function 关键字，在组件内定义时则不需要添加 function 关键字。@Styles 定义的示例代码如文件 12-19 所示。

说　　明
@Style 装饰器只能在当前文件内使用，不支持 export。

文件 12-19 @Styles 定义的示例代码

```
// 全局：需要使用 function 关键字
@Styles
function functionName() {
  // ...
}

// 在组件内
@Component
struct FancyUse {
  // 组件内定义时不需要使用 function 关键字
  @Styles
  fancy() {
    .height(100)
  }
}
```

（4）定义在组件内的@Styles 可以通过 this 访问组件的常量和状态变量，还可以通过事件修改状态变量的值，示例代码如文件 12-20 所示。

文件 12-20 @Styles 与 this 用法的示例代码

```
@Component
struct FancyUse {
  // 状态变量
  @State heightValue: number = 100

  @Styles
  fancy() {
    // 通过 this 访问组件的常量和状态变量
    .height(this.heightValue)
```

```
    .backgroundColor(Color.Yellow)
    .onClick(() => {
      this.heightValue = 200
    })
  }
}
```

（5）组件内定义的@Styles优先级高于全局定义的@Styles。ArkUI框架会优先查找当前组件内的@Styles，若找不到则查找全局定义。

12.4.2 使用场景

下面的示例程序（见文件12-21）展示了组件内@Styles和全局@Styles的用法。

文件12-21 组件内@Styles与全局@Styles用法的示例代码

```
// 全局定义的@Styles封装的样式
@Styles
function globalFancy() {
  .width(150)
  .height(100)
  .backgroundColor(Color.Pink)
}

@Entry
@Component
struct FancyUse {
  @State heightValue: number = 100

  // 定义在组件内的@Styles封装的样式
  @Styles
  fancy() {
    .width(200)
    .height(this.heightValue)
    .backgroundColor(Color.Yellow)
    .onClick(() => {
      this.heightValue = 200
    })
  }

  build() {
    Column({ space: 10 }) {
      // 使用全局的@Styles封装的样式
      Text('FancyA')
        .globalFancy()
        .fontSize(30)
      // 使用组件内的@Styles封装的样式
      Text('FancyB')
        .fancy()
        .fontSize(30)
    }
  }
}
```

页面显示效果如图 12-5 所示。

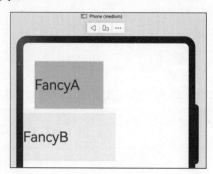

图 12-5　组件内定义@Styles 与全局定义@Styles 的效果对比

12.5　@Extend 装饰器

上一节介绍了如何使用@Styles 扩展样式，在@Styles 的基础上可使用@Extend 装饰器进一步扩展原生组件的样式。

说　　明
从 API 9 开始，@Extend 装饰器支持在 ArkTS 卡片中使用。 从 API 11 开始，@Extend 装饰器支持在元服务中使用。

12.5.1　装饰器使用说明

1. 语法

@Extend 装饰器的语法如下：

```
@Extend(UIComponentName)
function functionName() {
  // ...
}
```

2. 使用规则

@Extend 装饰器的使用规则如下：

（1）与@Styles 不同，@Extend 仅支持在全局定义，不支持在组件内部定义。

说　　明
@Extend 装饰器仅限于在当前文件内使用，不支持通过 export 导出。

（2）与@Styles 不同，@Extend 支持封装指定组件的私有属性、私有事件以及自身定义的全局方法，示例代码如文件 12-22 所示。

文件 12-22　@Extend 装饰器用法的示例代码

```
// @Extend(Text)支持 Text 的私有属性 fontColor
@Extend(Text)
function fancy() {
  .fontColor(Color.Red)
}

// superFancyText 可以调用预定义的 fancy
@Extend(Text)
function superFancyText(size: number) {
  .fontSize(size)
  .fancy()
}
```

（3）与@Styles 不同，@Extend 装饰的方法支持参数。调用方式遵循 TypeScript 方法的参数传值规则，示例代码如文件 12-23 所示。

文件 12-23　@Extend 装饰器传参的示例代码

```
@Extend(Text)
function fancy(fontSize: number) {
  .fontColor(Color.Red)
  .fontSize(fontSize)
}

@Entry
@Component
struct FancyUse {
  build() {
    Row({ space: 10 }) {
      Text('Fancy')
        .fancy(16)
      Text('Fancy')
        .fancy(24)
    }
  }
}
```

（4）@Extend 方法的参数可以是函数类型，例如作为事件（Event）句柄，示例代码如文件 12-24 所示。

文件 12-24　@Extend 装饰器装饰方法的示例代码

```
// 通过@Extend 装饰器装饰的方法参数 onClick 为 function
@Extend(Text)
function makeMeClick(onClick: () => void) {
  .backgroundColor(Color.Blue)
  // 将参数 onClick 作为事件句柄
  .onClick(onClick)
}

@Entry
@Component
struct FancyUse {
```

```
@State label: string = 'Hello World';

onClickHandler() {
  this.label = 'Hello ArkUI';
}

build() {
  Row({ space: 10 }) {
    Text(`${this.label}`)
      .makeMeClick(() => {
        this.onClickHandler()
      })
  }
}
}
```

（5）@Extend 方法的参数为状态变量时，若状态改变，则 UI 会被正常刷新渲染，示例代码如文件 12-25 所示。

文件 12-25　@Extend 装饰器的状态变量参数的示例代码

```
@Extend(Text)
function fancy(fontSize: number) {
  .fontColor(Color.Red)
  .fontSize(fontSize)
}

@Entry
@Component
struct FancyUse {
  @State fontSizeValue: number = 20

  build() {
    Row({ space: 10 }) {
      Text('Fancy')
        .fancy(this.fontSizeValue)
        .onClick(() => {
          this.fontSizeValue = 30
        })
    }
  }
}
```

12.5.2　使用场景

下面通过具体示例来说明@Extend 装饰器的使用场景。

首先声明 3 个 Text 组件，每个 Text 组均设置 fontStyle、fontWeight 和 backgroundColor 样式，如文件 12-26 所示。

文件 12-26　@Extend 装饰器使用场景的示例代码 1

```
// 主入口
@Entry
// 自定义组件
```

```
@Component
struct FancyUse {
  // 状态变量
  @State
  label: string = 'Hello World'

  build() {
    Row({ space: 10 }) {
      // 正常使用文本显示组件并对该组件样式进行设置，代码看起来很繁杂
      Text(`${this.label}`)
        .fontStyle(FontStyle.Italic)
        .fontWeight(100)
        .backgroundColor(Color.Blue)
      // 正常使用文本显示组件并对该组件样式进行设置
      Text(`${this.label}`)
        .fontStyle(FontStyle.Italic)
        .fontWeight(200)
        .backgroundColor(Color.Pink)
      // 正常使用文本显示组件并对该组件的样式进行设置
      Text(`${this.label}`)
        .fontStyle(FontStyle.Italic)
        .fontWeight(300)
        .backgroundColor(Color.Orange)
    }.margin('20%')
  }
}
```

然后使用@Extend 将样式组合复用，示例代码如文件 12-27 所示。

文件 12-27　@Extend 装饰器使用场景的示例代码 2

```
// 通过@Extend 装饰器对 Text 组件的样式进行封装
@Extend(Text)
function fancyText(weightValue: number, color: Color) {
  .fontStyle(FontStyle.Italic)
  .fontWeight(weightValue)
  .backgroundColor(color)
}
```

通过@Extend 组合样式，使代码更加简洁，从而增强了代码的可读性。

最后通过@Extend 装饰器扩展样式组合，示例代码如文件 12-28 所示。

文件 12-28　@Extend 装饰器使用场景的示例代码 3

```
// 主入口
@Entry
// 自定义组件
@Component
struct FancyUse {
  // 状态变量
  @State label: string = 'Hello World'

  build() {
    Row({ space: 10 }) {
      Text(`${this.label}`)
```

```
    // 直接调用封装函数对文本显示组件的样式进行设置
    .fancyText(100, Color.Blue)

  Text(`${this.label}`)
    // 直接调用封装函数对文本显示组件的样式进行设置
    .fancyText(200, Color.Pink)

  Text(`${this.label}`)
    // 直接调用封装函数对文本显示组件的样式进行设置
    .fancyText(300, Color.Orange)
  }.margin('20%')
 }
}
```

12.6　stateStyle

@Styles 仅用于静态页面样式的复用，而 stateStyles 可以依据组件的不同内部状态快速设置相应的样式。因此，stateStyles 也被称为多态样式。

12.6.1　概述

stateStyles 是一种属性方法，可根据 UI 组件的内部状态设置样式，功能类似于 css 伪类，但语法不同。ArkUI 支持以下 5 种状态：

- focused：获焦态。
- normal：正常态。
- pressed：按压态。
- disabled：不可用态。
- selected10+：选中态。

12.6.2　使用场景

1. 基础场景

示例程序（见文件 12-29）展示了 stateStyles 的基本使用场景。在该示例中，Button1 是第一个组件，Button2 是第二个组件。它们在初始状态下均显示为 normal 态对应的红色。使用 Tab 键切换焦点时，Button1 获取焦点时显示为 focus 态对应的粉色；Button2 获取焦点时也显示为 focus 态对应的粉色；同理，Button1 失去焦点时，显示为 normal 态对应的红色。组件被按压时，显示为 pressed 态对应的黑色。

文件 12-29　stateStyles 基本使用场景的示例代码

```
@Entry
@Component
struct StateStylesSample {
  build() {
    Column() {
```

```
    Button('Button1').stateStyles({
      focused: {
        .backgroundColor(Color.Pink)
      },
      pressed: {
        .backgroundColor(Color.Black)
      },
      normal: {
        .backgroundColor(Color.Red)
      }
    }).margin(20)
    Button('Button2').stateStyles({
      focused: {
        .backgroundColor(Color.Pink)
      },
      pressed: {
        .backgroundColor(Color.Black)
      },
      normal: {
        .backgroundColor(Color.Red)
      }
    })
  }.margin('30%')
  }
}
```

按钮初始状态的显示效果如图 12-6 所示。

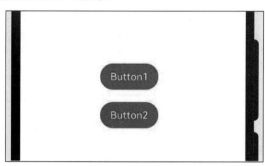

图 12-6　按钮初始状态的显示效果

按钮 1 获取焦点后的显示效果如图 12-7 所示。

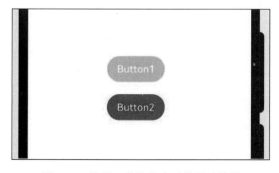

图 12-7　按钮 1 获取焦点后的显示效果

按钮 1 被按下后的显示效果如图 12-8 所示。

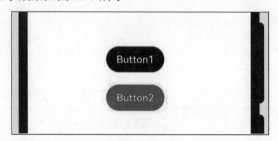

图 12-8　按钮 1 被按下后的显示效果

按钮 2 获取焦点后的显示效果如图 12-9 所示。

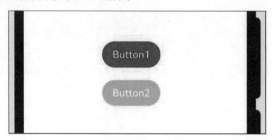

图 12-9　按钮 2 获取焦点后的显示效果

按钮 2 被按下后的显示效果如图 12-10 所示。

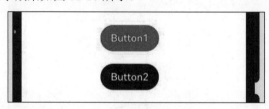

图 12-10　按钮 2 被按下后的显示效果

2. @Styles 和 stateStyles 联合使用

通过@Styles 可以为 stateStyles 的不同状态定义样式，实现进一步的复用。文件 12-30 所示的示例代码展示了如何结合@styles 和@stateStyle 来设置样式。

文件 12-30　@Styles 和 stateStyles 联合使用的示例代码

```
@Entry
@Component
struct MyComponent {
  @Styles
  normalStyle() {
    .backgroundColor(Color.Gray)
  }

  @Styles
  pressedStyle() {
    .backgroundColor(Color.Red)
```

```
    }
  build() {
    Column() {
      Text('Text1')
        .fontSize(50)
        .fontColor(Color.White)
        .stateStyles({
          normal: this.normalStyle,
          pressed: this.pressedStyle,
        })
    }
  }
}
```

文本正常态时的显示效果如图 12-11 所示。

图 12-11　文本正常态时的显示效果

文本按压态时的显示效果如图 12-12 所示。

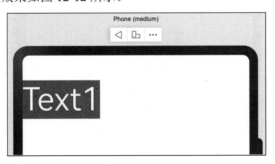

图 12-12　文本按压态时的显示效果

3. 在 stateStyles 中使用常规变量和状态变量

stateStyles 可以通过 this 绑定组件内的常规变量和状态变量，示例代码如文件 12-31 所示。

文件 12-31　stateStyles 中使用变量的示例代码

```
@Entry
@Component
struct CompWithInlineStateStyles {
  @State focusedColor: Color = Color.Red;
  normalColor: Color = Color.Green
```

```
build() {
  Column() {
    Button('clickMe')
      .height(100)
      .width(100)
      .stateStyles({
        normal: {
          .backgroundColor(this.normalColor)
        }, focused: {
          .backgroundColor(this.focusedColor)
        }
      })
      .onClick(() => {
        this.focusedColor = Color.Pink
      })
      .margin('30%')
  }
}
```

按钮初始显示为 normal 态的绿色，第一次按下 Tab 键让按钮获取焦点，按钮显示为 focus 态的红色；单击事件触发后，再次按下 Tab 键让按钮获取焦点，focus 态被修改为粉色。

按钮默认 normal 态的显示效果如图 12-13 所示。

图 12-13　按钮默认 normal 态显示的绿色

第一次按下 Tab 键让按钮获得焦点后显示的颜色如图 12-14 所示。

图 12-14　第一次按下 Tab 键让按钮获取焦点后 focus 态显示为红色

按钮被单击后，再次获取焦点时的显示效果如图 12-15 所示。

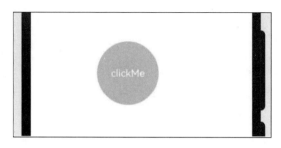

图 12-15　单击后再次获取焦点后显示为粉色

12.7　@AnimatableExtend 装饰器

@AnimatableExtend 装饰器用于自定义可动画的属性方法，以便在这些属性方法中修改组件的不可动画属性。在动画执行过程中，通过逐帧回调函数动态更新不可动画属性的值，从而实现不可动画属性的动画效果

- 可动画属性：如果一个属性方法在 animation 属性前调用，并且改变该属性的值会影响 animation 属性的动画效果，则该属性被称为可动画属性。例如 height、width、backgroundColor、translate 属性，以及 Text 组件的 fontSize 属性。
- 不可动画属性：如果一个属性方法在 animation 属性前调用，但改变该属性的值不会影响 animation 属性的动画效果，则该属性被称为不可动画属性。例如，Polyline 组件的 points 属性。

说　　明
@AnimatableExtend 装饰器从 API 10 开始支持。如果后续版本中有新增内容，则采用上角标单独标记该内容的起始版本。 从 API 11 开始，该装饰器支持在元服务中使用。

12.7.1　装饰器使用说明

1. 语法

@AnimatableExtend 装饰器的语法格式如下：

```
@AnimatableExtend(UIComponentName)
function functionName(value: typeName) {
  .propertyName(value)
}
```

@AnimatableExtend 装饰器的使用规则如下：

- @AnimatableExtend 只能在全局范围定义，不支持在组件内部定义。
- @AnimatableExtend 定义的函数参数类型必须为 number 类型或者实现 AnimatableArithmetic<T>接口的自定义类型。

- 在@AnimatableExtend 定义的函数体内只能调用@AnimatableExtend 括号内组件的属性方法。

2. AnimatableArithmetic<T>接口说明

为了实现对复杂数据类型的动画效果，需要在数据类型中实现 AnimatableArithmetic<T>接口的这些函数：加法、减法、乘法和判断相等。

AnimatableArithmetic<T>接口的具体说明如 12-1 所示。

表12-1　AnimatableArithmetic接口说明

名　　称	入参类型	返回值类型	说　　明
plus	AnimtableAtrithmetic<T>	AnimatableArithmetic<T>	加法函数
subtract	AnimatableArithmetic<T>	AnimatableArithmetic<T>	减法函数
multiply	number	AnimatableArithmetic<T>	乘法函数
equals	AnimatableArithmetic<T>	boolean	相等判断函数

12.7.2　使用场景

以下两个示例代码展示了@AnimatableExtend 装饰器的典型使用场景：

（1）实现字体大小的动画效果，示例代码如文件 12-32 所示。

文件 12-32　@AnimatableExtend 装饰器用法的示例代码 1

```
@AnimatableExtend(Text)
function animatableFontSize(size: number) {
  .fontSize(size)
}

@Entry
@Component
struct AnimatablePropertyExample {
  @State fontSize: number = 20

  build() {
    Column() {
      Text("AnimatableProperty")
        .animatableFontSize(this.fontSize)
        .animation({ duration: 1000, curve: "ease" })
      Button("Play")
        .onClick(() => {
          this.fontSize = this.fontSize == 20 ? 36 : 20
        })
    }.width("100%").padding(10)
  }
}
```

单击 Play 按钮之前的显示效果如图 12-16 所示。

单击 Play 按钮之后的显示效果如图 12-17 所示。

图 12-16　单击 Play 按钮之前的效果

图 12-17　单击 Play 按钮之后的效果

（2）实现折线动画效果，示例代码如文件 12-33 所示。

文件 12-33　@AnimatableExtend 装饰器用法的示例代码 2

```
class Point {
  x: number;
  y: number;

  ...

  plus(rhs: Point): Point {
    return new Point(this.x + rhs.x, this.y + rhs.y)
  }

  ...
}

class PointVector extends Array<Point> implements
AnimatableArithmetic<PointVector> {
  constructor(value: Array<Point>) {
    super();
    value.forEach(p => this.push(p));
  }

  plus(rhs: PointVector): PointVector {
    let result = new PointVector([]);
    const len = Math.min(this.length, rhs.length);
    for (let i = 0; i < len; i++) {
      result.push((this as Array<Point>)[i].plus((rhs as Array<Point>)[i]))
    }
    return result;
  }

  ...

  get(): Array<Object[]> {
    let result: Array<Object[]> = [];
    this.forEach(p => result.push([p.x, p.y]));
    return result;
  }
}

@AnimatableExtend(Polyline)
```

```
function animatablePoints(points: PointVector) {
  .points(points.get())
}

@Entry
@Component
struct AnimatablePropertyExample {
  @State points: PointVector =
    new PointVector([
      ...
    ])

  build() {
    Column() {
      Polyline()
        .animatablePoints(this.points)
        .animation({ duration: 1000, curve: "ease" })
        .size({ height: 220, width: 300 })
        .fill(Color.Green)
        .stroke(Color.Red)
        .backgroundColor('#eeaacc')
      Button("Play").onClick(() => {
        this.points = new PointVector([
          ...
        ])
      })
    }.width("100%").padding(10)
  }
}
```

初始显示的效果如图 12-18 所示。

图 12-18　初始显示的效果

单击 **Play** 按钮后动画一直在切换，其中一个时刻的效果截图如图 12-19 所示。

图 12-19 单击 Play 按钮后动画切换过程中某个时刻的截图

再次单击 Play 按钮后，动画一直在切换，其中一个时刻的效果截图如图 12-20 所示。

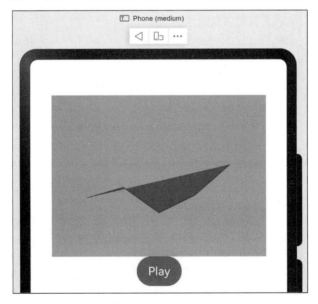

图 12-20 再次单击 Play 按钮后动画切换过程中某个时刻的截图

12.8 @Require 装饰器

@Require 装饰器用于校验@Prop、@State、@Provide、@BuilderParam 和常规变量（无状态装饰器装饰的变量）是否需要构造时传参。

说　明
@Require 从 API 11 开始对@Prop 和@BuilderParam 进行校验，从 API 12 开始对@State 和 @Provide 和常规变量（无状态装饰器装饰的变量）进行校验。 从 API 11 开始，@Require 装饰器支持在元服务中使用。

12.8.1　装饰器使用说明

如果在自定义中使用@Require 装饰器装饰@Prop、@State、@Provide、@BuilderParam 或常规变量（无状态装饰器装饰的变量），则这些变量必须在构造该自定义组件时传参。

@Require 装饰器仅用于装饰 struct 内的上述变量。

12.8.2　使用场景

在组件 Child 内结合使用@Require 装饰器和@Prop、@State、@Provide、@BuilderParam 以及常规变量（无状态装饰器装饰的变量）时，父组件 Index 在构造 Child 组件时必须提供相应的参数，否则将无法通过编译。

@Require 装饰器用法的示例代码如文件 12-34 所示。

文件 12-34　@Require 装饰器用法的示例代码

```
@Entry
@Component
struct Index {
  ...

  build() {
    Row() {
      Child({
        regular_value: this.message,
        state_value: this.message,
        provide_value: this.message,
        initMessage: this.message,
        message: this.message,
        buildTest: this.buildTest,
        initBuildTest: this.buildTest
      })
    }
  }
}


@Component
struct Child {
  @Builder
  buildFunction() {
    Column() {
      Text('initBuilderParam').fontSize(30)
    }
  }
```

```
  @Require regular_value: string = 'Hello';
  @Require @State state_value: string = "Hello";
  @Require @Provide provide_value: string = "Hello";
  @Require @BuilderParam buildTest: () => void;
  @Require @BuilderParam initBuildTest: () => void = this.buildFunction;
  @Require @Prop initMessage: string = 'Hello';
  @Require @Prop message: string;

  ...
}
```

@AnimatableExtend 装饰器典型的使用错误的示例代码如文件 12-35 所示。

文件 12-35　@AnimatableExtend 错误使用的示例代码

```
@Entry
@Component
struct Index {
  @State message: string = 'Hello World';

  ...

  build() {
    Row() {
      Child()
    }
  }
}

@Component
struct Child {
  ...

  // 使用@Require 必须构造时传参
  @Require regular_value: string = 'Hello';
  @Require @State state_value: string = "Hello";
  @Require @Provide provide_value: string = "Hello";
  @Require @BuilderParam initBuildTest: () => void = this.buildFunction;
  @Require @Prop initMessage: string = 'Hello';

  ...
}
```

12.9　本章小结

本章详细介绍了 ArkUI 中装饰器的使用。

（1）@Builder 提供了一种轻量级的 UI 元素复用机制，可将重复使用的 UI 元素抽象为方法并在 build 方法中调用。

（2）@BuilderParam 装饰器用于在自定义组件中添加特定功能，通过参数初始化和尾随闭包等方式进行初始化。

（3）wrapBuilder 用于实现全局@Builder 函数的赋值和传递。

（4）@Styles 和@Extend 装饰器用于样式的复用和扩展，@Styles 支持组件内或全局定义，@Extend 仅支持全局定义并支持封装私有属性、事件及参数传递。

（5）stateStyles 可以根据组件不同的内部状态，快速设置不同样式。

（6）@AnimatableExtend 装饰器用于自定义可动画的属性方法，可修改组件的不可动画属性。

（7）@Require 装饰器用于校验@Prop、@State、@Provide、@BuilderParam 和常规变量（无状态装饰器装饰的变量）是否需要在构造时传参。

通过学习本章的内容，读者可以掌握 ArkUI 样式和动画的高级应用，编写出具有高复用性和可维护性的代码。

12.10　本章习题

（1）什么是@Builder 装饰器？请简述其作用和使用场景。

（2）自定义构建函数与全局自定义构建函数有什么区别？请分别举例说明。

（3）@BuilderParam 装饰器的作用是什么？请简述其使用规则。

（4）创建一个自定义组件 Child，在组件内使用@BuilderParam 装饰的方法，将父组件 Parent 的一个@Builder 方法传递给子组件 Child 并在 Child 中调用。

（5）使用@Extend 装饰器扩展 Text 组件，创建一个自定义方法 fancy，使其支持设置字体颜色和大小，并在一个组件中使用该方法。

第三部分
ArkTS高级特性

本书的第三部分将深入探讨HarmonyOS NEXT ArkTS的高级特性。

本部分共3章，分别是：

- 第13章　状态管理
- 第14章　渲染控制
- 第15章　从TypeScript到ArkTS的适配

**HarmonyOS
NEXT**

通过第三部分的学习，读者将能够理解并掌握如何在HarmonyOS NEXT应用开发中
高效管理状态；利用ArkUI框架的渲染控制机制优化应用性能；从TypeScript平
滑过渡到ArkTS，充分利用ArkTS的优势，提高开发效率和应用性能。完成本部
分的学习后，读者将具备创建复杂交互应用的能力，同时能够确保代码的健壮性
和高效性。

第13章

状态管理

本章将详细介绍状态管理的理论基础，并通过具体的代码示例展示这些概念在实际开发中的应用，包括状态变量、装饰器、父子组件数据同步、应用状态管理以及 MVVM 模式。其中，MVVM 模式作为一种前端框架模式，旨在通过数据绑定功能，促进视图层开发与业务逻辑的分离。

学习本章内容时，读者不仅需要熟悉 HarmonyOS NEXT 应用功能开发中的各种状态管理方式，还需要深刻理解 MVVM 模式在 HarmonyOS NEXT 应用开发中的重要性，才能为编写出高性能、可读性强且易于维护的代码奠定基础。

13.1 状态管理概述

本节将介绍状态管理中的常用基本概念及其相关知识。

13.1.1 基本概念

状态管理中涉及的基本概念包括：

（1）状态变量：被状态装饰器装饰的变量，其值的改变会触发 UI 的重新渲染。示例：@State num: number = 1，其中，@State 是状态装饰器，num 是状态变量。

（2）常规变量：未被状态装饰器装饰的变量，通常用于辅助计算，其值的改变不会引起 UI 的刷新。例如文件 13-1 中 increaseBy 是一个常规变量。

（3）数据源和同步源：状态变量的原始来源，用于同步多个状态数据，通常由父组件传递给子组件。例如文件 13-1 中的数据源为 count: 1。

（4）命名参数机制：父组件通过指定参数名把状态变量传递给子组件，是父子组件同步参数的主要方式。示例：CompA: ({ aProp: this.aProp })。

（5）从父组件初始化：父组件通过命名参数机制，将参数值传递给子组件。若子组件已为变量声明了默认值，则父组件的传值会覆盖默认值。示例代码如文件 13-1 所示。

文件 13-1　子组件默认值被覆盖的示例代码

```
@Component
struct MyComponent {
  // 声明状态变量
  @State count: number = 0;
  // 声明常规变量
  private increaseBy: number = 1;
  // 构建函数
  build() {
  }
}

@Component
struct Parent {
  // 构建函数
  buid() {
    // 列组件
    Column() {
      // 使用命名参数机制，将参数传递给子组件
      // count: 1 作为数据源传递给子组件
      MyComponent({ count: 1, increaseBy: 2 });
    }
  }
}
```

（6）初始化子组件：父组件的状态变量可以传递给子组件，用于初始化子组件的对应状态变量。示例代码同文件 13-1。

（7）本地初始化：通过变量声明时直接赋值，用作变量的默认值。示例代码如下：

```
@State count: number = 0
```

13.1.2　状态管理

ArkUI 状态管理（V1 稳定版）通过多种装饰器，提供了灵活的状态管理功能。借助这些装饰器，状态变量不仅能够在组件内观察状态变化，还能在不同组件层级（如父子组件或跨组件层级）之间传递，甚至可以观察全局范围内的状态变化。根据状态变量的作用范围，装饰器大致分为以下两类：

- 管理组件状态的装饰器：用于组件级别的状态管理，能够监测组件内部的变化以及不同组件层级之间的变化。但需注意，这些装饰器仅限于在同一组件树内（即同一页面）观察状态。

- 管理应用状态的装饰器：用于应用级别的状态管理，能够监测不同页面，甚至不同 UIAbility 的状态变化，从而实现应用的全局状态管理。

根据数据传递形式和同步类型，装饰器可分为以下两类：

- 只读的单向传递：该类型装饰器仅允许数据以单向形式传递，组件可以观察数据变化，但

无法对其进行修改。

● 可变更的双向传递：该类型的装饰器允许数据双向传递，组件不仅可以观察数据变化，还可以对数据进行修改，从而实现双向同步。

状态管理组件及其关联如图 13-1 所示。我们可以灵活使用这些功能，实现数据和 UI 的联动。

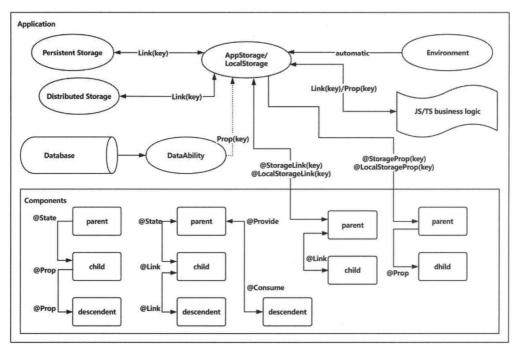

图 13-1　状态管理的组件及其关联

在图 13-1 中，Components 部分展示了组件级别的状态管理，Application 部分展示了应用级别的状态管理。我们可以通过@StorageLink 和@LocalStorageLink 实现应用和组件状态的双向同步，通过@StorageProp 和@LocalStorageProp 实现应用和组件状态的单向同步。

要管理组件拥有的状态，即图中 Components 级别的状态管理，可以有以下方法：

（1）@State：@State 装饰的变量拥有其所属组件的状态，可作为其子组件单向或双向同步的数据源。当状态变量值改变时，相关组件将触发重新渲染。

（2）@Prop：@Prop 装饰的变量可与父组件建立单向同步关系。虽然子组件可以修改@Prop 装饰的变量，但这些修改不会同步回父组件。

（3）@Link：@Link 装饰的变量可与父组件建立双向同步关系。子组件中@Link 装饰变量的修改会同步到父组件中建立双向数据绑定的数据源，而父组件的更新也会同步到子组件中@Link 装饰的变量。

（4）@Provide 和@Consume：@Provide 和@Consume 装饰的变量用于跨组件层级（多层组件）同步状态变量，无须通过参数命名机制传递，可通过 alias（别名）或者属性名绑定。

（5）@Observed：用于装饰需要观察多层嵌套场景的类。单独使用@Observed 没有任何作用，需配合@ObjectLink 或@Prop 使用。

（6）@ObjectLink：@ObjectLink 装饰的变量接收由@Observed 装饰的类实例，用于观察多层嵌套场景，并与父组件数据源构建双向同步关系。

说　　明
仅@Observed 和@ObjectLink 可用于观察嵌套场景，其他状态变量仅能观察第一层。

管理应用拥有的状态，即图中 Application 级别的状态管理：

（1）AppStorage 是应用中的一个特殊单例 LocalStorage 对象，用作应用级别的数据库，并与进程绑定。通过@StorageProp 和@StorageLink 装饰器，AppStorage 可实现与组件的状态联动。

（2）AppStorage 充当应用状态的"中枢"，用于存储需要与组件（UI）交互的数据，例如持久化数据（PersistentStorage）和环境变量（Environment）。UI 通过 AppStorage 提供的装饰器或 API 接口访问这些数据。所有持久化到 PersistentStorage 和环境变量 Environment 的数据均需通过 AppStorage 中转，之后才能与 UI 交互。

其他状态管理的功能还包括：

- @Watch: 用于监听状态变量的变化，便于触发相应的响应式逻辑。
- $$运算符：为内置组件提供对 TypeScript 变量的引用，使 TypeScript 变量和内置组件的内部状态保持同步。

13.2　@State 装饰器：组件内状态

本节主要介绍@State 装饰器的相关内容。

13.2.1　概述

使用@State 装饰的变量（即状态变量）将具备状态属性，一旦状态发生变化，绑定的 UI 组件会自动刷新并重新渲染，从而实现高效的响应式更新。

在所有状态变量相关的装饰器中，@State 是最基础的装饰器，用于赋予变量状态属性，同时也是大部分状态变量的数据源。

说　　明
从 API 9 开始，@State 装饰器支持在 ArkTS 卡片中使用。 从 API 11 开始，@State 装饰器支持在元服务中使用。

被@State 装饰的变量与声明式范式中的其他被装饰的变量一样，具有以下特点：

（1）私有性：被@State 装饰的变量是私有的，仅限于组件内部访问，

（2）声明要求：在声明时必须指定变量类型，并进行本地初始化。初始化时，可以通过命名参数机制从父组件传递数据以完成初始化。

（3）数据同步：

- 单向同步：被@State 装饰的变量与子组件中被@Prop 装饰的变量形成单向数据同步。
- 双向同步：与被@Link 或@ObjectLink 装饰的变量建立双向数据同步。

（4）生命周期：被@State 装饰的变量，其生命周期与所属自定义组件的生命周期相同。

13.2.2 装饰器使用规则说明

@State 装饰器的使用规则如表 13-1 所示。

表13-1 @State装饰器使用规则

@State 变量	说 明
装饰器参数	无
同步类型	不与父组件中任何类型的变量同步
允许装饰的变量类型	支持 Object、class、string、number、boolean、enum 类型，以及这些类型的数组。 支持 Date 类型。 API 11 及以上支持 Map、Set 类型。 支持 undefined 和 null 类型。 API 11 及以上支持上述类型的联合类型，比如 string|number、string|undefined 或 ClassA|null。 注意：当使用 undefined 和 null 时，建议显式指定类型，以遵循 TypeScript 类型校验规则，例如： 推荐：@State a: string | undefined = undefined。 不推荐：@State a: string = undefined
允许装饰的其他类型	支持 ArkUI 框架定义的联合类型，例如 Length、ResourceStr、ResourceColor。 必须指定类型，不支持 any
被装饰变量的初始值	必须在本地初始化

13.2.3 变量的传递/访问规则说明

@State 装饰的变量的传递和访问规则如表 13-2 所示。

表13-2 @State装饰的变量的传递和访问规则

传递和访问	说 明
从父组件初始化	可选，从父组件初始化或在本地初始化。如果从父组件初始化，会覆盖本地初始化。 支持使用父组件中的常规变量（常规变量对@State 赋值，仅用于设置初始值，常规变量的变化不会触发 UI 刷新，只有状态变量才能触发 UI 刷新）以及被@State、@Link 、@Prop 、@Provide 、@Consume 、@ObjectLink 、@StorageLink 、@StorageProp、@LocalStorageLink 和@LocalStorageProp 装饰的变量初始化子组件中的@State 变量
用于初始化子组件	@State 装饰的变量支持初始化子组件的常规变量以及被@State、@Link、@Prop、@Provide 装饰的变量
是否支持组件外访问	不支持，只能在组件内访问

@State 装饰器的初始化规则如图 13-2 所示，@State 节点上的各个节点表示装饰的父组件，这

些父组件可以对@State 装饰的变量进行初始化；同时，在@State 节点下的各个节点表示装饰的子组件，这些子组件可以通过@State 装饰的变量的值进行初始化。

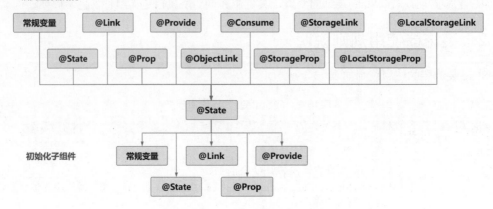

图 13-2　@State 装饰器初始化规则

13.2.4　观察变化和行为表现

并非所有状态变量的更改都会引发 UI 刷新，只有能够被 ArkUI 框架观察到的修改才会触发 UI 刷新。下面介绍可以被观察到的修改，以及 ArkUI 框架在观察到变化后是怎么触发 UI 刷新的，ArkUI 框架的行为表现如何。

1. 观察变化

由@State 装饰的数据可观察到以下变化：

（1）当装饰的数据类型为 boolean、string、number 类型时，可以观察到数值的变化。示例代码如文件 13-2 所示。

文件 13-2　数值变化的示例代码

```
// 简单类型
@State
count: number = 0;
// 可以观察到值的变化
this.count = 1;
```

（2）当装饰的数据类型为 class 或者 Object 时，可以观察到变量自身的重新赋值及其属性赋值的变化，即 Object.keys(observedObject)返回的所有属性。嵌套属性的赋值变化无法被观察到。

自身赋值变化的示例代码如文件 13-3 所示。

文件 13-3　自身赋值变化的示例代码

```
class ClassA {
  // 常规变量
  public value: string;
  // 构造函数
  constructor(value: string) {
```

```
    this.value = value;
  }
}

class Model {
  // 常规变量
  public value: string;
  // 常规变量，持有 ClassA 对象
  public name: ClassA;
  // 构造函数
  constructor(value: string, a: ClassA) {
  // 给常规变量赋值
this.value = value;
// 给常规变量赋值
    this.name = a;
  }
}
```

@State 装饰 Model 类型的示例代码如文件 13-4 所示。

文件 13-4　@State 装饰 Model 类型的示例代码

```
// class 类型
@State title: Model = new Model('Hello', new ClassA('World'));
```

对 @State 装饰的变量赋值的示例代码如文件 13-5 所示。

文件 13-5　对 @State 装饰变量赋值的示例代码

```
// class 类型赋值
this.title = new Model('Hi', new ClassA('ArkUI'));
```

对 @State 装饰变量的属性赋值的示例代码如文件 13-6 所示。

文件 13-6　对 @State 装饰的属性赋值的示例代码

```
// class 属性的赋值
this.title.value = 'Hi';
```

嵌套的属性赋值观察不到，示例代码如文件 13-7 所示。

文件 13-7　嵌套属性赋值的示例代码

```
// 嵌套属性的赋值观察不到
this.title.name.value = 'ArkUI';
```

（3）当装饰的对象是数组（array）时，可以观察到数组本身的赋值操作，以及数组元素的添加、删除和更新。

声明 Model 类的示例代码如文件 13-8 所示。

文件 13-8　声明 Model 类的示例代码

```
class Model {
  // 声明属性变量
  public value: number;
  // 构造函数
```

```
constructor(value: number) {
    // 给属性变量赋值
    this.value = value;
  }
}
```

@State 装饰的对象为 Model 类型数组的示例代码如文件 13-9 所示。

文件 13-9　@State 装饰对象数组的示例代码

```
// 数组类型
@State title: Model[] = [new Model(11), new Model(1)];
```

数组本身的赋值操作可以观察到，示例代码如文件 13-10 所示。

文件 13-10　数组赋值的示例代码

```
// 数组赋值
this.title = [new Model(2)];
```

数组项的赋值操作也可以观察到，示例代码如文件 13-11 所示。

文件 13-11　数组项赋值示的例代码

```
// 数组项赋值
this.title[0] = new Model(2);
```

删除数组项的操作可以观察到，示例代码如文件 13-12 所示。

文件 13-12　删除数组项的示例代码

```
// 数组项变更
this.title.pop();
```

新增数组项的操作可以观察到，示例代码如文件 13-13 所示。

文件 13-13　新增数组项的示例代码

```
// 数组项变更
this.title.push(new Model(12));
```

然而，数组项中嵌套属性的赋值操作无法被观察到，示例代码如文件 13-14 所示。

文件 13-14　数组项属性赋值的示例代码

```
// 嵌套的属性赋值观察不到
this.title[0].value = 6;
```

（4）当@State 装饰的对象是 Date 类型时，可以观察到 Date 对象整体的赋值操作。同时，可以通过调用 Date 的方法（例如 setFullYear、setMonth、setDate、setHours、setMinutes、setSeconds、setMilliseconds、setTime、setUTCFullYear、setUTCMonth、setUTCDate、setUTCHours、setUTCMinutes、setUTCSeconds、setUTCMilliseconds 等）来更新 Date 的属性，示例代码如文件 13-15 所示。

文件 13-15　装饰 Date 类型对象的示例代码

```
// 主入口
@Entry
```

```
@Component
struct DatePickerExample {
  // 使用装饰器修饰的变量
  @State selectedDate: Date = new Date('2021-08-08');

  // 构建函数
  build() {
    // 列容器组件
    Column() {
      // 按钮组件：设置新的日期对象
      Button('set selectedDate to 2023-07-08')
        ...
        .onClick(() => {
          // 给按钮设置单击事件的处理函数，当按钮被单击时设置新的日期对象
          this.selectedDate = new Date('2023-07-08');
        })
      // 按钮组件，设置按钮显示的文本
      Button('increase the year by 1')
        ...
        .onClick(() => {
          // 给按钮添加单击事件处理函数
          // 当按钮被单击时，将状态变量的年份加 1
          this.selectedDate.setFullYear(this.selectedDate.getFullYear() + 1);
        })
      // 按钮组件，设置按钮显示的文本
      Button('increase the month by 1')
        ...
        .onClick(() => {
          // 给按钮添加单击事件处理函数
          // 当按钮被单击时，将状态变量的月份加 1
          this.selectedDate.setMonth(this.selectedDate.getMonth() + 1);
        })
      // 按钮组件，设置按钮显示的文本
      Button('increase the day by 1')
        ...
        .onClick(() => {
          // 给按钮添加单击事件处理函数
          // 当按钮被单击时，将状态变量的日期加 1
          this.selectedDate.setDate(this.selectedDate.getDate() + 1);
        })
      // 日期选择器组件
      DatePicker({
        start: new Date('1970-1-1'), // 设置起始日期对象
        end: new Date('2100-1-1'),   // 设置结束日期对象
        selected: this.selectedDate  // 日期选择器用于给指定状态变量赋值
      })
    }...
  }
}
```

（5）当装饰的变量是 Map 时，可以观察到 Map 对象整体的赋值操作。同时，可以通过调用 Map 的 set、clear、delete 等方法来更新 Map 的值。

（6）当装饰的变量是 Set 时，可以观察到 Set 对象整体的赋值操作。同时，可以通过调用 Set 的 add、clear、delete 等方法来更新 Set 的值。

2. 框架行为

使用@State 装饰器时，框架对状态变化的响应和处理如下：

（1）当状态变量发生改变时，框架会查询依赖该状态变量的组件。
（2）执行依赖该状态变量的组件的更新方法，对组件进行更新渲染。
（3）和该状态变量无关的组件或 UI 描述不会发生重新渲染，从而实现页面渲染的按需更新。

13.3 @Prop 装饰器：父子间同步

本节主要介绍@Prop 装饰器的相关内容。

13.3.1 概述

1. 特点

使用@Prop 装饰的变量与父组件建立单向的同步关系：

（1）@Prop 装饰的变量允许在本地修改，但这些修改不会同步回父组件。
（2）当父组件的数据源更改时，@Prop 装饰的变量会自动更新，并覆盖本地的所有更改。因此，数据同步是从父组件到子组件（所属组件）的单向传递，子组件数值的变化不会反向同步到父组件。

说　　明
从 API 9 开始，@Prop 装饰器支持在 ArkTS 卡片中使用。 从 API 11 开始，@Prop 装饰器支持在元服务中使用。

2. 限制条件

使用@Prop 装饰器时需注意以下限制：

（1）使用@Prop 装饰变量时会进行深拷贝。在拷贝过程中，除了基本类型、Map、Set、Date 和 Array 之外，其他类型（例如 PixelMap 等通过 NAPI 提供的复杂类型）将会丢失类型信息。这是因为这些复杂类型的部分实现存于 Native 侧，无法在 ArkTS 侧通过深拷贝获得完整的数据。
（2）@Prop 装饰器不能用于@Entry 装饰的自定义组件中。

13.3.2 装饰器使用规则说明

@Prop 装饰器的使用规则如表 13-3 所示。

表13-3　@Prop装饰器的使用规则

@Prop 变量装饰器	说　　明
装饰器参数	无
同步类型	单向同步：父组件的状态变量值的修改会同步到子组件@Prop 装饰的变量，但子组件对@Prop 变量的修改不会同步到父组件的状态变量
允许装饰的变量类型	支持 Object、class、string、number、boolean、enum 类型，以及这些类型的数组。不支持 any，支持 undefined 和 null。 API 11 及以上支持 Map、Set 类型。 API 11 及以上支持上述类型的联合类型，如 string | number，string | undefined 或 ClassA | null。 注意：当使用 undefined 和 null 时，建议显式指定类型，遵循 TypeScript 类型校验规则，例如：@Prop a: string | undefined = undefined 是推荐的，@Prop a: string = undefined 是不推荐的
支持 ArkUI 框架定义的联合类型 Length、ResourceStr、ResourceColor 类型	必须指定类型。 以下 3 种情况@Prop 和数据源需确保类型一致： ①@Prop 装饰的变量和@State 以及其他装饰器同步时，双方的类型必须相同。 ②@Prop 装饰的变量和@State 以及其他装饰器装饰的数组的项同步时，@Prop 的类型需要和@State 装饰的数组项的类型相同，例如@Prop : T 和@State : Array<T>。 ③当父组件的状态变量为 Object 或者 class 时，@Prop 装饰的变量的类型需与父组件状态变量的属性类型相同
嵌套传递层数	在组件复用场景，建议@Prop 深度嵌套不超过 5 层，过深的嵌套会导致深拷贝占用的内存空间过大以及触发 GarbageCollection（垃圾回收），从而引发性能问题，此时推荐使用@ObjectLink
被装饰变量的初始值	允许本地初始化。若是在 API 11 中和@Require 一起使用，则父组件必须构造传参

13.3.3　变量的传递和访问规则说明

@Prop 装饰的变量的传递和访问规则如表 13-4 所示。

表13-4　@Prop装饰的变量的传递和访问规则

传递和访问	说　　明
从父组件初始化	如果本地有初始化，则从父组件初始化是可选的；如果本地没有初始化，则从父组件初始化是必选的。支持使用父组件中的常规变量（常规变量对@Prop 赋值，只是数值的初始化，常规变量的变化不会触发 UI 刷新。只有状态变量才能触发 UI 刷新）以及被@State、@Link、@Prop、@Provide、@Consume、@ObjectLink、@StorageLink、@StorageProp、@LocalStorageLink 和@LocalStorageProp 装饰的变量对子组件中的@Prop 变量进行初始化
用于初始化子组件	@Prop 支持初始化子组件中的常规变量及被@State、@Link、@Prop 和@Provide 装饰的变量
是否支持组件外访问	@Prop 装饰的变量是私有的，只能在组件内访问

@Prop 装饰器初始化的规则如图 13-3 所示。

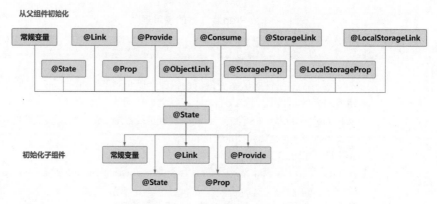

图 13-3 @Prop 装饰器的初始化规则

13.3.4 观察变化和行为表现

1. 观察变化

由@Prop 装饰的数据可以被观察到以下变化：

（1）当装饰的类型是允许的类型（即 Object、class、string、number、boolean、enum 类型）时，可以观察到赋值操作的变化。示例代码如文件 13-16 所示。

文件 13-16 @Prop 装饰允许的类型数据的示例代码

```
// 简单类型
@Prop count: number;
// 赋值的变化可以被观察到
this.count = 1;
// 复杂类型
@Prop title: Model;
// 可以观察到赋值的变化
this.title = new Model('Hi');
```

（2）当装饰的类型是对象（Object）或类（class）复杂类型时，可以观察到第一层属性的变化，即 Object.keys(observedObject)返回的所有属性。示例代码如文件 13-17 所示。

文件 13-17 @Prop 装饰复杂类型的示例代码

```
// 声明类 ClassA
class ClassA {
  // 字符串类型的公共属性
  public value: string;
  // 构造器
  constructor(value: string) {
    this.value = value; // 给 value 属性赋值
  }
}

// 声明类 Model
class Model {
  // 字符串类型的公共属性
  public value: string;
```

```
// 声明 ClassA 类型的公共属性
public a: ClassA;
// 构造器
constructor(value: string, a: ClassA) {
  this.value = value; // 给 value 属性赋值
  this.a = a;         // 给 a 属性赋值
  }
}

// 使用@Prop 装饰器装饰状态变量 title
@Prop title: Model;
// 可以观察到第一层属性值的变化
this.title.value = 'Hi'
// 观察不到第二层属性值的变化
this.title.a.value = 'ArkUi'
```

对于嵌套场景，如果类是被@Observed 装饰的，可以观察到 class 属性的变化。

（3）当装饰的类型是数组时，可以观察到数组本身的赋值，以及数组项的添加、删除和更新。示例代码如文件 13-18 所示。

文件 13-18　装饰数组的示例代码

```
// @State 装饰的对象为数组
@Prop title: string[]
// 数组自身的赋值可以观察到
this.title = ['1']
// 数组项的赋值可以观察到
this.title[0] = '2'
// 删除数组项可以观察到
this.title.pop()
// 新增数组项可以观察到
this.title.push('3')
```

对于@State 和@Prop 的同步场景：

● 使用父组件中@State 变量的值初始化子组件中的@Prop 变量。当父组件中@State 变量变化时，该变量值也会同步更新至@Prop 变量。

● 修改子组件中@Prop 装饰的变量的值，不会影响其数据源（父组件中@State 装饰的变量）的值。

● 数据源除了可以使用@State 装饰，还可以用@Link 或@Prop 装饰，并且它们对@Prop 的同步机制是相同的。

● 数据源和@Prop 变量的类型保持一致，@Prop 支持简单类型和 class 类型。

（4）当装饰的变量为 Date 类型时，可以观察到 Date 整体赋值的变化，并可以通过调用 Date 的以下方法更新 Date 的属性：setFullYear、setMonth、setDate、setHours、setMinutes、setSeconds、setMilliseconds、setTime、setUTCFullYear、setUTCMonth、setUTCDate、setUTCHours、setUTCMinutes、setUTCSeconds、setUTCMilliseconds。装饰 Date 类型的示例代码如文件 13-19 所示。

文件 13-19　装饰 Date 类型的示例代码

```
// 声明自定义组件
```

```
@Component
struct DateComponent {
  // 使用@Prop 装饰的日期类型状态变量，用于与父组件保持同步，但本组件中该值的修改不会同步回
父组件
  @Prop selectedDate: Date = new Date('');

  // 构建函数
  build() {
    // 列容器组件
    Column() {
      // 按钮组件，同时设置按钮显示的文本
      Button('child update the new date')
        ...
        .onClick(() => {
          // 设置单击事件处理函数
          // 当按钮被单击时，为状态变量赋值新的日期对象
          this.selectedDate = new Date('2023-09-09')
        })

      // 按钮组件，同时设置按钮显示的文本
      Button(`child increase the year by 1`).onClick(() => {
        // 单击事件的处理函数
        // 当按钮被单击时，将状态变量的年份加 1
        this.selectedDate.setFullYear(this.selectedDate.getFullYear() + 1)
      })
      // 日期选择器组件
      DatePicker({
        start: new Date('1970-1-1'),      // 设置起始日期对象
        end: new Date('2100-1-1'),        // 设置结束日期对象
        selected: this.selectedDate       // 将日期选择器选择的值赋给状态变量
      })
    }
  }
}

// 主入口
@Entry
@Component
struct ParentComponent {
  // 使用@State 装饰的状态变量
  @State parentSelectedDate: Date = new Date('2021-08-08');

  // 构建函数
  build() {
    // 列容器组件
    Column() {
      // 按钮组件，同时设置按钮组件显示的文本
      Button('parent update the new date')
        ...
        .onClick(() => {
          // 单击事件的处理函数
          // 当按钮被单击时，给状态变量赋值新的日期对象
          this.parentSelectedDate = new Date('2023-07-07')
        })
      // 按钮组件，同时赋值按钮组件显示的文本
```

```
      Button('parent increase the day by 1')
        ...
        .onClick(() => {
          // 单击事件处理函数
          // 当按钮被单击时，将状态变量的日期加 1
          this.parentSelectedDate.setDate(this.parentSelectedDate.getDate() + 1)
        })
      // 日期选择器
      DatePicker({
        start: new Date('1970-1-1'), // 设置日期选择器的起始时间日期对象
        end: new Date('2100-1-1'),    // 设置日期选择器的结束时间日期对象
        selected: this.parentSelectedDate // 将日期选择器的值赋给状态变量
      })
      // 构建自定义组件，传入状态变量
      DateComponent({ selectedDate: this.parentSelectedDate })
    }

  }
}
```

（5）当装饰的变量是 Map 时，可以观察到 Map 整体的赋值操作。同时，可通过调用 Map 的 set、clear、delete 方法更新 Map 的值。

（6）当装饰的变量是 Set 时，可以观察到 Set 整体的赋值操作。同时，可通过调用 Set 的 add、clear、delete 方法更新 Set 的值。

2. 框架行为

要理解@Prop 变量值初始化和更新机制，需先了解父组件和拥有@Prop 变量的子组件的初始渲染和更新流程。

1）初始渲染

初始渲染的流程如下：

（1）执行父组件的 build()函数，创建子组件的新实例，并将数据源传递给子组件。

（2）初始化子组件中由@Prop 装饰的变量。

2）更新

更新流程如下：

（1）当子组件中由@Prop 装饰的变量发生更新时，更新仅限于当前子组件，不会同步回父组件。

（2）当父组件的数据源更新时，子组件中由@Prop 装饰的变量会被父组件的数据源重置，所有使用@Prop 装饰的本地修改将被父组件的更新覆盖。

说　　明
由@Prop 装饰的数据在更新时依赖其所属自定义组件的重新渲染。因此，当应用进入后台时，@Prop 的数据无法刷新。为此，推荐使用@Link 代替@Prop，以实现更稳定的数据同步机制。

13.4 @Link 装饰器：父子组件双向同步

本节主要介绍@Link 装饰器的相关内容。

13.4.1 概述

使用@Link 装饰的变量与其父组件中的数据源共享相同的值。子组件中被@Link 装饰的变量与其父组件中对应的数据源建立双向数据绑定。

说　　明
从 API 9 开始，@Link 装饰器支持在 ArkTS 卡片中使用。 从 API 11 开始，@Link 装饰器支持在元服务中使用。

@Link 装饰器的使用限制条件是不能在由@Entry 装饰的自定义组件中使用。

13.4.2 装饰器使用规则说明

@Link 装饰器的使用规则如表 13-5 所示。

表13-5　@Link装饰器的使用规则

@Link 变量装饰器	说　　明
装饰器参数	无
同步类型	双向同步。 父组件中的@State、@StorageLink 及@Link 可以与子组件的@Link 建立双向数据同步，反之亦然
允许装饰的变量类型	支持 Object、class、string、number、boolean、enum 类型及其数组。 支持 Date 类型。 API 11 及以上支持 Map、Set 类型。 API 11 及以上支持上述类型的联合类型，例如 string | number，string | undefined 或者 ClassA | null。 注意：当使用 undefined 和 null 时，建议显式指定类型，遵循 TypeScript 类型校验规则。例如：@Link a : string | undefined
支持 ArkUI 框架定义的联合类型 Length、ResourceStr、ResourceColor 类型	类型必须被指定，且和双向绑定状态变量的类型相同。 不支持 any
被装饰变量的初始值	无，禁止本地初始化

13.4.3 变量的传递和访问规则说明

@Link 装饰的变量的传递和访问规则说明如表 13-6 所示。

表13-6 @Link装饰的变量的传递和访问规则

传递和访问	说 明
从父组件初始化和更新	必选。与父组件中的@State、@StorageLink 和@Link 建立双向绑定。允许使用父组件中被@State、@Link、@Prop、@Provide、@Consume、@ObjectLink、@StorageLink、@StorageProp、@LocalStorageLink 和@LocalStorageProp 装饰的变量来初始化子组件中的@Link 变量。 从 API 9 开始，@Link 子组件从父组件初始化@State 的语法为 Comp({ aLink: this.aState })。同时支持 Comp({aLink: $aState})语法
用于初始化子组件	允许，可用于初始化常规变量及被@State、@Link、@Prop、@Provide 装饰的变量
是否支持组件外访问	私有，只能在所属组件内访问

@Link 装饰器的初始化规则如图 13-4 所示。

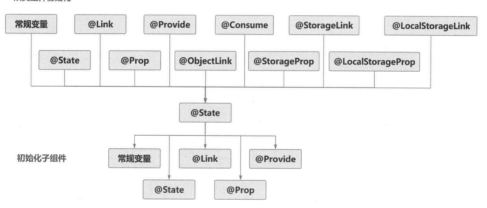

图 13-4 @Link 装饰器的初始化规则

13.4.4 观察变化和行为表现

1. 观察变化

由@Link 装饰的数据可观察以下变化：

（1）当装饰的数据类型为 boolean、string 或 number 时，可以同步观察到其值的变化。

（2）当装饰的数据类型为 class 或者 Object 时，可以观察到对象赋值以及其属性的赋值变化，例如通过 Object.keys(observedObject)返回的所有属性。

（3）当装饰的对象是 array 时，可观察到数组的添加、删除和更新操作。

（4）当装饰的对象是 Date 时，可观察到 Date 对象整体的赋值，同时支持通过调用 Date 的以下方法更新 Date 属性：setFullYear、setMonth、setDate、setHours、setMinutes、setSeconds、setMilliseconds、setTime、setUTCFullYear、setUTCMonth、setUTCDate、setUTCHours、setUTCMinutes、setUTCSeconds、setUTCMilliseconds。@Link 装饰 Date 类型的示例代码如文件 13-20 所示。

文件 13-20　装饰 Date 类型对象的示例代码

```
// 使用@Component 装饰的结构体，表示自定义组件
@Component
struct DateComponent {
  // @Link 装饰的状态变量，表示该变量与父组件进行双向绑定
  @Link selectedDate: Date;

  // 构建函数
  build() {
    // 列容器组件
Column() {
    // 按钮组件，同时设置按钮组件显示的文本和单击事件处理函数
    Button(`child increase the year by 1`).onClick(() => {
      // 当按钮被单击时，状态变量的年份加 1
      this.selectedDate.setFullYear(this.selectedDate.getFullYear() + 1)
    })
    // 按钮组件，同时指定按钮组件显示的文本
    Button('child update the new date')
      ...
      .onClick(() => {
        // 设置单击事件处理函数
        // 当按钮被单击时，给状态变量赋值新的日期对象
        this.selectedDate = new Date('2023-09-09')
      })
    // 日期选择器组件
    DatePicker({
      start: new Date('1970-1-1'),      // 设置日期选择器的起始时间日期对象
      end: new Date('2100-1-1'),        // 设置日期选择器的结束时间日期对象
      selected: this.selectedDate       // 将选择的日期赋值给状态变量
    })
    }
  }
}

// 主入口
@Entry
@Component
struct ParentComponent {
  // 使用@State 装饰的状态变量，并赋初值
  @State parentSelectedDate: Date = new Date('2021-08-08');

  // 构建函数
  build() {
    // 列容器组件
    Column() {
      // 按钮组件，同时设置按钮组件显示的文本内容
      Button('parent increase the month by 1')
        ...
        .onClick(() => {
          // 设置按钮组件的单击事件处理函数
          // 当按钮被单击时，状态变量的月份加 1
          this.parentSelectedDate.setMonth(this.parentSelectedDate.getMonth()
+ 1)
        })
```

```
    // 按钮组件，同时设置按钮组件显示的文本
    Button('parent update the new date')
      ...
      .onClick(() => {
        // 设置按钮组件的单击事件处理函数
        // 当单击时，给状态变量赋值新的日期对象
        this.parentSelectedDate = new Date('2023-07-07')
      })
    // 日期选择器
    DatePicker({
      start: new Date('1970-1-1'),          // 设置日期选择器的起始时间日期对象
      end: new Date('2100-1-1'),            // 设置日期选择器的结束时间日期对象
      selected: this.parentSelectedDate     // 将选择的日期对象赋值给状态变量
    })

    // 构建自定义组件，传入状态变量
    DateComponent({ selectedDate: this.parentSelectedDate })
    }
  }
}
```

（5）当装饰的变量是 Map 时，可以观察到 Map 整体的赋值，同时通过调用 Map 的 set、clear、delete 方法更新 Map 的值。

（6）当装饰的变量是 Set 时，可以观察到 Set 整体的赋值，同时通过调用 Set 的 add、clear、delete 方法更新 Set 的值。

2. 框架行为

@Link 装饰的变量及其所属的自定义组件共享生命周期。

要理解@Link 变量初始化和更新机制，需先了解父组件和拥有@Link 变量的子组件的初始渲染和双向更新的流程（以父组件为@State 为例）。

1）初始渲染

执行父组件的 build()函数后将创建子组件的实例，它的初始化流程如下：

（1）必须通过父组件中的@State 变量初始化子组件的@Link 变量，子组件的@Link 变量值与其父组件的数据源变量保持同步（双向数据同步）。

（2）父组件的@State 包装类通过构造函数传递给子组件，子组件的@Link 包装类接收后，将当前@Link 包装类的 this 指针注册到父组件的@State 变量。

2）@Link 的数据源的更新

父组件中状态变量更新后，相关子组件的@Link 变量会同步更新。处理过程如下：

（1）通过初始渲染的步骤可知，子组件@Link 包装类把当前 this 指针注册给父组件。父组件@State 变量更新后，会遍历更新所有依赖它的系统组件（elementId）和状态变量（比如@Link 包装类）。

（2）子组件收到更新通知后，依赖@Link 变量的系统组件（elementId）进行相应的 UI 更新，从而实现同步父组件和子组件的状态数据。

3）@Link 的更新

当子组件中的@Link 更新后，后续处理过程如下（以父组件为@State 为例）：

（1）子组件通过调用父组件@State 包装类的 set 方法，将更新后的数值同步回父组件。

（2）子组件的@Link 和父组件的@State 分别遍历依赖的系统组件，触发 UI 更新，最终实现子组件的@Link 和父组件的@State 的双向同步。

13.5 @Provide 装饰器和@Consume 装饰器：
与后代组件双向同步

@Provide 和@Consume 用于实现与后代组件之间的双向数据同步，通常适用于需要在多个层级之间传递状态数据的场景。区别于命名参数在父子组件间传递数据的方式，@Provide 和@Consume 摆脱了参数传递机制的束缚，实现了跨层级传递。其中，@Provide 装饰的变量定义在祖先组件中，相当于把状态变量"提供"给后代；@Consume 装饰的变量定义在后代组件中，表示去"消费（绑定）"祖先组件提供的变量。

说　　明
从 API 9 开始，这两个装饰器支持在 ArkTS 卡片中使用。 从 API 11 开始，这两个装饰器支持在元服务中使用。

13.5.1 概述

@Provide 和@Consume 装饰的变量有以下特性：

（1）@Provide 装饰的变量会自动对其所有后代组件可用，即该变量被"提供"给它的后代组件。由此可见，@Provide 的方便之处在于，开发者不需要在组件之间多次传递变量。

（2）后代通过使用@Consume 去获取@Provide 提供的变量，在@Provide 和@Consume 之间建立双向数据同步。与@State 和@Link 不同的是，@Provide 和@Consume 可以在多层级的父子组件之间传递数据。

（3）@Provide 和@Consume 可以通过相同的变量名或变量别名进行绑定。建议绑定变量类型相同，避免发生隐式类型转换，否则可能导致应用行为异常。

@Provide 装饰器与@Consume 装饰器用法的示例代码如文件 13-21 所示。

文件 13-21　@Provide 装饰器和@Consume 装饰器用法的示例代码

```
// 通过相同的变量名绑定
@Provide a: number = 0;
@Consume a: number;

// 通过相同的变量别名绑定
@Provide('a') b: number = 0;
@Consume('a') c: number;
```

@Provide 和@Consume 通过相同的变量名或变量别名绑定时，@Provide 装饰的变量和 @Consume 装饰的变量形成一对多的关系。不允许在同一自定义组件（包括其子组件）中声明多个同名或同别名的@Provide 装饰变量。@Provide 的属性名或别名必须唯一并确定。如果声明多个同名或同别名的@Provide 装饰变量，会导致运行时错误。

13.5.2　装饰器使用规则说明

@State 的使用规则同样适用于@Provide，不同之处在于@Provide 还作为多层后代的同步源。

@Provide 装饰器的使用规则如表 13-7 所示。

表13-7　@Provide装饰器的使用规则

@Provide 变量装饰器	说　　明
装饰器参数	别名：常量字符串，可选。 如果指定了别名，则通过别名来绑定变量；如果未指定别名，则通过变量名来绑定变量
同步类型	双向同步。 从@Provide 变量到所有@Consume 变量，以及相反方向的数据同步。双向同步的操作与@State 和@Link 的组合相同
允许装饰的变量类型	支持 Object、class、string、number、boolean、enum 类型，以及这些类型的数组。 支持 Date 类型。 API 11 及以上支持 Map、Set 类型。 API 11 及以上支持上述类型的联合类型，例如 string | number，string | undefined 或者 ClassA | null。 注意：当使用 undefined 和 null 时，建议显式指定类型，遵循 TypeScript 类型校验规则，例如：@Provide a : string | undefined = undefined 是推荐的，@Provide a: string = undefined 是不推荐的
支持 ArkUI 框架定义的联合类型 Length、ResourceStr、ResourceColor 类型。 不支持 any	必须指定类型。 @Provide 装饰器装饰的变量的类型和@Consume 装饰器装饰的变量的类型必须相同
被装饰变量的初始值	必须指定
支持 allowOverride 参数	允许重写，只要声明了 allowOverride，则别名和属性名都可以被重写（即覆盖）

@Consume 装饰器的使用规则如表 13-8 所示。

表13-8　@Consume装饰器的使用规则

@Consume 变量装饰器	说　　明
装饰器参数	别名：常量字符串，可选。 如果提供了别名，则必须确保@Provide 变量与其相应的别名完全匹配，才能成功进行匹配；否则，需要变量名相同才能匹配成功
同步类型	双向：从@Provide 变量（具体请参见@Provide）到所有@Consume 变量，以及相反的方向。双向同步操作与@State 和@Link 的组合相同

（续表）

@Consume 变量装饰器	说　　明
允许装饰的变量类型	支持 Object、class、string、number、boolean、enum 类型，以及这些类型的数组。支持 Date 类型。 API 11 及以上支持上述类型的联合类型，例如 string | number，string | undefined 或者 ClassA | null。 注意：当使用 undefined 和 null 时，建议显式指定类型，遵循 TypeScript 类型校验规则，例如：@Consume a : string | undefined
支持 ArkUI 框架定义的联合类型 Length、ResourceStr、ResourceColor 类型。 不支持 any。	必须指定类型。 @Provide 变量和@Consume 变量的类型必须相同。 使用@Consume 装饰的变量，在其父组件或祖先组件上，必须有对应属性和别名的使用@Provide 装饰的变量
被装饰变量的初始值	无，禁止本地初始化

13.5.3　变量的传递和访问规则说明

@Provide 装饰器装饰的变量的传递和访问规则如表 13-9 所示。

表13-9　@Provide装饰器装饰的变量的传递和访问规则

@Provide 传递和访问	说　　明
从父组件初始化和更新	可选，允许使用父组件中的常规变量（常规变量对@Provide 赋值，只是用于数值的初始化，常规变量的变化不会触发 UI 刷新，只有状态变量才能触发 UI 刷新），以及被@State、@Link、@Prop、@Provide、@Consume、@ObjectLink、@StorageLink、@StorageProp、@LocalStorageLink 和@LocalStorageProp 装饰的变量对子组件中的@Provide 变量进行初始化
用于初始化子组件	允许，可用于初始化@State、@Link、@Prop、@Provide 变量
和父组件同步	否
和后代组件同步	与@Consume 双向同步
是否支持组件外访问	私有，仅可在所属组件内访问

@Provide 装饰器的初始化规则如图 13-5 所示。

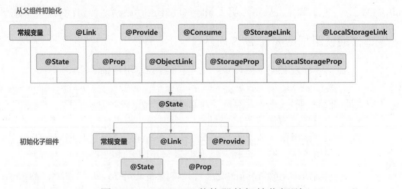

图 13-5　@Provide 装饰器的初始化规则

@Consume 装饰的变量的传递和访问规则如表 13-10 所示。

表13-10　@Consume装饰的变量的传递和访问规则

@Consume 传递/访问	说　　明
从父组件初始化和更新	禁止。通过相同的变量名和 alias（别名）从@Provide 初始化
用于初始化子组件	允许，可用于初始化@State、@Link、@Prop、@Provide 变量
和祖先组件同步	和@Provide 双向同步
是否支持组件外访问	私有，仅可在所属组件内访问

@Consume 装饰器的初始化规则如图 13-6 所示。

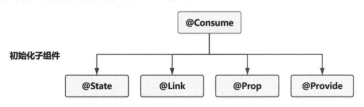

图 13-6　@Consume 装饰器的初始化规则

13.5.4　观察变化和行为表现

1. 观察变化

由@Provide 和@Consume 装饰的数据可以被观察到以下变化：

（1）当装饰的数据类型为 boolean、string、number 时，可以观察到数值的变化。

（2）当装饰的数据类型为 class 或者 Object 时，可以观察到赋值和属性赋值的变化，即 Object.keys(observedObject)返回的所有属性均可被观察。

（3）当装饰的对象是 array 时，可以观察到数组的添加、删除和更新操作。

（4）当装饰的对象是 Date 时，可以观察到 Date 对象的整体赋值。同时，可以通过调用 Date 的以下方法更新 Date 的属性值：setFullYear、setMonth、setDate、setHours、setMinutes、setSeconds、setMilliseconds、setTime、setUTCFullYear、setUTCMonth、setUTCDate、setUTCHours、setUTCMinutes、setUTCSeconds、setUTCMilliseconds。@Provide 和@Consume 装饰 Date 类型变量的示例代码如文件 13-22 所示。

文件 13-22　@Provide 和装饰 Date 类型对象的示例代码

```
// 使用@Component 装饰，表示是自定义组件
@Component
struct CompD {
  // 使用@Consume 装饰，表示与祖先组件建立双向数据同步
  @Consume selectedDate: Date;

  // 构建函数
  build() {
    // 列容器组件
    Column() {
      // 按钮组件，同时设置按钮组件显示的文本
      Button(`child increase the day by 1`)
        .onClick(() => {
```

```
      // 单击事件处理函数
      // 当按钮被单击时，将状态变量的日期加 1
      this.selectedDate.setDate(this.selectedDate.getDate() + 1)
    })
  ...

  // 日期选择器组件
  DatePicker({
    start: new Date('1970-1-1'),      // 设置日期选择器的起始时间日期对象
    end: new Date('2100-1-1'),        // 设置日期选择器的结束时间日期对象
    selected: this.selectedDate       // 将选择的日期对象赋值给状态变量
  })
    }
  }
}
...
```

（5）当装饰的变量是 Map 时，可以观察到 Map 整体的赋值，同时可通过调用 Map 的 set、clear、delete 方法来更新 Map 的值。

（6）当装饰的变量是 Set 时，可以观察到 Set 整体的赋值，同时可通过调用 Set 的 add、clear、delete 方法来更新 Set 的值。

2. 框架行为

为理解@Provide 和@Consume 变量的初始化和更新机制，需先了解父组件与拥有@Provide 和@Consume 变量的子组件的初始渲染和更新流程。

1）初始渲染

初始渲染过程如下：

（1）@Provide 装饰的变量会以 map 的形式传递给当前@Provide 所属组件的所有子组件。

（2）子组件中如果使用了@Consume 变量，则会在 map 中查找是否有该变量名或 alias（别名）对应的@Provide 变量。如果找不到对应的变量，ArkUI 框架会抛出 JS ERROR。

（3）如果找到对应变量，@Consume 变量将被初始化，并注册为@Provide 的依赖，过程类似于@State 或@Link 的注册流程。

2）@Provide 的更新

当@Provide 装饰的数据发生变化时，处理过程如下：

（1）通过初始渲染的步骤可知，子组件中的@Consume 变量在初始渲染时已注册为父组件的依赖。父组件中的@Provide 变量变更后，会遍历更新所有依赖它的系统组件（elementid）和状态变量（@Consume）。

（2）通知@Consume 变量更新后，子组件中所有依赖@Consume 的系统组件（elementId）都会被通知更新。以便将@Provide 的状态数据同步到@Consume。

3）@Consume 的更新

当@Consume 装饰的数据发生变化时，处理过程如下：

通过初始渲染的步骤可知,子组件中的@Consume 变量持有对应@Provide 的实例。在@Consume 变量更新后,调用@Provide 变量的更新方法,将更新的数值同步回@Provide,以实现@Consume 向 @Provide 的双向同步。

ArkUI 框架行为如图 13-7 所示。

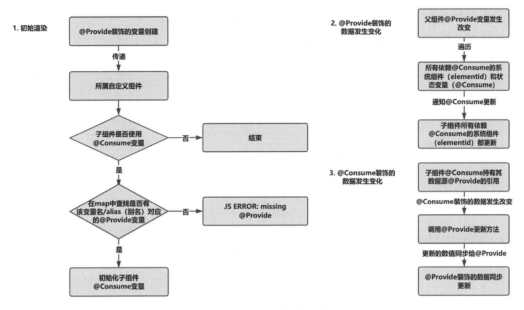

图 13-7　ArkUI 框架行为

13.6　@Observed 装饰器和@ObjectLink 装饰器:嵌套类对象的属性变化

前文介绍的装饰器仅能观察到数据模型的第一层变化。然而,在实际开发中,应用通常会根据开发需求封装自己的数据模型。对于多层嵌套的情况,例如二维数组,数组中的类实例或者类的属性为另一类的情况,它们的深层属性变化是无法通过之前的装饰器观察到的。为了解决这个问题, @Observed 和@ObjectLink 装饰器应运而生。

说　明
从 API 9 开始,这两个装饰器支持在 ArkTS 卡片中使用。 从 API 11 开始,这两个装饰器支持在元服务中使用。

13.6.1　概述

@Observed 和@ObjectLink 装饰器主要用于在嵌套对象或数组的场景中实现双向数据同步:

(1)使用@Observed 装饰的类,其属性的变化可以被观察到。

（2）子组件中的@ObjectLink 变量用于接收由@Observed 装饰的类实例，并与父组件中对应的状态变量建立双向数据绑定。该实例可以是数组中由@Observed 装饰的项，或类对象的属性，该属性同样需要被@Observed 装饰。

（3）@Observed 用于在嵌套类场景中观察对象类属性的变化，需配合自定义组件使用；如果需实现数据的双向或单向同步，还需与@ObjectLink 或@Prop 一同使用。

@Observed 和@ObjectLink 装饰器的使用有如下限制条件：

（1）使用@Observed 装饰类会改变类原始的原型链，因此@Observed 与其他类装饰器装饰同一个类可能会带来问题。

（2）@ObjectLink 装饰器不能用于被@Entry 装饰的自定义组件。

13.6.2 装饰器使用规则说明

@Observed 装饰器的使用规则如表 13-11 所示。

表13-11　@Observed装饰器的使用规则

@Observed 类装饰器	说　　明
装饰器参数	无
类装饰器	装饰类。需要放在类的定义前，使用 new 创建类对象（即类实例）

@ObjectLink 装饰器的使用规则如表 13-12 所示。

表13-12　@ObjectLink装饰器的使用规则

@ObjectLink 变量装饰器	说　　明
装饰器参数	无
允许装饰的变量类型	必须为被@Observed 装饰的类实例，且必须明确指定类型。 不支持简单类型；若需使用简单类型，可使用@Prop。 支持继承 Date、Array 的类实例（API 11 及以上支持继承 Map、Set 的类实例。 API 11 及以上支持@Observed 装饰类和 undefined 或 null 组成的联合类型，例如 ClassA | ClassB，ClassA | undefined 或者 ClassA | null。 @ObjectLink 装饰的变量本身（引用）是只读的，不能重新分配引用。但该变量所指向的对象的属性是可修改的
被装饰变量的初始值	不允许

@ObjectLink 装饰器装饰数据的示例代码如文件 13-23 所示。

文件 13-23　@ObjectLink 装饰的数据为可读用法的示例代码

```
// 允许@ObjectLink 装饰的数据属性赋值
this.objLink.a= ...
// 不允许@ObjectLink 装饰的数据自身赋值
this.objLink= ...
```

@ObjectLink 装饰的变量不能被重新赋值。如果要使用赋值操作，需改用@Prop。@Prop 装饰的变量和数据源之间是单向同步关系。@Prop 装饰的变量在本地保存了数据源的副本，因此允许本地更改。但如果父组件中的数据源发生更新，那么@Prop 装饰的变量的本地修改将被覆盖。

@ObjectLink 装饰的变量和数据源之间是双向同步关系，@ObjectLink 装饰的变量相当于指向数据源的指针（即引用）。禁止对@ObjectLink 装饰的变量本身重新赋值，否则会中断数据同步链。因为@ObjectLink 装饰的变量通过引用方式初始化，与数据源直接绑定。对于实现双向数据同步的@ObjectLink，赋值相当于更新父组件中的数组项或者类的属性，而这种行为在 TypeScript 和 JavaScript 中无法实现，会发生运行时错误。

13.6.3　变量的传递和访问规则说明

@ObjectLink 装饰的变量的传递和访问规则如表 13-13 所示。

表13-13　@ObjectLink装饰的变量的传递和访问规则

@ObjectLink 传递和访问	说　　明
从父组件初始化	必须指定。 初始化@ObjectLink 变量必须同时满足以下场景： ① 类型必须是被@Observed 装饰的类。 ② 初始化的数值需为数组项或者类的属性。 ③ 同步数据源的类或数组必须是被@State、@Link、@Provide、@Consume 或者@ObjectLink 装饰的数据
与源对象同步	双向同步
可以初始化子组件	允许，可用于初始化常规变量以及被@State、@Link、@Prop、@Provide 装饰的变量

@ObjectLink 装饰器的初始化规则如图 13-8 所示。

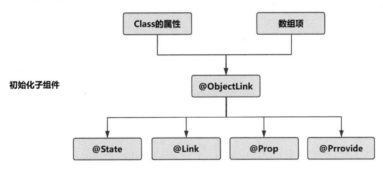

图 13-8　@ObjectLink 装饰器的初始化规则

13.6.4　观察变化和行为表现

1. 观察变化

1）@Observed

@Observed 装饰的类，如果其属性为非简单类型（如类、Object 或者数组），那么这些属性也需被@Observed 装饰，否则无法观察到属性的变化。

@Observed 装饰器的示例代码如文件 13-24 所示。

文件 13-24 @Observed 装饰器的示例代码

```
// 声明类 ClassA
class ClassA {
  // 公共属性 c, 数字类型
  public c: number;
  // 构造器
  constructor(c: number) {
    this.c = c; // 给公共属性 c 赋值
  }
}

// 使用@Observed 装饰, 用于观察该类属性值的变化
@Observed
class ClassB {
  // ClassA 类型的公共属性 a
  public a: ClassA;
  // 数字类型的公共属性 b
  public b: number;
  // 构造器
  constructor(a: ClassA, b: number) {
    this.a = a; // 对属性 a 赋值
    this.b = b; // 对属性 b 赋值
  }
}
```

在以上示例中, ClassB 被@Observed 装饰, 其成员变量的赋值变化是可以被观察到的, 但由于 ClassA 没有被@Observed 装饰, 因此其属性的修改无法被观察到。

测试属性变化是否可以被观察到的示例代码如文件 13-25 所示。

文件 13-25 测试属性变化是否可以被观察到的示例代码

```
// 使用@ObjectLink 装饰 ClassB 类型的状态变量 b, 用于接收@Observed 装饰的实例, 并与父组
件中对应的状态变量建立双向数据绑定
@ObjectLink b: ClassB

// 赋值变化可以被观察到
this.b.a = new ClassA(5)
this.b.b = 5

// ClassA 没有被@Observed 装饰, 其属性的变化观察不到
this.b.a.c = 5
```

2) @ObjectLink

@ObjectLink 只能接收被@Observed 装饰的类实例。推荐设计单独的自定义组件来渲染数组或对象的每个元素。对于对象数组或嵌套对象（如属性是对象的对象, 称为嵌套对象）, 需要分别定义两个自定义组件: 一个呈现外部数组和对象, 另一个呈现嵌套在数组和对象内的类对象。

由@ObjectLink 装饰的数据可以被观察到以下变化:

（1）属性值的变化, 其中属性是指 Object.keys(observedObject) 返回的所有属性。

（2）如果数据源是数组, 则可以观察到数组项的替换; 如果数据源是类, 则可观察类属性的变化。

（3）继承自 Date 的类时支持观察 Date 整体的赋值，并可通过调用 Date 的以下方法更新 Date 属性：setFullYear、setMonth、setDate、setHours、setMinutes、setSeconds、setMilliseconds、setTime、setUTCFullYear、setUTCMonth、setUTCDate、setUTCHours、setUTCMinutes、setUTCSeconds、setUTCMilliseconds。

@ObjectLink 装饰 Date 类型的类的示例代码如文件 13-26 所示。

文件 13-26　装饰 Date 类型的类的示例代码

```
// 使用@Observed 装饰，用于观察该类属性的变化
@Observed
class DateClass extends Date {
  // 构造器
  constructor(args: number | string) {
    super(args) // 调用父类构造器
  }
}

// 使用@Observed 装饰，用于观察该类属性的变化
@Observed
class ClassB {
  public a: DateClass;
  // 构造器
  constructor(a: DateClass) {
    this.a = a; // 给属性 a 赋值
  }
}

// @Component 装饰的结构体，表示自定义组件
@Component
struct ViewA {
  // 常规变量
  label: string = 'date';
  // 使用@ObjectLink 装饰的状态变量，用于接收@Observed 装饰的类的实例，并与父组件中对应
  的状态变量建立双向数据绑定
  @ObjectLink a: DateClass;

  // 构建函数
  build() {
    // 列容器组件
    Column() {
      // 按钮组件，同时设置按钮组件显示的文本
      Button(`child increase the day by 1`)
        .onClick(() => {
          // 给按钮设置单击事件处理函数
          // 当按钮被单击时，将状态变量的日期加 1
          this.a.setDate(this.a.getDate() + 1);
        })
      // 日期选择器组件
      DatePicker({
        start: new Date('1970-1-1'),    // 设置日期选择器的起始时间日期对象
        end: new Date('2100-1-1'),      // 设置日期选择器的结束时间日期对象
        selected: this.a                // 将选择的日期对象赋值给状态变量
      })
    }
  }
}

// 主入口
```

```
@Entry
@Component
struct ViewB {
  // 使用@State 装饰的状态变量，并赋初值
  @State b: ClassB = new ClassB(new DateClass('2023-1-1'));

  // 构建函数
  build() {
    // 列容器组件
    Column() {
      // 构建自定义组件，传递状态变量
      ViewA({ label: 'date', a: this.b.a })

      // 按钮组件，同时指定按钮组件显示的文本
      Button(`parent update the new date`)
        .onClick(() => {
          // 给按钮组件设置单击事件处理函数
          // 当按钮被单击时，给状态变量设置新的日期对象
          this.b.a = new DateClass('2023-07-07');
        })
      // 按钮组件，同时设置按钮组件显示的文本
      Button(`ViewB: this.b = new ClassB(new DateClass('2023-08-20'))`)
        .onClick(() => {
          // 设置按钮的单击事件处理函数
          // 当按钮被单击时，给状态变量重新赋值新的 ClassB 对象
          this.b = new ClassB(new DateClass('2023-08-20'));
        })
    }
  }
}
```

（4）继承 Map 的类时，可以观察到 Map 整体的赋值，同时可以通过调用 Map 的 set、clear、delete 方法来更新 Map 的值。

（5）继承 Set 的类时，可以观察到 Set 整体的赋值，同时可以通过调用 Set 的 add、clear、delete 方法来更新 Set 的值。

2. 框架行为

1）初始渲染

@Observed 装饰的类的实例会被不透明的代理对象包装，代理类的属性的 setter 和 getter 方法。

子组件中的@ObjectLink 变量从父组件初始化，接收被@Observed 装饰的类的实例，@ObjectLink 的包装类会将自己注册到@Observed 类中。

2）属性更新

当@Observed 装饰的类属性发生改变时，代理的 setter 和 getter 方法会被调用，然后会遍历依赖该属性的所有@ObjectLink 包装类，并通知更新相关数据。

13.7 LocalStorage：页面级 UI 状态存储

本节主要介绍 LocalStorage 的相关内容。

13.7.1　概述

LocalStorage 是 ArkTS 提供的一种内存级"数据库"，用于存储页面级别的状态变量。以下是它的主要特性：

（1）应用程序可以创建多个 LocalStorage 实例，这些实例可以在同一页面内共享，也可以通过 GetShared 接口实现跨页面和 UIAbility 实例的共享。

（2）组件树的根节点（即被 @Entry 装饰的 @Component）可以被分配一个 LocalStorage 实例。该组件的所有子组件实例将自动获得对该 LocalStorage 实例的访问权限。

（3）被 @Component 装饰的组件最多只能访问一个 LocalStorage 实例和 AppStorage。未被 @Entry 装饰的组件不能独立分配 LocalStorage 实例，只能通过父组件从 @Entry 传递来的 LocalStorage 实例访问数据。一个 LocalStorage 实例可以分配给组件树中的多个组件。

（4）LocalStorage 中的所有属性都是可变的。

应用程序决定 LocalStorage 对象的生命周期。当应用释放最后一个指向 LocalStorage 的引用时，比如销毁最后一个自定义组件，LocalStorage 将被 JavaScript 引擎回收（垃圾回收）。

在使用 LocalStorage 时，需要注意以下限制：

（1）LocalStorage 创建后，命名属性的类型不可更改。后续调用 Set 方法时，必须使用相同类型的值。

（2）LocalStorage 是页面级存储。通过 getShared 接口，仅能获取当前 Stage 通过 windowStage. loadContent 传入的 LocalStorage 实例，否则返回 undefined。

根据与被 @Component 装饰的组件的同步类型不同，LocalStorage 提供了以下两个装饰器：

（1）@LocalStorageProp：使用 @LocalStorageProp 装饰的变量，与 LocalStorage 中的指定属性建立单向同步关系。

（2）@LocalStorageLink：使用 @LocalStorageLink 装饰的变量，与 LocalStorage 中的指定属性建立双向同步关系。

13.7.2　@LocalStorageProp 装饰器

在上一节中提到，要建立 LocalStorage 与自定义组件之间的联系，需要使用 @LocalStorageProp 和 @LocalStorageLink 装饰器。下面将重点介绍 @LocalStorageProp(key) 的用法。

@LocalStorageProp(key) 和 @LocalStorageLink(key) 用于装饰组件内的变量，其中 key 标识了 LocalStorage 的属性。

当自定义组件初始化时，@LocalStorageProp(key) 和 @LocalStorageLink(key) 装饰的变量会根据指定的 key 绑定 LocalStorage 中对应的属性，并完成初始化。本地初始化是必要的，因为无法保证 LocalStorage 一定存在指定的 key（这取决于应用逻辑是否在组件初始化之前已将对应属性存入 LocalStorage 实例）。

说　明
从 API 9 开始，@LocalStorageProp 装饰器支持在 ArkTS 卡片中使用。 从 API 11 开始，@LocalStorageProp 装饰器支持在元服务中使用。

@LocalStorageProp(key)是和 LocalStorage 中 key 对应的属性建立单向数据同步，ArkUI 框架支持修改@LocalStorageProp(key)在本地的值，但对本地值的修改不会同步回 LocalStorage 中。相反，如果 LocalStorage 中 key 对应的属性值发生改变（例如通过 set 方法对 LocalStorage 中的值进行了修改），那么这些变化将同步给@LocalStorageProp(key)，并覆盖掉本地的值。

1. 装饰器使用规则说明

@LocalStorageProp 装饰器的使用规则如表 13-14 所示。

表13-14　@LocalStorageProp装饰器的使用规则

@LocalStorageProp 变量装饰器	说　明
装饰器参数	key：必填，常量字符串，字符串需加引号
允许装饰的变量类型	支持 Object、class、string、number、boolean、enum 类型，以及这些类型的数组。 API 12 及以上支持 Map、Set、Date 类型。 类型必须指定，建议和 LocalStorage 中对应属性类型相同，否则会发生隐式转换类型，从而导致应用行为异常。 不支持 any，API 12 及以上支持 undefined 和 null 类型。 API 12 及以上支持上述类型的联合类型，例如 string | number，string | undefined 或者 ClassA | null。 注意：当使用 undefined 和 null 时，建议显式指定类型，遵循 TypeScript 类型校验规则。例如：@LocalStorageProp("AA") a: number | null = null 是推荐的，@LocalStorageProp("AA") a: number = null 是不推荐的
同步类型	单向同步：从 LocalStorage 的对应属性同步到组件的状态变量。组件本地的修改是允许的，但是 LocalStorage 中指定的属性一旦发生变化，将覆盖本地的修改
被装饰变量的初始值	必须指定。如果 LocalStorage 实例中不存在该属性，则使用该初始值初始化该属性，并存入 LocalStorage 中

2. 变量的传递/访问规则说明

@LocalStorageProp 装饰的变量的传递和访问规则如表 13-15 所示。

表13-15　@LocalStorageProp装饰的变量的传递和访问规则

传递和访问	说　明
从父节点初始化和更新	禁止，@LocalStorageProp 不支持从父节点初始化，仅支持从 LocalStorage 中 key 对应的属性初始化，如果没有对应的 key，将使用本地默认值初始化
初始化子节点	支持。可用于初始化@State、@Link、@Prop、@Provide 变量
是否支持组件外访问	否

@LocalStorageProp 装饰器的初始化规则如图 13-9 所示。

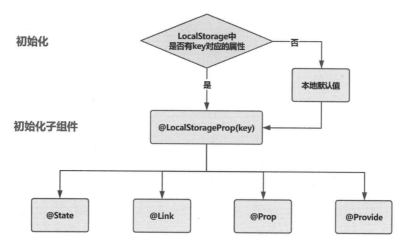

图 13-9　@LocalStorageProp 装饰器的初始化规则

3. 观察变化和行为表现

1）观察变化

由@LocalStorageProp 装饰的数据可以观察到以下变化：

（1）当装饰的数据类型为 boolean、string、number 时，可观察到其值的变化。

（2）当装饰的数据类型为类或 Object 时，可观察到对象整体赋值和对象属性的变化。

（3）当装饰的对象是数组时，可观察到数组的添加、删除和更新操作。

（4）当装饰的对象是 Date 类型时，可观察到 Date 对象整体赋值的变化。同时，可以通过调用以下 Date 的方法更新 Date 的属性：setFullYear、setMonth、setDate、setHours, setMinutes、setSeconds、setMilliseconds、setTime、setUTCFullYear、setUTCMonth、setUTCDate、setUTCHours、setUTCMinutes、setUTCSeconds、setUTCMilliseconds。

（5）当装饰的变量为 Map 时，可观察到 Map 对象整体赋值的变化。同时，可以通过调用 Map 的 set、clear、delete 方法来更新 Map 的值。

（6）当装饰的变量是 Set 时，可观察到 Set 对象整体赋值的变化。同时，可以通过调用 Set 的方法 add、clear、delete 来更新 Set 的值。

2）框架行为

当被@LocalStorageProp 装饰的变量发生变化时，ArkUI 框架的行为如下：

（1）被@LocalStorageProp 装饰的变量的值变化不会同步回 LocalStorage。

（2）被@LocalStorageProp 装饰的变量的变化会使得当前自定义组件中关联的组件被刷新。

（3）LocalStorage(key)中值的变化会引发所有被@LocalStorageProp 中对应 key 装饰的变量发生变化，会覆盖@LocalStorageProp 本地的改变。

ArkUI 框架的行为如图 13-10 所示。

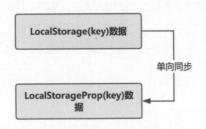

图 13-10　ArkUI 框架的行为

13.7.3　@LocalStorageLink 装饰器

如果需要将自定义组件的状态变量的更新同步回 LocalStorage，则需要使用@LocalStorageLink。@LocalStorageLink(key)与 LocalStorage 中 key 对应的属性建立双向数据同步：

（1）当@LocalStorageLink 本地发生变化时，该变化会被写回 LocalStorage 中。

（2）当 LocalStorage 中的值发生变化时，变化会同步到所有绑定到 LocalStorage 对应 key 的属性上，包括单向绑定（如使用@LocalStorageProp 和通过 prop 创建的单向绑定变量）以及双向绑定（如使用@LocalStorageLink 和通过 link 创建的双向绑定变量）。

说　明
从 API 11 开始，@LocalStorageLink 装饰器支持在元服务中使用。

1. 装饰器使用规则说明

@LocalStorageLink 装饰器的使用规则如表 13-16 所示。

表13-16　@LocalStorageLink装饰器的使用规则

@LocalStorageLink 变量装饰器	说　明
装饰器参数	key：必填，常量字符串，字符串需加引号
允许装饰的变量类型	支持 Object、class、string、number、boolean、enum 类型，以及这些类型的数组。 API 12 及以上支持 Map、Set、Date 类型。 类型必须指定，建议和 LocalStorage 中对应属性的类型一致，避免发生隐式类型转换，防止应用行为异常。 不支持 any，API 12 及以上支持 undefined 和 null 类型。 API 12 及以上支持上述类型的联合类型，例如 string | number，string | undefined 或者 ClassA | null。 注意：当使用 undefined 和 null 时，建议显式指定类型，遵循 TypeScript 类型校验规则。例如：@LocalStorageLink("AA") a: number | null = null 是推荐的，@LocalStorageLink("AA") a: number = null 是不推荐的
同步类型	双向同步：从 LocalStorage 对应属性到自定义组件，再从自定义组件同步回 LocalStorage 对应属性
被装饰变量的初始值	必须指定初始值。如果 LocalStorage 实例中不存在该属性，则使用该初始值初始化该属性，并存入 LocalStorage 中

2. 变量的传递和访问规则说明

@LocalStorageLink 装饰的变量的传递和访问规则如表 13-17 所示。

表13-17　@LocalStorageLink装饰的变量的传递和访问规则

传递/访问	说　　明
从父节点初始化和更新	禁止，@LocalStorageLink 不支持从父节点初始化，只能从 LocalStorage 中 key 对应的属性初始化。如果没有对应的 key，则使用本地默认值初始化
初始化子节点	支持，可用于初始化@State、@Link、@Prop、@Provide 变量
是否支持组件外访问	否

@LocalStorageLink 装饰器的初始化规则如图 13-11 所示。

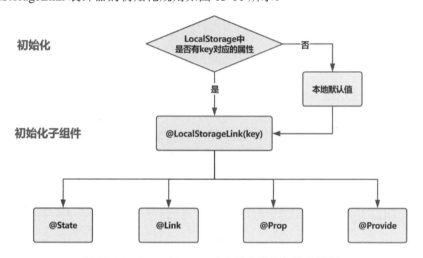

图 13-11　@LocalStorageLink 装饰器的初始化规则

3. 观察变化和行为表现

1）观察变化

由@LocalStorageLink 装饰的数据可以观察到以下变化：

（1）当装饰的数据类型为 boolean、string、number 时，可以观察到数值的变化。

（2）当装饰的数据类型为类或 Object 时，可以观察到对象整体赋值和对象属性的变化。

（3）当装饰的对象是数组 a 时，可以观察到数组的添加、删除、更新的变化。

（4）当装饰的对象是 Date 时，可以观察到 Date 整体的赋值，同时可以通过调用以下 Date 的方法更新 Date 的属性：setFullYear、setMonth、setDate、setHours、setMinutes、setSeconds、setMilliseconds、setTime、setUTCFullYear、setUTCMonth、setUTCDate、setUTCHours、setUTCMinutes、setUTCSeconds、setUTCMilliseconds。

（5）当装饰的变量是 Map 时，可以观察到 Map 整体赋值的变化。同时，可以通过调用 Map 的 set、clear、delete 方法来更新 Map 的值。

（6）当装饰的变量是 Set 时，可以观察到 Set 整体赋值的变化。同时，可以通过调用 Set 的 add、clear、delete 方法来更新 Set 的值。

2）框架行为

当被@LocalStorageLink 装饰的变量发生变化时，ArkUI 框架的行为如下：

（1）当被@LocalStorageLink(key)装饰的变量的数值变化被观察到时，该变化将被同步回 LocalStorage 中对应 key 的属性上。

（2）LocalStorage 中属性键值 key 对应的属性值发生变化时，它绑定的所有数据（包括双向绑定的@LocalStorageLink 和单向绑定的@LocalStorageProp）都会同步修改。

（3）当被@LocalStorageLink(key)装饰的数据本身是状态变量时，它的变化不仅会同步回 LocalStorage 中，还会引起所属的自定义组件的重新渲染。

13.8　AppStorage：应用全局的 UI 状态存储

本节主要介绍 AppStorage 的相关内容。

13.8.1　概述

AppStorage 是在应用启动时创建的单例。它的目的是提供应用状态数据的集中存储，这些状态数据在应用级别都是可访问的。AppStorage 会在应用运行过程中保留其属性，属性通过唯一的键值访问。

AppStorage 可以和 UI 组件同步，并且可以在应用的业务逻辑中访问。AppStorage 支持在应用的主线程内多个 UIAbility 实例之间的状态共享。

AppStorage 中的属性可以实现双向同步，数据可以存储在本地或远程设备上，并具有多种功能，如数据持久化。这些数据通过业务逻辑实现，与 UI 解耦。如果希望在 UI 中使用这些数据，需要使用@StorageProp 和@StorageLink。

13.8.2　@StorageProp 装饰器

在上一节中已经提到，如果要建立 AppStorage 和自定义组件的联系，需要使用@StorageProp 和@StorageLink 装饰器。@StorageProp(key)和@StorageLink(key)用于装饰组件内的变量，其中的 key 标识了 AppStorage 的属性。

当自定义组件初始化时，会使用 AppStorage 中对应 key 的属性值将@StorageProp(key)和@StorageLink(key)装饰的变量初始化。由于应用逻辑的差异，无法确认是否在组件初始化之前向 AppStorage 实例中存入了对应的属性，AppStorage 中不一定存储了 key 对应的属性，因此对@StorageProp(key)和@StorageLink(key)装饰的变量进行本地初始化是必要的。

@StorageProp(key)和 AppStorage 中 key 对应的属性建立单向数据同步，允许本地改变，但对于@StorageProp，本地的修改永远不会同步回 AppStorage 中。相反，如果 AppStorage 中指定 key 的属性发生改变，则该改变会同步给@StorageProp，并覆盖本地的修改。

说　明
从 API 11 开始，@StorageProp 装饰器支持在元服务中使用。

1. 装饰器使用规则说明

@StorageProp 装饰器的使用规则如表 13-18 所示。

表13-18　@StorageProp装饰器的使用规则

@StorageProp 变量装饰器	说　明
装饰器参数	key：必填，常量字符串，字符串需加引号
允许装饰的变量类型	支持 Object、class、string、number、boolean、enum 类型，以及这些类型的数组。 API 12 及以上支持 Map、Set、Date 类型。 类型必须指定，建议与 AppStorage 中对应属性类型一致，否则会发生隐式类型转换，从而导致应用行为异常。 不支持 any，API 12 及以上支持 undefined 和 null 类型。 API 12 及以上支持上述类型的联合类型，例如 string | number，string | undefined 或 ClassA | null。 注意：当使用 undefined 和 null 时，建议显式指定类型，遵循 TypeScript 类型校验规则。例如：@StorageProp("AA") a: number | null = null 是推荐的，@StorageProp("AA") a: number = null 是不推荐的
同步类型	单向同步：从 AppStorage 的对应属性同步到组件的状态变量。 组件本地的修改是允许的，但 AppStorage 中指定的属性一旦发生变化，将覆盖本地的修改
被装饰变量的初始值	必须指定。如果 AppStorage 实例中不存在该属性，则使用该初始值初始化该属性，并存入 AppStorage 中

2. 变量的传递和访问规则说明

@StorageProp 装饰的变量的传递和访问规则如表 13-19 所示。

表13-19　@StorageProp装饰的变量的传递和访问规则

传递/访问	说　明
从父节点初始化和更新	禁止，@StorageProp 不支持从父节点初始化，只能从 AppStorage 中 key 对应的属性初始化，如果没有对应的 key，将使用本地默认值初始化
初始化子节点	支持，可用于初始化@State、@Link、@Prop、@Provide 变量
是否支持组件外访问	否

@StorageProp 装饰器的初始化规则如图 13-12 所示。

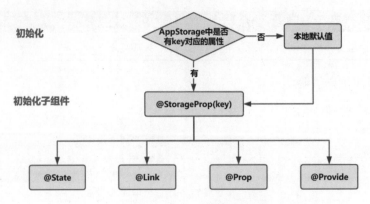

图 13-12　@StorageProp 装饰器的初始化规则

3. 观察变化和行为表现

1）观察变化

由@StorageProp 装饰的数据可以观察到以下变化：

（1）当装饰的数据类型为 boolean、string、number 类型时，可以观察到数值的变化。

（2）当装饰的数据类型为类或者 Object 时，可以观察到对象整体赋值和对象属性的变化。

（3）当装饰的对象是数组时，可以观察到数组的添加、删除、更新的变化。

（4）当装饰的对象是 Date 类型时，可以观察到 Date 整体赋值的变化。同时，可以通过调用 Date 的以下方法更新 Date 的属性：setFullYear、setMonth、setDate、setHours、setMinutes、setSeconds、setMilliseconds、setTime、setUTCFullYear、setUTCMonth、setUTCDate、setUTCHours、setUTCMinutes、setUTCSeconds、setUTCMilliseconds。

（5）当装饰的变量是 Map 时，可以观察到 Map 整体赋值的变化。同时，可以通过调用 Map 的 set、clear、delete 方法更新 Map 的值。

（6）当装饰的变量是 Set 时，可以观察到 Set 整体赋值的变化。同时，可以通过调用 Set 的 add、clear、delete 方法更新 Set 的值。

2）框架行为

被@StorageProp 装饰的变量发生变化时，ArkUI 框架的行为如下：

（1）当被@StorageProp(key)装饰的变量的数值变化被观察到时，修改不会同步回 AppStorage 中对应 key 的属性。

（2）当前@StorageProp(key)单向绑定的数据会被修改，即仅限于当前组件的私有成员变量改变，其他绑定该 key 的数据不会同步改变。

（3）当被@StorageProp(key)装饰的数据本身是状态变量时，它的改变虽然不会同步回 AppStorage 中，但会引起所属自定义组件的重新渲染。

（4）当 AppStorage 中 key 对应的属性发生改变时，会同步给所有@StorageProp(key)装饰的数据，@StorageProp(key)本地的修改将被覆盖。

13.8.3　@StorageLink 装饰器

@StorageLink(key)和 AppStorage 中 key 对应的属性建立双向数据同步：

（1）当@StorageLink 本地发生修改时，该修改会被写回 AppStorage 中；

（2）当 AppStorage 中发生修改时，该修改会被同步到所有绑定到 AppStorage 对应 key 的属性上，包括单向绑定变量（如使用@StorageProp 和通过 Prop 创建的单向绑定变量）、双向绑定变量（如使用@StorageLink 和通过 Link 创建的双向绑定变量）和其他实例（如 PersistentStorage）。

说　　明
从 API 11 开始，@StorageLink 装饰器支持在元服务中使用。

1. 装饰器使用规则说明

@StorageLink 装饰器的使用规则如表 13-20 所示。

表13-20　@StorageLink装饰器的使用规则

@StorageLink 变量装饰器	说　　明
装饰器参数	key：必填，常量字符串，字符串需加引号
允许装饰的变量类型	支持 Object、class、string、number、boolean、enum 类型，以及这些类型的数组。API 12 及以上支持 Map、Set、Date 类型。 类型必须指定，建议与 AppStorage 中对应属性类型一致，否则会发生隐式类型转换，从而导致应用行为异常。 不支持 any，API 12 及以上支持 undefined 和 null 类型。 API 12 及以上支持上述类型的联合类型，例如 string｜number，string｜undefined 或者 ClassA｜null。 注意：当使用 undefined 和 null 时，建议显式指定类型，遵循 TypeScript 类型校验规则。例如：@StorageLink("AA") a: number｜null = null 是推荐的，@StorageLink("AA") a: number = null 是不推荐的
同步类型	双向同步：从 AppStorage 的对应属性到自定义组件，从自定义组件到 AppStorage 对应属性
被装饰变量的初始值	必须指定。如果 AppStorage 实例中不存在属性，则使用该初始值初始化该属性，并存入 AppStorage

2. 变量的传递和访问规则说明

@StorageLink 装饰的变量的传递和访问规则如表 13-21 所示。

表13-21　@StorageLink装饰的变量的传递和访问规则

传递/访问	说　　明
从父节点初始化和更新	禁止
初始化子节点	支持，可用于初始化常规变量以及被@State、@Link、@Prop、@Provide 修饰的变量
是否支持组件外访问	否

@StorageLink 装饰器的初始化规则如图 13-13 所示。

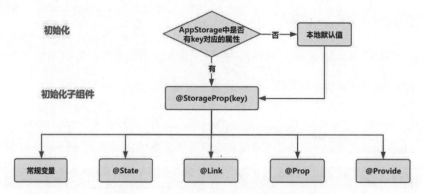

图 13-13　@StorageLink 装饰器的初始化规则

3. 观察变化和框架行为表现

1）观察变化

由@StorageLink 装饰的数据可以观察到以下变化：

（1）当装饰的数据类型为 boolean、string、number 时，可以观察到数值的变化。

（2）当装饰的数据类型为类或 Object 时，可以观察到对象整体赋值和对象属性的变化。

（3）当装饰的对象是数组时，可以观察到数组的添加、删除、更新的变化。

（4）当装饰的对象是 Date 类型时，可以观察到 Date 整体赋值的变化。同时，可以通过调用 Date 以下方法更新 Date 的属性：setFullYear、setMonth、setDate、setHours、setMinutes、setSeconds、setMilliseconds、setTime、setUTCFullYear、setUTCMonth、setUTCDate、setUTCHours、setUTCMinutes、setUTCSeconds、setUTCMilliseconds。

（5）当装饰的变量是 Map 时，可以观察到 Map 整体赋值的变化。同时，可以通过调用 Map 的 set、clear、delete 方法来更新 Map 的值。

（6）当装饰的变量是 Set 时，可以观察到 Set 整体赋值的变化。同时，可以通过调用 Set 的 add、clear、delete 方法来更新 Set 的值。

2）框架行为

被@StorageLink 装饰的变量发生变化时，ArkUI 框架的行为如下：

（1）当被@StorageLink(key)装饰的变量的数值变化被观察到时，该变化将同步回 AppStorage 中对应 key 的属性。

（2）AppStorage 中属性键值 key 对应的数据一旦改变，它绑定的所有的数据（包括双向@StorageLink 和单向@StorageProp）都将同步修改。

（3）当被@StorageLink(key)装饰的数据本身是状态变量时，它的改变不仅会同步回 AppStorage 中，还会引起所属的自定义组件的重新渲染。

13.9　PersistentStorage：持久化存储 UI 状态

本节主要介绍 PersistentStorage 的相关内容。

13.9.1 概述

LocalStorage 和 AppStorage 都是运行时的内存，但为了确保应用退出并再次启动后，依然能保存选定的结果，就需要用到 PersistentStorage。

PersistentStorage 是应用程序中的可选单例对象，其作用是持久化存储选定的 AppStorage 属性，以确保这些属性在应用程序重新启动时的值与应用程序关闭时的值相同。

PersistentStorage 将选定的 AppStorage 属性保留在设备磁盘上。应用程序通过 API 来决定哪些 AppStorage 属性应借助 PersistentStorage 进行持久化。UI 和业务逻辑不直接访问 PersistentStorage 中的属性，所有属性的访问都是对 AppStorage 的访问，AppStorage 中的更改会自动同步到 PersistentStorage。

PersistentStorage 和 AppStorage 中的属性建立双向同步。应用开发通常通过 AppStorage 访问 PersistentStorage，另外还有一些接口可以用于管理持久化属性，但业务逻辑始终通过 AppStorage 来获取和设置属性。

13.9.2 限制条件

PersistentStorage 允许的类型和值包括：

（1）number、string、boolean、enum 等简单类型。

（2）可以被 JSON.stringify() 和 JSON.parse() 重构的对象，且对象的属性方法不支持持久化。

（3）API 12 及以上支持 Map 类型，可以观察到 Map 整体的赋值，同时可以通过调用 Map 的 set、clear、delete 方法来更新 Map 的值，并且更新的值被持久化存储。

（4）API 12 及以上支持 Set 类型，可以观察到 Set 整体的赋值，同时可以通过调用 Set 的 add、clear、delete 方法来更新 Set 的值，并且更新的值被持久化存储。

（5）API 12 及以上支持 Date 类型，可以观察到 Date 整体赋值的变化。同时，可以通过调用 Date 的以下方法更新 Date 的属性：setFullYear、setMonth、setDate、setHours、setMinutes、setSeconds、setMilliseconds、setTime、setUTCFullYear、setUTCMonth、setUTCDate、setUTCHours、setUTCMinutes、setUTCSeconds、setUTCMilliseconds，并且更新的值被持久化存储。

（6）API 12 及以上支持 undefined 和 null。

（7）API 12 及以上支持联合类型。

PersistentStorage 不支持嵌套对象（对象数组，对象的属性是对象等）。因为目前 ArkUI 框架无法检测 AppStorage 中嵌套对象（包括数组）值的变化，所以无法写回到 PersistentStorage 中。

持久化数据是一个相对缓慢的操作，应用程序应避免以下情况：

（1）持久化大型数据集。

（2）持久化经常变化的变量。

PersistentStorage 的持久化变量最好是小于 2KB 的数据，不要对大量数据进行持久化，因为 PersistentStorage 写入磁盘的操作是同步的，大量数据的本地化读写会在 UI 线程中同步执行，影响 UI 渲染性能。如果开发者需要存储大量数据，建议使用数据库 API。

PersistentStorage 和 UI 实例相关联，持久化操作需要在 UI 实例初始化成功后（即 loadContent

传入的回调被调用时）才可以被调用，早于该时机调用会导致持久化失败。

将 PersistentStorage 和 UI 实例相关联的示例代码如文件 13-27 所示。

文件 13-27 将 PersistentStorage 和 UI 实例相关联的示例代码

```
// EntryAbility.ets
// 需要在 UI 实例初始化成功后才能在创建 WindowStage 时对 PersistentStorage 进行持久化操作
onWindowStageCreate(windowStage: window.WindowStage): void {
  windowStage.loadContent('pages/Index', (err) => {
  if (err.code) {
  return;
}
PersistentStorage.persistProp('aProp', 47);
});
```

13.10 Environment：设备环境查询

本节主要介绍 Environment 的相关内容。

13.10.1 概述

开发者如果需要获取应用程序运行设备的环境参数，以便针对不同场景（如多语言支持、暗黑模式等）进行判断，可以使用 Environment 进行设备环境查询。

Environment 是 ArkUI 框架在应用程序启动时创建的单例对象，它为 AppStorage 提供了一系列描述应用程序运行状态的属性。Environment 的所有属性都是不可变的（即应用不可写入），且所有属性均为简单类型。

13.10.2 Environment 内置参数

Environment 内置参数说明如表 13-22 所示。

表13-22 Environment内置参数

键	数据类型	说 明
accessibilityEnabled	boolean	无障碍屏幕读取是否启用
colorMode	ColorMode	色彩模型类型，选项有 ColorMode.LIGHT（浅色）和 ColorMode.DARK（深色）
fontScale	number	字体大小比例，范围：[0.85, 1.45]
fontWeightScale	number	字体粗细程度，范围：[0.6, 1.6]
layoutDirection	LayoutDirection	布局方向类型，包括 LayoutDirection.LTR（从左到右），LayoutDirection.RTL（从右到左）
languageCode	string	当前系统语言值，取值必须为小写字母，例如 zh

1. 使用场景

开发者可以从 UI 中访问 Environment 的内置参数，具体方式如下：

（1）使用 Environment.envProp 将设备运行的环境变量存入 AppStorage，示例代码如文件 13-28 所示。

文件 13-28　将环境变量存入 AppStorage 的示例代码

```
// 将设备的 languagecode 存入 AppStorage，默认值为 en
Environment.envProp('languageCode', 'en');
```

（2）使用@StorageProp 将 languagecode 链接到 Component 中，示例代码如文件 13-29 所示。

文件 13-29　@StorageProp 用法的示例代码

```
@StorageProp('languageCode') lang: string = 'en';
```

设备环境到 Component 的更新链为：Environment→AppStorage→Component。

说　　明
@StorageProp 关联的环境参数可以在本地更改，但不能同步回 AppStorage 中，因为应用对环境变量参数是不可写的，所有环境变量参数只能通过 Environment 查询。

从 UI 中访问 Environment 的示例代码如文件 13-30 所示。

文件 13-30　从 UI 中访问 Environment 的示例代码

```
// 将设备 languageCode 存入 AppStorage
Environment.envProp('languageCode', 'en');

// 主入口
@Entry
@Component
struct Index {
  // 使用@StorageProp 装饰状态变量，用于同步 Environment 中的环境属性
  @StorageProp('languageCode') languageCode: string = 'en';

  // 构建函数
  build() {
   // 行容器组件
   Row() {
    // 列容器组件
    Column() {
     // 输出当前设备的 languageCode
     Text(this.languageCode)
    }
   }
  }
}
```

Environment 用法的示例代码如文件 13-31 所示。

文件 13-31　Environment 用法的示例代码

```
// 使用 Environment.EnvProp 将设备运行的 languageCode 存入 AppStorage
Environment.envProp('languageCode', 'en');
// 从 AppStorage 获取单向绑定的 languageCode 的变量
```

```
const lang: SubscribedAbstractProperty<string> =
AppStorage.prop('languageCode');

if (lang.get() === 'zh') {
  console.info('你好');
} else {
  console.info('Hello!');
}
```

2. 限制条件

Environment 与 UIContext 相关联，只有在 UIContext 明确时才能调用 Environment。这可以通过在 runScopedTask 中指定上下文来实现。如果在没有明确 UIContext 的地方调用，将导致无法查询到设备环境数据。

将 Environment 和 UIContext 相关联的示例代码如文件 13-32 所示。

文件 13-32　将 Environment 和 UIContext 相关联的示例代码

```
import { UIAbility } from '@kit.AbilityKit';
import { window } from '@kit.ArkUI';

export default class EntryAbility extends UIAbility {

  // 在窗口阶段创建后调用该方法
  onWindowStageCreate(windowStage: window.WindowStage) {

    // 通过 windowStage 对象加载指定的页面内容
    windowStage.loadContent('pages/Index');

    // 通过 windowStage 获取当前阶段窗口的主窗口
    let window = windowStage.getMainWindow()

    // 获取主窗口之后，设置要执行的操作
    window.then(window => {
      // 通过主窗口获取 UI 上下文
      let uicontext = window.getUIContext()
      // 在 UI 上下文的范围内执行自定义的函数
      uicontext.runScopedTask(() => {
        // 设置环境属性：languageCode: en
        Environment.envProp('languageCode', 'en');
      })
    })
  }
}
```

13.11　其他状态管理

除了前面介绍的组件状态管理和应用状态管理之外，ArkTS 还提供了@Watch、$$运算符、@Track 等工具，为开发者提供更丰富的状态管理功能。

13.11.1　@Watch 装饰器：状态变量更改通知

@Watch 用于监听状态变量的变化。当状态变量发生变化时，@Watch 指定的回调方法将被调用。在 ArkUI 框架中，使用@Watch 严格相等（===）来判断变量是否更新。只有在严格相等判断结果为 false 时，才会触发@Watch 的回调。

说　　明
从 API 9 开始，@Watch 装饰器支持在 ArkTS 卡片中使用。 从 API 11 开始，@Watch 装饰器支持在元服务中使用。

1. 装饰器说明

@Watch 装饰器的详细说明如表 13-23 所示。

表13-23　@Watch装饰器的说明

@Watch 补充变量装饰器	说　　明
装饰器参数	必填，常量字符串，字符串需加引号。是(string) => void 类型自定义成员函数的方法引用
可装饰的自定义组件变量	可监听所有装饰器装饰的状态变量，不允许监听常规变量
装饰器的顺序	建议将@State、@Prop、@Link 等装饰器放在@Watch 装饰器之前

2. 语法说明

@Watch 装饰器参数指定的回调函数语法的说明如表 13-24 所示。

表13-24　@Watch装饰器参数指定的回调函数的语法说明

类　　型	说　　明
(changedPropertyName?: string) => void	回调函数为自定义组件的成员函数，changedPropertyName 是被监听的属性名。在多个状态变量绑定到同一个@Watch 回调方法时，可通过 changedPropertyName 进行不同的逻辑处理。 将属性名作为字符串输入参数，不返回任何内容

3. 观察变化和行为表现

@Watch 装饰器可观察到的状态变量的变化及其对应行为如下：

（1）当观察到状态变量的变化（包括双向绑定的 AppStorage 或 LocalStorage 中对应的 key）时，对应的@Watch 回调方法将被触发。

（2）@Watch 方法在自定义组件的属性变更之后同步执行。

（3）如果在@Watch 方法内改变了其他状态变量，也会引起新的状态变更并触发@Watch 回调方法。

（4）在第一次初始化时，@Watch 回调方法不会被调用，即认为初始化不是状态变量的改变。只有后续状态变量发生变化时，才会调用@Watch 回调方法。

4. 限制条件

使用@Watch 装饰器时需注意以下限制：

（1）建议开发者避免无限循环。若在@Watch 回调方法中直接或间接修改当前被监听的同一个状态变量，可能引发无限循环。为了避免产生无限循环，建议不要在@Watch 回调方法中修改当前装饰的状态变量。

（2）开发者应关注性能，属性值的更新会延迟组件的重新渲染（具体请见上面的行为表现），因此回调函数应尽量执行快速运算，以减少渲染延迟。

（3）不建议在@Watch 函数中调用 async 和 await，因为异步操作可能影响重新渲染的性能。@Watch 的设计初衷是用于快速响应状态变化。

13.11.2　$$运算符：内置组件双向同步

$$运算符为系统内置组件提供对 TypeScript 变量的引用，使得 TypeScript 变量和系统内置组件的内部状态保持双向同步。

内部状态的具体内容取决于组件的实现。例如，对于 TextInput 组件，其内部状态包括 text 参数。

说　　明
$$还可用于@Builder 装饰器的按引用传递参数。开发者需要注意$$的两种用法的区别。

1. 使用规则

$$运算符的使用规则如下：

（1）当前$$支持基础类型变量，以及被@State、@Link 和@Prop 装饰的变量。
（2）当前$$支持的组件如表 13-25 所示。

表13-25　$$支持的组件

组　　件	支持的参数/属性	起始 API 版本
Checkbox	select	10
CheckboxGroup	selectAll	10
DatePicker	selected	10
TimePicker	selected	10
MenuItem	selected	10
Panel	mode	10
Radio	checked	10
Rating	rating	10
Search	value	10
SideBarContainer	showSideBar	10
Slider	value	10
Stepper	index	10
Swiper	index	10

（续表）

组　　件	支持的参数/属性	起始 API 版本
Tabs	index	10
TextArea	text	10
TextInput	text	10
TextPicker	selected、value	10
Toggle	isOn	10
AlphabetIndexer	selected	10
Select	selected、value	10
BindSheet	isShow	10
BindContentCover	isShow	10
Refresh	refreshing	8
GridItem	selected	10
ListItem	selected	10

（3）当$$绑定的变量发生变化时，会触发 UI 的同步刷新。

2. 使用示例

下面以 TextInput 方法的 text 参数为例，展示$$运算符用法，示例代码如文件 13-33 所示。

文件 13-33　$$运算符用法的示例代码

```
// 主入口
@Entry
@Component
struct TextInputExample {
  // 状态变量
  @State text: string = ''
  // 持有文本输入控制器实例的常规变量
  controller: TextInputController = new TextInputController()

  // 构建函数
  build() {
    // 列容器组件，指定列容器组件中子组件的间距为 20vp
Column({ space: 20 }) {
    // 文本显示组件，设置显示的文本
      Text(this.text)
      // 文本输入组件，将内容与状态变量 text 保持双向同步
      // 设置默认的提示占位符
      // 设置文本输入控制器实例
      TextInput({ text: $$this.text, placeholder: 'input your word...',
controller: this.controller })
        .placeholderColor(Color.Grey) // 设置占位符的颜色
        .placeholderFont({ size: 14, weight: 400 }) // 设置占位符字号为 14，粗细为
400
        .caretColor(Color.Blue) // 设置光标的颜色
        .width(300) // 设置文本输入组件的宽度为 300vp
    }...
  }
}
```

界面初始化后的显示效果如图 13-14 所示。

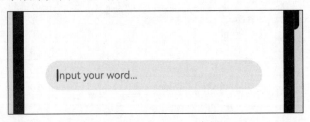

图 13-14 界面初始化后的显示效果

组件内容同步的显示效果如图 13-15 所示。

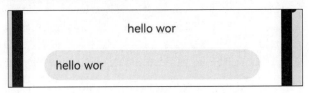

图 13-15 组件内容同步的显示效果

13.11.3 @Track 装饰器：class 对象属性级更新

@Track 是一个用于类属性的装饰器，主要用于追踪属性的变化，以便在属性值发生变化时能够自动执行相关的更新逻辑。

说　　明
从 API 11 开始，@Track 装饰器支持在 ArkTS 卡片中使用。

1. 装饰器说明

@Track 装饰器的说明如表 13-26 所示。

表13-26 @Track装饰器的说明

@Track 变量装饰器	说　　明
装饰器参数	无
可装饰的变量	类对象的非静态成员属性

2. 观察变化和行为表现

当一个类对象是状态变量时，如果被@Track 装饰的属性发生变化，则该属性关联的 UI 会触发更新，而未被标记的属性不能在 UI 中使用。

说　　明
当类对象中没有任何属性被@Track 标记时，其行为与原先保持一致。@Track 没有深度观测的功能。

使用@Track 装饰器可以避免冗余刷新。

@Track 装饰器用法的示例代码如文件 13-34 所示。

文件 13-34　@Track 装饰器用法的示例代码

```
// 声明 LogTrack 类
class LogTrack {
  // 使用@Track 装饰的属性
  @Track str1: string;
  // 使用@Track 装饰的属性
  @Track str2: string;

  ...

}

// 声明 LogNotTrack 类，其属性没有被@Track 装饰
class LogNotTrack {
  str1: string; // 属性 str1 没有使用@Track 装饰
  str2: string; // 属性 str2 没有使用@Track 装饰

  ...
}

// 主入口
@Entry
@Component
struct AddLog {
  // 使用@State 将该变量标记为状态变量
  @State logTrack: LogTrack = new LogTrack('Hello');
  // 使用@State 装饰器将该变量标记为状态变量
  @State logNotTrack: LogNotTrack = new LogNotTrack('你好');

  // 记录组件被渲染的函数
  isRender(index: number) {
    console.log(`Text ${index} is rendered`);
    return 50;
  }

  // 构建函数
  build() {
    // 行容器组件
    Row() {
      // 列容器组件
      Column() {
        // 文本显示组件，显示的文本设置为使用@Track 装饰的属性值
        Text(this.logTrack.str1)// UINode1
          ...
        // 文本显示组件，显示的文本设置为使用@Track 装饰的属性值
        Text(this.logTrack.str2)// UINode2
          ...
        // 按钮组件，设置按钮显示的文本
        Button('change logTrack.str1')
          .onClick(() => {
            // 设置单击事件处理函数
            // 当按钮被单击时，将使用@Track 装饰的属性值设置为指定值
            this.logTrack.str1 = 'Bye';
          })
          ...
```

```
        }
      ...
    }
      ...
  }
}
```

在上面的示例中：

（1）类 LogTrack 中的属性均被@Track 装饰器装饰，单击 change logTrack.str1 按钮后，UINode1 刷新，而 UINode2 不刷新，只输出一条日志，避免了冗余刷新。页面显示效果如图 13-16 所示。

图 13-16　页面显示效果

显示窗口时打印的日志如图 13-17 所示。

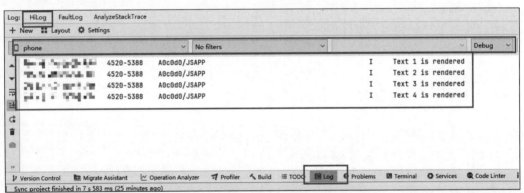

图 13-17　显示窗口时打印的日志

单击 change logTrack.str1 按钮后打印的日志如图 13-18 所示。

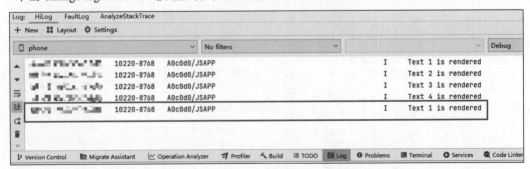

图 13-18　单击 change logTrack.str1 按钮后打印的日志

（2）类 logNotTrack 中的属性均未被@Track 装饰器装饰，单击 change logNotTrack.str1 按钮，此时 UINode3 和 UINode4 均会刷新，输出两条日志，表明存在冗余刷新问题。页面显示效果如图 13-19 所示。

图 13-19　页面显示效果

此时打印的日志如图 13-20 所示。

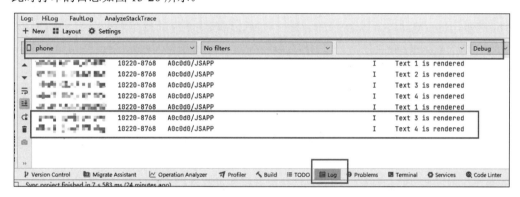

图 13-20　打印的日志

3. 限制条件

在使用@Track 装饰器时，需注意以下限制条件：

（1）不能在 UI 中使用非@Track 装饰的属性，包括不能绑定在组件上，不能用于初始化子组件，错误的使用将导致 JSCrash；可以在非 UI 中使用非@Track 装饰的属性，如在事件回调函数中、生命周期函数中等。

（2）建议开发者避免混用包含@Track 和不包含@Track 的类对象，如在联合类型、类继承中等。

13.12　MVVM 模式

本节主要介绍 MVVM 模式的相关内容。

13.12.1　概述

通过状态渲染和更新 UI 是程序设计中相对复杂但又十分重要的一部分，它直接影响应用程序的性能。程序的状态数据通常由数组、对象或嵌套对象组合而成。在这种情况下，ArkUI 采取 MVVM

（Model + View + ViewModel）模式，其中状态管理模块充当 ViewModel 的角色。它负责将数据与视图绑定，在数据更新时自动更新视图。

● Model 层：存储数据及其相关逻辑的模型。表示组件或其他相关业务逻辑之间传输的数据。Model 通常是对原始数据的进一步处理。
● View 层：在 ArkUI 中，通常指由 @Component 装饰的组件所渲染的 UI。
● ViewModel 层：在 ArkUI 中，ViewModel 包含存储在自定义组件中的状态变量以及 LocalStorage 和 AppStorage 中的数据。

在 ArkUI 中，MVVM 模式的工作流程如下：

（1）自定义组件通过执行其 build() 方法或 @Builder 装饰的方法来渲染 UI，即 ViewModel 可以渲染 View。

（2）View 可通过相应的时间处理器（event handler）来改变 ViewModel，即事件驱动 ViewModel 的改变。另外，ViewModel 提供 @Watch 回调方法来监听状态数据的改变。

（3）当 ViewModel 被改变时，需同步更新 Model 层，以确保 ViewModel 和 Model 的一致性，即保证应用内部数据的一致性。

（4）ViewModel 的结构设计应始终适配自定义组件的构建和更新，这是将 Model 和 ViewModel 分开的主要原因。

目前，许多与 UI 构造和更新相关的问题，通常源于 ViewModel 设计未能很好地支持自定义组件的渲染，或者试图强行让自定义组件直接适配 Model 层，而中间缺少 ViewModel 的隔离。例如，将 SQL 数据库中的数据直接加载到内存，这种数据模型难以直接适配自定义组件的渲染。因此，在应用程序开发中，设计适配的 ViewModel 层至关重要。

MVVM 架构图如图 13-21 所示。

图 13-21　MVVM 架构图

根据上述 SQL 数据库的示例，可以将应用程序设计为：

（1）Model 层：面向高效数据库操作的数据模型。

（2）ViewModel：面向 ArkUI 状态管理功能，用于高效进行 UI 更新的视图模型。

（3）部署转换器/适配器（converters/adapters）：转换器/适配器用于在 Model 和 ViewModel 之间进行双向转换。

● 转换器/适配器可以转换最初从数据库读取的 Model，以创建并初始化 ViewModel。
● 在应用的使用场景中，当 UI 通过事件处理器修改 ViewModel 时，转换器/适配器需将 ViewModel 的更新数据同步回 Model。

与强制将 UI 拟合到 SQL 数据库模式（即 MV 模式）相比，MVVM 的设计虽然更复杂，但通过引入 ViewModel 层的隔离，开发者可以简化 UI 的设计和实现，从而显著提升 UI 性能。

13.12.2　ViewModel 的数据源

ViewModel 通常包含多个顶层数据源。通过使用@State 和@Provide 装饰的变量，以及 LocalStorage 和 AppStorage，可以定义这些顶层数据源。其他装饰器则用于与这些数据源进行同步。选择合适的装饰器取决于状态在自定义组件之间的共享范围。共享范围从小到大依次为：

（1）@State：组件级别的共享，通过命名参数机制传递，例如 CompA: ({ aProp: this.aProp })，这种方式通常适用于是父子组件之间的状态共享。

（2）@Provide：组件级别的共享，支持通过 key 和@Consume 建立绑定，无须通过参数传递，从而实现多层级数据共享，其共享范围大于@State。

（3）LocalStorage：页面级别共享，通过@Entry 装饰器可以在当前组件树中共享 LocalStorage 实例。

（4）AppStorage：应用全局共享的 UI 状态存储，与应用进程绑定，可在整个应用内实现状态数据共享。

1. 使用@State 装饰的变量与子组件共享状态数据

@State 可用于初始化状态变量，并可以与@Prop、@Link 和@ObjectLink 建立单向或双向同步关系。

（1）在 Parent 根节点中，使用@State 装饰的变量 testNum 作为 ViewModel 数据项，并通过参数传递给其子组件 LinkChild 和 Sibling。示例代码如文件 13-35 所示。

文件 13-35　@State 装饰的变量共享状态数据的示例代码

```
// 主入口
@Entry
@Component
struct Parent {
  // 使用@State 装饰的状态变量，同时使用@Watch 装饰，表示当该变量值发生改变时回调@Watch
装饰器指定的函数
  @State @Watch("testNumChange1") testNum: number = 1;

  // 该函数在 testNum 变量发生变化时回调
  testNumChange1(propName: string): void {
    // 在控制台记录状态变量值的变更
    console.log(`Parent: testNumChange value ${this.testNum}`)
  }

  // 构建函数
  build() {
    // 列容器组件
Column() {
  // 构建自定义组件，传入 testNum
    LinkChild({ testNum: $testNum })
    // 构建自定义组件，传入 testNum
    Sibling({ testNum: $testNum })
  }
```

```
    }
  }
```

（2）在 LinkChild 和 Sibling 中，通过@Link 与父组件的数据源建立双向同步。在 LinkChild 中进一步创建了 LinkLinkChild 和 PropLinkChild。示例代码如文件 13-36 所示。

文件 13-36　数据源双向同步用法的示例代码

```
// 自定义组件
@Component
struct Sibling {
  // 使用@Link 装饰表示父子双向同步
  // 使用@Watch 装饰，表示当该值发生变化时调用该装饰器指定的函数
  @Link @Watch("testNumChange") testNum: number;

  // 当 testNum 发生改变时回调该函数
  testNumChange(propName: string): void {
    console.log(`Sibling: testNumChange value ${this.testNum}`);
  }

  // 构建函数
  build() {
    // 文本显示组件，设置显示的文本为状态变量的值
    Text(`Sibling: ${this.testNum}`)
  }
}

// 自定义组件
@Component
struct LinkChild {
  // @Link 用于与父组件建立双向同步
  // @Watch 表示当该变量的值发生改变时，回调指定的函数
  @Link @Watch("testNumChange") testNum: number;

  // 当 testNum 发生变化时回调该函数
  testNumChange(propName: string): void {
    // 在控制台记录变量更改信息
    console.log(`LinkChild: testNumChange value ${this.testNum}`);
  }

  // 构建函数
  build() {
    // 列容器组件
    Column() {
      // 按钮组件，设置显示的文本
      Button('incr testNum')
        .onClick(() => {
          // 设置按钮的单击事件处理函数
          // 当按钮被单击时，在控制台记录状态变量值的更改
          console.log(`LinkChild: before value change value ${this.testNum}`);
          // 修改 testNum 的值
          this.testNum = this.testNum + 1
          // 记录修改后的 testNum 值
          console.log(`LinkChild: after value change value ${this.testNum}`);
        })
```

```
      // 文本显示组件，设置显示的文本为 testNum 的值
      Text(`LinkChild: ${this.testNum}`)
      // 构建自定义组件，传入 testNum 的值
      LinkLinkChild({ testNumGrand: $testNum })
      // 构建自定义组件，传入 testNum 的值
      PropLinkChild({ testNumGrand: this.testNum })
    }
    .height(200).width(200) // 设置列容器组件的高度和宽度为 200vp
  }
}
```

（3）LinkLinkChild 和 PropLinkChild 的声明如文件 13-37 所示，PropLinkChild 中的 @Prop 与其父组件建立单向同步关系。

文件 13-37　与父组件建立单向同步的示例代码

```
// 自定义组件
@Component
struct LinkLinkChild {
  // 使用 @Link 装饰表示与父组件建立双向同步
  // 使用 @Watch 装饰表示当该值发生变化时，回调指定的函数
  @Link @Watch("testNumChange") testNumGrand: number;

  // 当 testNumGrand 发生改变时，回调该函数
  testNumChange(propName: string): void {
    console.log(`LinkLinkChild: testNumGrand value ${this.testNumGrand}`);
  }

  // 构建函数
  build() {
    // 文本显示组件
    Text(`LinkLinkChild: ${this.testNumGrand}`)
  }
}

// 自定义组件
@Component
struct PropLinkChild {
  // 使用 @Prop 装饰该变量，表示用于同步父组件的值，当前值的修改不会同步回父组件
  // 使用 @Watch 装饰器表示当该值发生变化时，回调指定的函数
  @Prop @Watch("testNumChange") testNumGrand: number = 0;

  // 当 testNumGrand 的值发生变化时，调用该函数
  testNumChange(propName: string): void {
    console.log(`PropLinkChild: testNumGrand value ${this.testNumGrand}`);
  }

  // 构建函数
  build() {
    // 文本显示组件，设置显示的文本中包含 testNumGrand 的值
    Text(`PropLinkChild: ${this.testNumGrand}`)
      .height(70) // 设置文本显示组件的高度为 70vp
      .backgroundColor(Color.Red)  // 设置文本显示组件的背景色
      .onClick(() => {
        // 设置文本显示组件的单击事件处理函数
        // 当文本显示组件被单击时，修改 testNumGrand 的值（累加 1）
        this.testNumGrand += 1;
```

```
    })
  }
}
```

数据共享和同步规则如图 13-22 所示。

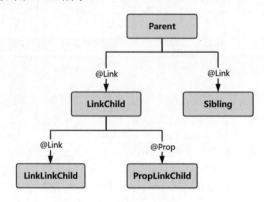

图 13-22 数据共享和同步规则

当 LinkChild 中的@Link testNum 变量发生更改时：

- 更改会首先同步到其父组件 Parent，然后从 Parent 同步到 Sibling。
- LinkChild 中的@Link testNum 变量的更改也会同步到它的子组件 LinkLinkChild 和 PropLinkChild。

@State 装饰器与@Provide、LocalStorage、AppStorage 的主要区别如下：

- 使用@State 时，如果想要将更改传递给孙子节点，必须先将更改传递给子节点，再从子节点传递给孙子节点。
- @State 的数据共享只能通过构造函数的命名参数机制实现，即 CompA: ({ aProp: this.aProp })。

完整展示@State 装饰的变量共享数据的完整示例代码如文件 13-38 所示。

文件 13-38 @State 装饰的变量共享数据的完整示例代码

```
// 自定义组件
@Component
struct LinkLinkChild {
  // @Link 装饰该变量表示与父组件建立双向同步
  // @Watch 装饰器表示当 testNumGrand 的值发生改变时，调用指定的函数
  @Link @Watch("testNumChange") testNumGrand: number;

  // 当 testNumGrand 的值发生改变时，回调该函数
  testNumChange(propName: string): void {
    console.log(`LinkLinkChild: testNumGrand value ${this.testNumGrand}`);
  }

  // 构建函数
  build() {
    // 构建文本显示组件，设置的文本中包含 testNumGrand 的值
    Text(`LinkLinkChild: ${this.testNumGrand}`)
```

```
    }
  }

  // 自定义组件
  @Component
  struct PropLinkChild {
    // @Prop 装饰该状态变量表示与父组件建立单向同步，当前组件中该值的修改不会同步回父组件
    // @Watch 装饰器表示当 testNumGrand 的值发生改变时，回调指定的函数
    @Prop @Watch("testNumChange") testNumGrand: number = 0;

    // 当 testNumGrand 的值发生改变时，回调该函数
    testNumChange(propName: string): void {
      console.log(`PropLinkChild: testNumGrand value ${this.testNumGrand}`);
    }

    // 构建函数
    build() {
      // 文本显示组件，设置的显示文本中包含 testNumGrand 的值
      Text(`PropLinkChild: ${this.testNumGrand}`)
        .height(70) // 设置文本显示组件的高度为 70vp
        .backgroundColor(Color.Red) // 设置文本显示组件的背景色
        .onClick(() => {
          // 设置文本显示组件的单击事件处理函数（即事件处理器）
          // 当文本显示组件被单击时，对 testNumGrand 的值累加 1
          this.testNumGrand += 1;
        })
    }
  }

  // 自定义组件
  @Component
  struct Sibling {
    // @Link 表示与父组件的值建立双向同步
    // @Watch 表示当该状态变量的值发生改变时，回调指定的函数
    @Link @Watch("testNumChange") testNum: number;

    // 当 testNum 的值发生变化时，回调该函数
    testNumChange(propName: string): void {
      console.log(`Sibling: testNumChange value ${this.testNum}`);
    }

    // 构建函数
    build() {
      // 文本显示组件，设置显示的文本中包含 testNum 的值
      Text(`Sibling: ${this.testNum}`)
    }
  }

  // 自定义组件
  @Component
  struct LinkChild {
    // @Link 表示该状态变量的值与父组件建立双向同步
    // @Watch 装饰器表示当该状态变量的值发生改变时，回调指定的函数
    @Link @Watch("testNumChange") testNum: number;
```

```
  // 当 testNum 的值发生改变时，回调该函数
  testNumChange(propName: string): void {
    console.log(`LinkChild: testNumChange value ${this.testNum}`);
  }

  // 构建函数
  build() {
    // 列容器组件
    Column() {
      // 按钮组件，设置显示的文本
      Button('incr testNum')
        .onClick(() => {
          // 设置按钮组件的单击事件处理函数
          // 当按钮被单击时，记录 testNum 修改前的值
          console.log(`LinkChild: before value change value ${this.testNum}`);
          // testNum 的值累加 1
          this.testNum = this.testNum + 1
          // 记录 testNum 修改后的值
          console.log(`LinkChild: after value change value ${this.testNum}`);
        })
      // 文本显示组件，设置显示的文本包含 testNum 的值
      Text(`LinkChild: ${this.testNum}`)
      // 构建自定义组件，传递参数 testNum 的值
      LinkLinkChild({ testNumGrand: $testNum })
      // 构建自定义组件，传递参数 testNum 的值
      PropLinkChild({ testNumGrand: this.testNum })
    }
    .height(200).width(200) // 设置列容器的高度和宽度为 200vp
  }
}

// 主入口
@Entry
@Component
struct Parent {
  // 使用@State 装饰状态变量
  // 使用@Watch 装饰，表示当该状态变量值发生改变时，回调指定的函数
  @State @Watch("testNumChange1") testNum: number = 1;

  // 当 testNum 的值发生改变时，回调该函数
  testNumChange1(propName: string): void {
    console.log(`Parent: testNumChange value ${this.testNum}`)
  }

  // 构建函数
  build() {
    // 列容器组件
    Column() {
      // 构建自定义组件，传入 testNum 的值
      LinkChild({ testNum: $testNum })
      // 构建自定义组件，传入 testNum 的值
      Sibling({ testNum: $testNum })
    }
  }
}
```

2. 使用@Provide 装饰的变量与任何后代组件共享状态数据

@Provide 装饰的变量可以与任何后代组件共享状态数据,其后代组件通过@Consume 创建双向同步。

与@State-@Link-@Link 组合方式相比,@Provide-@Consume 模式在将更改从父组件传递到孙子组件时更加方便。@Provide-@Consume 适用于单个页面的 UI 组件树中需要共享状态数据的场景。

在使用@Provide-@Consume 模式时,@Consume 通过与其祖先组件中的@Provide 绑定相同的key 来连接,而无须通过构造函数的参数来进行传递。

通过@Provide-@Consume 模式,将更改从父组件传递到孙子组件的示例代码如文件 13-39 所示。

文件 13-39　将更改从父组件传递到孙组件的示例代码

```
// 自定义组件
@Component
struct LinkLinkChild {
  // 使用@Consume 装饰器装饰,表示与@Provide 装饰的变量双向同步
  // 使用@Watch 装饰器表示当该值发生改变时,调用指定的函数
  @Consume @Watch("testNumChange") testNum: number;

  // 当 testNum 发生改变时回调该函数
  testNumChange(propName: string): void {
    console.log(`LinkLinkChild: testNum value ${this.testNum}`);
  }

  // 构建函数
  build() {
    // 文本显示组件,设置的显示文本中包含 testNum 的值
    Text(`LinkLinkChild: ${this.testNum}`)
  }
}

// 自定义组件
@Component
struct PropLinkChild {
  // @Prop 装饰器表示与父组件建立单向数据同步,该组件中值的修改不会同步回父组件
  // @Watch 装饰器表示当该值发生改变时回调指定的函数
  @Prop @Watch("testNumChange") testNumGrand: number = 0;

  // 当 testNumGrand 的值发生改变时回调该函数
  testNumChange(propName: string): void {
    console.log(`PropLinkChild: testNumGrand value ${this.testNumGrand}`);
  }

  // 构建函数
  build() {
    // 文本显示组件,设置的显示文本中包含 testNumGrand 的值
    Text(`PropLinkChild: ${this.testNumGrand}`)
      ...
      .onClick(() => {
        // 设置文本显示组件的单击事件处理函数
        // 当文本显示组件被单击时,将 testNumGrand 的值累加 1
```

```
            this.testNumGrand += 1;
        })
    }
}

// 自定义组件
@Component
struct Sibling {
    // @Consume 表示与使用@Provide 装饰的状态变量保持双向同步
    // @Watch 装饰器表示该状态变量的值发生改变时回调指定的函数
    @Consume @Watch("testNumChange") testNum: number;

    // 当 testNumGrand 的值发生改变时回调该函数
    testNumChange(propName: string): void {
        console.log(`Sibling: testNumChange value ${this.testNum}`);
    }

    // 构建函数
    build() {
        // 文本显示组件，设置的显示文本中包含 testNumGrand 的值
        Text(`Sibling: ${this.testNum}`)
    }
}

// 自定义组件
@Component
struct LinkChild {
    // @Consume 装饰器表示与祖先组件或父组件中的使用@Provide 装饰的状态变量保持双向同步
    // @Watch 表示当 testNum 的值发生改变时回调指定的函数
    @Consume @Watch("testNumChange") testNum: number;

    // 当 testNum 的值发生改变时回调该函数
    testNumChange(propName: string): void {
        console.log(`LinkChild: testNumChange value ${this.testNum}`);
    }

    // 构建函数
    build() {
        // 列容器组件
        Column() {
            // 按钮组件，设置显示的文本
            Button('incr testNum')
                .onClick(() => {
                    // 设置按钮组件单击事件处理函数
                    // 控制台记录 testNum 修改前的值
                    console.log(`LinkChild: before value change value ${this.testNum}`);
                    // testNum 的值累加 1
                    this.testNum = this.testNum + 1
                    // 控制台记录 testNum 修改后的值
                    console.log(`LinkChild: after value change value ${this.testNum}`);
                })
            // 文本显示组件，设置的显示文本中包含 testNum 的值
            Text(`LinkChild: ${this.testNum}`)
```

```
    // 构建子组件
    LinkLinkChild({ /* empty */ })
    // 构建子组件，传入 testNum 的值
    PropLinkChild({ testNumGrand: this.testNum })
  }
  .height(200).width(200) // 设置列容器组件的高度和宽度为 200vp
  }
}

// 主入口
@Entry
@Component
struct Parent {
  // @Provide 装饰器装饰该状态变量，用于与子孙组件保持双向同步
  // @Watch 装饰器表示当 testNum 的值发生改变时回调指定的函数
  @Provide @Watch("testNumChange1") testNum: number = 1;

  // 当 testNum 的值发生改变时回调该函数
  testNumChange1(propName: string): void {
    console.log(`Parent: testNumChange value ${this.testNum}`)
  }

  // 构建函数
  build() {
    // 列容器组件
    Column() {
      // 构建子组件
      LinkChild({ /* empty */ })
      // 构建子组件
      Sibling({ /* empty */ })
    }
  }
}
```

3. 为 LocalStorage 实例中对应的属性建立双向或单向同步

通过@LocalStorageLink 和@LocalStorageProp，可以为 LocalStorage 实例中的属性建立双向或单向同步。可以将 LocalStorage 实例视为@State 变量的 Map，属性名作为 Map 中的 key。

LocalStorage 对象可以在 ArkUI 应用程序的多个页面上共享。因此，使用@LocalStorageLink、@LocalStorageProp 和 LocalStorage 可以在应用程序的不同页面之间共享状态。

下面将展示一个示例，在该示例中操作流程为：

（1）创建一个 LocalStorage 实例，并通过@Entry(storage)将其注入根节点。

（2）在 Parent 组件中初始化@LocalStorageLink("testNum")变量时，将在 LocalStorage 实例中创建 testNum 属性，并指定其初始值为 1，即@LocalStorageLink("testNum") testNum: number = 1。

（3）在所有子组件中，使用@LocalStorageLink 或@LocalStorageProp 绑定同一个属性名 key 来传递数据。

@LocalStorageLink 和 LocalStorage 中对应属性的同步行为与@State 和@Link 一致，都为双向数据同步。

组件的状态更新如图 13-23 所示。

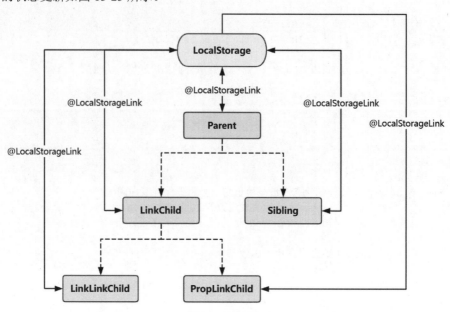

图 13-23　组件的状态更新

LocalStorage 更新组件数据的示例代码如文件 13-40 所示。

文件 13-40　LocalStorage 更新组件数据的示例代码

```
// 自定义组件
@Component
struct LinkLinkChild {
  // @LocalStorageLink 装饰器表示该状态变量的值与页面级状态存储中 testNum 的值保持双向同
步
  // @Watch 表示当 testNum 的值发生变化时，回调指定的函数
  @LocalStorageLink("testNum") @Watch("testNumChange") testNum: number = 1;

  // 当 testNum 的值发生改变时，回调该函数
  testNumChange(propName: string): void {
    console.log(`LinkLinkChild: testNum value ${this.testNum}`);
  }

  // 构建函数
  build() {
    // 文本显示组件，设置显示的文本中包含 testNum 的值
    Text(`LinkLinkChild: ${this.testNum}`)
  }
}

// 自定义组件
@Component
struct PropLinkChild {
  // @LocalStorageProp 装饰器表示该状态变量的值与页面级状态存储中 testNum 的值保持单向同
步
  // @Watch 装饰器表示当 testNumGrand 的值发生改变时，回调指定的函数
  @LocalStorageProp("testNum") @Watch("testNumChange") testNumGrand: number =
```

```
1;
    // 当 testNumGrand 的值发生改变时，回调该函数
    testNumChange(propName: string): void {
      console.log(`PropLinkChild: testNumGrand value ${this.testNumGrand}`);
    }

    // 构建函数
    build() {
      // 文本显示组件，设置的显示文本中包含 testNumGrand 的值
      Text(`PropLinkChild: ${this.testNumGrand}`)
        .height(70) // 设置按钮的高度为 70vp
        .backgroundColor(Color.Red) // 设置文本显示组件的背景色
        .onClick(() => {
          // 设置文本显示组件的单击事件处理函数
          // 当文本显示组件被单击时，testNumGrand 的值累加 1
          this.testNumGrand += 1;
        })
    }
}
...
```

4. 为 AppStorage 中对应的属性建立双向或单向同步

AppStorage 是 LocalStorage 的单例对象，ArkUI 在应用程序启动时创建该对象。使用 @StorageLink 和 @StorageProp 可以在多个页面之间共享数据，具体使用方法和 LocalStorage 类似。

此外，还可以使用 PersistentStorage 将 AppStorage 中的特定属性持久化到本地磁盘的文件中，下次启动时，@StorageLink 和 @StorageProp 将恢复上次应用退出时的数据。

与 AppStorage 中的属性建立双向或单向同步的示例代码如文件 13-41 所示。

文件 13-41　与 AppStorage 中的属性建立双向或单向同步的示例代码

```
// 自定义组件
@Component
struct LinkLinkChild {
  // @StorageLink 装饰器表示该状态变量与 AppStorage 中的 testNum 属性建立双向数据同步
  // @Watch 装饰器表示当该状态变量的值更改时，回调指定的函数
  @StorageLink("testNum") @Watch("testNumChange") testNum: number = 1;

  // 当 testNum 的值发生改变时，回调该函数
  testNumChange(propName: string): void {
    console.log(`LinkLinkChild: testNum value ${this.testNum}`);
  }

  // 构建函数
  build() {
    // 文本显示组件，设置显示的文本中包含 testNum 的值
    Text(`LinkLinkChild: ${this.testNum}`)
  }
}

// 自定义组件
@Component
```

```
struct PropLinkChild {
    // @StorageProp 表示该状态变量与 AppStorage 中的 testNum 建立单向数据同步，该变量本地
值的更改不会同步回 AppStorage
    // @Watch 装饰器表示当该变量的值发生更改时，回调指定的函数
    @StorageProp("testNum") @Watch("testNumChange") testNumGrand: number = 1;

    // 当 testNumGrand 的值发生更改时，回调该函数
    testNumChange(propName: string): void {
        console.log(`ProplinkChild: testNumGrand value ${this.testNumGrand}`);
    }

    // 构建函数
    build() {
        // 文本显示组件，设置的显示文本中包含 testNumGrand 的值
        Text(`PropLinkChild: ${this.testNumGrand}`)
            .height(70) // 设置文本显示组件的高度为 70vp
            .backgroundColor(Color.Red) // 设置文本显示组件的背景色
            .onClick(() => {
                // 设置文本显示组件的单击事件处理函数
                // 当文本显示组件被单击时，将 testNumGrand 的值累加 1
                this.testNumGrand += 1;
            })
    }
}
...
```

13.12.3　ViewModel 的嵌套场景

大多数情况下，ViewModel 数据项是复杂类型，例如对象数组、嵌套对象或这些类型的组合。对于嵌套场景，可以使用@Observed 搭配@Prop 或@ObjectLink 来观察变化。

1. @Prop 和@ObjectLink 嵌套数据结构

推荐设计独立的自定义组件来渲染每一个数组或对象。在这种情况下，对象数组或嵌套对象需要两个自定义组件：一个自定义组件渲染外部数组或对象，另一个自定义组件渲染嵌套在数组或对象内的类对象。@State、@Prop、@Link、@ObjectLink 装饰的变量只能观察到嵌套结构中第一层的变化。

（1）对于类：

● 可以观察到赋值的变化：this.obj=new ClassObj(...)。

● 可以观察到对象属性的更改：this.obj.a=new ClassA(...)。

● 不能观察更深层级的属性更改：this.obj.a.b = 47。

（2）对于数组：

● 可以观察到数组的整体赋值：this.arr=[...]。

● 可以观察到数据项的删除、插入和替换：this.arr[1] = new ClassA()、this.arr.pop()、this.arr.push(new ClassA(...))、this.arr.sort(...)。

● 不能观察更深层级的数组变化：this.arr[1].b = 47。

如果要观察嵌套类的内部对象的变化，可以使用 @ObjectLink 或 @Prop。优先考虑使用 @ObjectLink，它通过嵌套对象内部属性的引用初始化自身。@Prop 通过对嵌套对象在内部的对象进行深度拷贝初始化，从而实现单向同步。在性能上，@Prop 的深度拷贝比 @ObjectLink 的引用拷贝要慢很多。

@ObjectLink 或 @Prop 可以用来存储嵌套内部的类对象，该类必须使用 @Observed 装饰器来装饰，否则类的属性改变并不会触发更新，UI 也不会刷新。@Observed 为其装饰的类实现自定义构造函数，该构造函数创建了类的实例，并使用 ES6 代理包装（由 ArkUI 框架实现），以拦截装饰类属性的所有 get 和 set 操作。

● set 用于观察属性值，当发生赋值操作时，通知 ArkUI 框架更新。
● get 用于收集依赖该状态变量的 UI 组件，从而实现最小化 UI 更新。

如果嵌套数据内部是数组或类，则需要根据以下场景使用 @Observed 类装饰器。

（1）如果嵌套数据内部是类，那么可以直接使用 @Observed 装饰。
（2）如果嵌套数据内部是数组，可以通过如下示例代码（见文件 13-42）来观察数组变化。

文件 13-42 观察嵌套数据结构变化的示例代码

```
// 使用@Observed 装饰器装饰该类，用于在其他位置观察该类属性的变化。该装饰器用于观察嵌套对
象属性或数组元素变化的场景
@Observed class ObservedArray<T> extends Array<T> {
  // 构造器
  constructor(args: T[]) {
    if (args instanceof Array) { // 如果传递的参数是 Array 类型，则调用包含 Array 参
数的父类构造器
      super(...args);
    } else {
      super(args) // 否则直接调用父类构造器
    }
  }
  /* otherwise empty */
}
```

ViewModel 为外层类的示例代码如文件 13-43 所示。

文件 13-43 外层类的示例代码

```
class Outer {
  innerArrayProp : ObservedArray<string> = [];
  // ...
}
```

2. 嵌套数据结构中 @Prop 和 @ObjectLink 的区别

在 ArkTS 语言中，@Prop 和 @ObjectLink 是两种不同的装饰器，它们用于处理组件之间的数据同步。

@Prop 装饰器用于单向数据绑定。当父组件的状态改变时，这个变化会同步到 @Prop 的子组件

中。但是，子组件对@Prop 变量的修改不会影响到父组件。@Prop 适用于简单数据类型的同步，如字符串、数字、布尔值等。它在本地复制了数据源，因此允许本地修改，但如果父组件中的数据源有更新，@Prop 变量的本地修改将被覆盖。

@ObjectLink 装饰器用于双向数据绑定，特别是在处理嵌套对象或数组时。它要求与@Observed 装饰器一起使用，以确保可以观察到嵌套对象或数组的变化。@ObjectLink 装饰的变量相当于指向数据源的指针，而不是数据的副本。这意味着对@ObjectLink 变量的任何修改都会反映到数据源上，从而实现双向同步。但是，@ObjectLink 装饰的变量不能被赋值，即不能重新指向一个对象，否则会打断同步源。

总的来说，@Prop 适用于简单的单向数据流，而@ObjectLink 适用于需要双向同步的复杂数据结构，特别是在涉及对象或数组的嵌套时。

下面将通过一个示例来演示嵌套数据的更新，在这个示例中：

（1）父组件 ViewB 渲染@State arrA：Array<ClassA>。@State 可以观察新数组的分配以及数组项的插入、删除和替换。

（2）子组件 ViewA 渲染每一个 ClassA 的对象。

（3）类装饰器@Observed ClassA 与@ObjectLink a: ClassA 可以观察嵌套在 Array 内的 ClassA 对象的变化。

（4）不使用@Observed 时，ViewB 中的 this.arrA[Math.floor(this.arrA.length/2)].c=10 将不会被观察到，相应的 ViewA 组件也不会更新。

对于数组中的第一项和第二项，都初始化了两个 ViewA 的对象，渲染了同一个 ViewA 实例。当一个 ViewA 中的属性被赋值 this.a.c += 1;时，不会引发另外一个使用了同一个 ClassA 初始化的 ViewA 的渲染更新。

嵌套数据更新规则如图 13-24 所示。

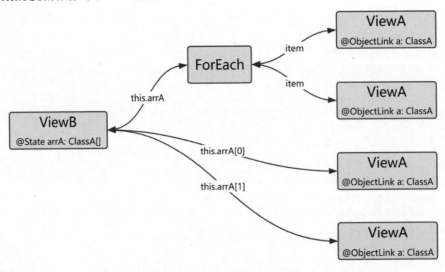

图 13-24　嵌套数据更新规则

演示嵌套数据更新的示例代码如文件 13-44 所示。

文件 13-44　演示嵌套数据更的新示例代码

```
// 声明全局变量
let NextID: number = 1;

// 类装饰器@Observed 装饰 ClassA，让该类的属性变化在其他位置被观察到
@Observed
class ClassA {
  public id: number; // 数字类型的 id 属性
  public c: number;  // 数字类型的 c 属性
  ...
}

// 自定义组件
@Component
struct ViewA {
  // @ObjectLink 装饰器一般用于嵌套类对象属性或数组元素发生变化的场景，用于与父组件建立双
向同步
  @ObjectLink a: ClassA;
  // 常规变量
  label: string = "ViewA1";

  ...
}

// 主入口
@Entry
@Component
struct ViewB {
  // @State 装饰器表示当前变量为状态变量，此处新建两个 ClassA 对象，初始化一个数组，并赋值
给 arrA 变量
  @State arrA: ClassA[] = [new ClassA(0), new ClassA(0)];

  // 构建函数
  build() {
    // 列容器组件
    Column() {
      // ForEach 遍历 arrA 数组
      ForEach(this.arrA,
        (item: ClassA) => {
          // 使用当前遍历到的 item 构建自定义组件,传递的参数 label 为 item 的 id 值加前缀"#",
a 为 item
          ViewA({ label: `#${item.id}`, a: item })
        },
        (item: ClassA): string => {
          return item.id.toString();
        } // 将 item 的 id 转换为字符串作为 key
      )
      ...
      // 按钮组件
      Button(`ViewB: reset array`)
        .onClick(() => {
          // 替换整个数组，会被@State this.arrA 观察到
          this.arrA = [new ClassA(0), new ClassA(0)];
        })
```

```
      // 按钮组件
      Button(`array push`)
        .onClick(() => {
          // 在数组中插入数据，会被@State this.arrA 观察到
          this.arrA.push(new ClassA(0))
        })
      ...
    }
  }
}
```

在 ViewA 中，将@ObjectLink 替换为@Prop 的示例代码如文件 13-45 所示。

文件 13-45 @ObjectLink 用法的示例代码

```
// 自定义组件
@Component
struct ViewA {
  // @Prop 装饰器用于从父组件单向同步值
  @Prop a: ClassA = new ClassA(0);
  // 常规变量
  label: string = "ViewA1";

  // 构建函数
  build() {
    // 行容器组件
Row() {
  // 按钮组件，设置的显示文本中包含属性 a 对象的 c 属性值
    Button(`ViewA [${this.label}] this.a.c= ${this.a.c} +1`)
      .onClick(() => {
        // 更改 a 对象 c 属性的值
        this.a.c += 1;
      })
    }
  }
}
```

与使用@Prop 装饰不同，使用@ObjectLink 装饰时，单击数组的第一个或第二个元素，后面两个 ViewA 会发生同步的变化。

@Prop 实现的是单向数据同步，这意味着在 ViewA 内的按钮只会触发该按钮自身的刷新，而不会影响到其他 ViewA 实例。在 ViewA 中的 ClassA 只是一个副本，并不是其父组件中@State arrA: Array<ClassA>中的对象，也不是其他 ViewA 中的 ClassA 实例。这使得数组中的元素与 ViewA 中的元素看似传入的是同一个对象，但实际上在 UI 渲染时使用的是两个互不相关的对象。

@Prop 和@ObjectLink 还有一个区别：@ObjectLink 装饰的变量仅可读，不能被赋值；@Prop 装饰的变量可以被赋值。

（1）@ObjectLink 实现双向同步，因为它是通过数据源的引用初始化的。

（2）@Prop 实现单向同步，需要进行数据源的深拷贝。

（3）对于@Prop，赋值新的对象只是简单地将本地值覆写，但对于实现双向数据同步的@ObjectLink，覆写新的对象相当于更新数据源中的数组项或类的属性，这在 TypeScript 和 JavaScript 中是不能实现的。

13.12.4　MVVM 应用示例

本节将深入探讨嵌套 ViewModel 的应用程序设计，特别是使用自定义组件渲染嵌套的对象。该场景在实际的应用开发中十分常见。

下面以开发一个电话簿应用为例进行介绍。该应用实现如下功能：

（1）显示联系人和设备（"me"）的电话号码。

（2）选中联系人时，进入可编辑状态 Edit，可以更新该联系人的详细信息，包括电话号码和住址。

（3）在更新联系人信息时，只有在单击 Save Changes 按钮之后才会保存更改。

（4）单击 Delete Contact 按钮后，可以在联系人列表中删除该联系人。

ViewModel 需要实现 AddressBook 类、Person 类、selected、PersonView、PersonEditView。

1）AddressBook 类

AddressBook 类用于管理和存储个人信息及联系人的集合。它包含以下两个变量：

- 变量 me（设备）：类型为 Person 类。这个变量用于存储与当前设备或用户相关的个人信息。通过这个变量，可以访问该用户的姓名、地址和电话号码等信息。me 变量的存在使得 AddressBook 类能够明确标识出当前用户的信息。
- 变量 contacts（设备联系人）：类型为 Person[]（即 Person 类的数组）。该变量用于存储多个 Person 实例，代表与当前用户相关的联系人列表。每个 Person 对象在这个数组中存储一个联系人的信息，包括姓名、地址和电话号码等。contacts 数组使得 AddressBook 类能够管理多个联系人，便于查找、添加或删除联系人信息。

AddressBook 类声明的示例代码如文件 13-46 所示。

文件 13-46　AddressBook 类声明的示例代码

```
// 声明自定义类 AddressBook，并导出该类以在别的位置使用
export class AddressBook {
  me: Person; // Person 类型的属性 me
  contacts: ObservedArray<Person>; // 数组类型的属性 contacts

  // 构造器
  constructor(me: Person, contacts: Person[]) {
    this.me = me; // 给 me 属性赋值
    this.contacts = new ObservedArray<Person>(contacts); // 给 contacts 属性赋值，
此处新建了数组对象
  }
}
```

2）Person 类

Person 类中定义了一些属性，具体如下：

（1）name：类型为 string，用于存储联系人的姓名。

（2）address：类型为 Address，这是一个嵌套的类实例，表示与该联系人相关的地址信息。

嵌套的 Address 类包含以下属性：

- street: 类型为 string，表示街道名称。
- zip: 类型为 number，表示邮政编码。
- city: 类型为 string，表示城市名称。

Address 类声明的示例程序如文件 13-47 所示。

文件 13-47 Address 类声明的示例程序

```
// @Observed 装饰器装饰该类，用于让其他组件观察到该类属性值的变化
@Observed
export class Address {
  street: string; // 字符串属性 street
  zip: number;    // 数字类型属性 zip
  city: string;   // 字符串类型属性 city

  // 构造器
  constructor(street: string,
    zip: number,
    city: string) {
    this.street = street; // 给 street 属性赋值
    this.zip = zip;       // 给 zip 属性赋值
    this.city = city;     // 给 city 属性赋值
  }
}
```

（3）phones：类型为 ObservedArray<string>，这是一个观察数组，用于存储与该联系人相关的多个电话号码。使用 ObservedArray 表示这个数组是可观察的，这意味着当数组的内容发生变化时，可以自动通知相关的界面或组件进行更新。

Person 类声明的示例程序如文件 13-48 所示。

文件 13-48 Person 类声明的示例程序

```
// 全局变量
let nextId = 0;

// @Observed 装饰器装饰该类，用于让其他组件观察到该类属性值的变化
@Observed
export class Person {
  id_: string;   // 字符串类型属性 id
  name: string;  // 字符串类型属性 name
  address: Address; // Address 类型属性 address
  phones: ObservedArray<string>; // 数组类型属性 phones

  // 构造器
  constructor(name: string,
    street: string,
    zip: number,
    city: string,
    phones: string[]) {
    this.id_ = `${nextId}`; // 给 id_ 属性赋值
    nextId++; // 累加全局变量值
```

```
    this.name = name; // 给 name 属性赋值
    this.address = new Address(street, zip, city); // 新建 Address 对象给 address
属性赋值
    this.phones = new ObservedArray<string>(phones); // 新建数组对象给 phones 属
性赋值
  }
}
```

需要注意的是，由于 phones 是一个嵌套属性，因此如果要观察 phones 的变化，必须扩展 Array
类，并使用@Observed 装饰器来装饰它。这确保了对 phones 数组的任何修改都能被自动监测并触发
相应的更新，从而保持 UI 的同步。ObservedArray 类声明的示例代码如文件 13-49 所示。

文件 13-49　ObservedArray 类声明的示例代码

```
// @Observed 装饰器装饰该类，用于让别的组件观察到该类属性值的变化
@Observed
export class ObservedArray<T> extends Array<T> {
  // 构造器
  constructor(args: T[]) {
    // 控制台打印
    console.log(`ObservedArray: ${JSON.stringify(args)} `)
    if (args instanceof Array) {      // 如果 args 是 Array 类型
      super(...args);                 // 则调用包含 Array 类型参数的父类构造器
} else {
  // 否则直接调用父类构造器
      super(args)
    }
  }
}
```

3）selected：对 Person 的引用

电话簿应用的更新流程如下：

在根节点 PageEntry 中初始化所有数据，为变量 me、contacts 及其子组件 AddressBookView 建
立双向数据同步，selectedPerson 默认为 me。需要注意的是，selectedPerson 并不是 PageEntry 数据源
中的数据，而是数据源中对某一个 Person 的引用。

PageEntry 和 AddressBookView 声明的示例代码如文件 13-50 所示。

文件 13-50　PageEntry 和 AddressBookView 声明的示例代码

```
// 自定义组件
@Component
struct AddressBookView {
  // @ObjectLink 装饰器表示当前 me 变量与父组件中的数据双向同步
  @ObjectLink me: Person;
  // @ObjectLink 装饰器表示当前的 contacts 数组的值与父组件中的数据双向同步
  @ObjectLink contacts: ObservedArray<Person>;
  // @State 表示该变量是状态变量，此处给状态变量新建空的 Person 对象
  @State selectedPerson: Person = new Person("", "", 0, "", []);

  // 在页面渲染之前，将当前的 person 属性值赋给 selectedPerson 属性
  aboutToAppear() {
    this.selectedPerson = this.me;
```

```
    }

    // 构建函数
    build() {
      // 弹性布局组件，设置主轴方向为 Column，子组件对齐方式为起始对齐
      Flex({ direction: FlexDirection.Column, justifyContent: FlexAlign.Start })
{
        // 文本显示组件
        Text("Me:")
        // 构建自定义组件
        PersonView({
          person: this.me, // 传入当前 me 属性的值
          phones: this.me.phones, // 传入当前 me 属性的 phones 属性的值
          selectedPerson: this.selectedPerson // 传入当前选中的人员对象
        })
        // 画分割线，设置高度为 8vp
        Divider().height(8)
        // ForEach 遍历通讯录数组，contact 为当前遍历到的通讯录条目 Person 对象
        ForEach(this.contacts, (contact: Person) => {
          // 构建自定义组件
          PersonView({
            person: contact, // 传入当前通讯录条目
            phones: contact.phones as ObservedArray<string>, // 传入当前通讯录条目
的 phones 属性值
            selectedPerson: this.selectedPerson // 传入当前选中的人员对象
          })
        },
          (contact: Person): string => {
            return contact.id_;
          } // 将当前通讯录条目的 id_ 属性值作为 key
        )
        // 画分割线，高度设置为 8vp
        Divider().height(8)
        // 文本显示组件
        Text("Edit:")
        // 构建自定义组件
        PersonEditView({
          selectedPerson: this.selectedPerson,  // 传入当前选中的人员对象
          name: this.selectedPerson.name,          // 传入当前选中的人员对象的 name 属性
值
          address: this.selectedPerson.address, // 传入当前选中的人员对象的 address
属性值
          phones: this.selectedPerson.phones // 传入当前选中的人员对象的 phones 属性值
        })
      }
      // 设置弹性布局组件的边框样式为实线，同时设置边框的宽度、边框的颜色以及边框圆角半径
      .borderStyle(BorderStyle.Solid).borderWidth(5).borderColor(0xAFEEEE).bor
derRadius(5)
    }
  }
```

```
    ...
  }
```

4）PersonView

PersonView 是电话簿中用于显示联系人姓名和首选电话的视图。当用户选择一个联系人时，该联系人会被高亮显示，因此需要将当前选中的 Person 同步回其父组件 AddressBookView 的 selectedPerson 中。为此，可以通过@Link 来建立双向同步关系，以确保在 PersonView 中的选择会自动更新到 AddressBookView，反之亦然。

PersonView 声明的示例代码如文件 13-51 所示。

文件 13-51　PersonView 声明的示例代码

```
// 自定义组件
// 显示联系人姓名和首选电话
// 为了更新电话号码，这里需要@ObjectLink person 和@ObjectLink phones
// 显示首选号码不能使用 this.person.phones[0]，因为@ObjectLink person 只代理了 Person
的属性，数组内部的变化观察不到
// 触发 onClick 事件更新 selectedPerson
@Component
struct PersonView {
  // @ObjectLink 装饰器表示此处的 person 对象与父组件中的值双向同步
  @ObjectLink person: Person;
  // @ObjectLink 装饰器表示此处的 phones 数组与父组件中的值双向同步
  @ObjectLink phones: ObservedArray<string>;
  // @Link 装饰器表示此处的变量与父组件中的值双向同步
  @Link selectedPerson: Person;

  // 构建函数
  build() {
    // 弹性布局组件，设置主轴方向为 Row 的方向，子组件的对齐方式为等距对齐
  Flex({ direction: FlexDirection.Row, justifyContent: FlexAlign.SpaceBetween })
{
    // 文本显示组件，显示的值是当前 person 对象的 name 属性值
      Text(this.person.name)
      if (this.phones.length > 0) {        // 如果电话号码数组中包含元素
        // 则构建文本显示组件，显示电话本中的第一个电话号码
        Text(this.phones[0])
      }
    }
  .height(55) // 设置弹性布局的高度为 55vp
  // 设置弹性布局组件的背景色，背景色根据是否选中来设置不同的颜色
    .backgroundColor(this.selectedPerson.name == this.person.name ? "#ffa0a0" :
"#ffffff")
    .onClick(() => {
    // 单击弹性布局组件时，将 person 赋值给 selectedPerson 属性
      this.selectedPerson = this.person;
    })
  }
}
```

5）PersonEditView

选中的 Person 会在 PersonEditView 中显示详细信息。对于 PersonEditView 的数据同步，分为以下三种方式：

（1）在 Edit 状态下，通过 Input.onChange 回调事件接收用户的键盘输入。在单击 Save Changes 按钮之前，修改内容不希望同步回数据源，但希望在当前的 PersonEditView 中刷新，因此使用@Prop 深拷贝当前 Person 的详细信息。

（2）PersonEditView 通过@Link selectedPerson: Person 和 AddressBookView 的 selectedPerson 建立双向同步，当用户单击 Save Changes 按钮时，@Prop 的修改将赋值给@Link 中的 seletedPerson: Person，这意味着数据将同步回数据源。

（3）在 PersonEditView 中，通过@Consume 将 addrBook: AddressBook 和根节点 PageEntry 建立跨组件层级的双向同步关系，当用户在 PersonEditView 界面删除某一个联系人时，修改会直接同步回 PageEntry，PageEntry 的更新会通知 AddressBookView 刷新 contracts 的列表页。

PersonEditView 声明的示例代码如文件 13-52 所示。

文件 13-52　PersonEditView 声明的示例代码

```
// 渲染 Person 的详细信息
// @Prop 装饰的变量从父组件 AddressBookView 深拷贝数据，将变化保留在本地，TextInput 的
变化只会在本地副本上进行修改
// 单击 Save Changes 按钮时会将所有数据的复制通过@Prop 和@Link 同步到其他组件
@Component
struct PersonEditView {
  @Consume addrBook: AddressBook;
  // 指向父组件 selectedPerson 的引用
  @Link selectedPerson: Person;
  // 在本地副本上编辑，直到单击保存
  @Prop name: string = "";
  @Prop address: Address = new Address("", 0, "");
  @Prop phones: ObservedArray<string> = [];

  // 获取选中人员在通讯录中的索引值
  selectedPersonIndex(): number {
    // 根据选中人员的 id_属性值与通讯录数组中所有人员的 id_属性值对比得到
    return this.addrBook.contacts.findIndex((person: Person) => person.id_ ==
this.selectedPerson.id_);
  }

  // 构建函数
  build() {
    // 列容器组件
    Column() {
      // 文本输入组件，默认显示当前 name 属性的值
      TextInput({ text: this.name })
        .onChange((value) => {
          // 设置值变更事件处理函数
          // 当文本输入组件的值发生更改时，将新值赋给当前 name 属性
```

```
              this.name = value;
          })
      ...

      if (this.phones.length > 0) {     // 判断 phones 中是否有电话号码存在，如果有，
          // ForEach 遍历 phones 数组，phone 是当前遍历到的值，index 是遍历到的值的索引，但
该值可能是 null 或 undefined，因此使用 "?"
          ForEach(this.phones,
            (phone: ResourceStr, index?: number) => {
              // 文本输入组件，显示的文本是当前遍历到的电话号码
              TextInput({ text: phone })
                .width(150) // 设置文本输入组件的宽度为 150vp
                .onChange((value) => {
                  // 当文本输入组件的值发生了变化时，在控制台打印信息
                  console.log(`${index}. ${value} value has changed`)
                  // 此处断言 index 不是 null 或 undefined，并将新值赋给 phones 中对应索引处
的元素
                  this.phones[index!] = value;
                })
            },
            (phone: ResourceStr, index?: number) => `${index}`  // 将 index 的值作为
key
          )
      }

      ...
    }
  }
}
```

其中关于@ObjectLink 和@Link 的区别要注意以下几点：

（1）在 AddressBookView 中实现和父组件 PageView 的双向同步，需要使用@ObjectLink me：Person 和@ObjectLink contacts：ObservedArray<Person>，而不能使用@Link，原因如下：

● @Link 需要和其数据源类型完全相同，且只能观察到第一层的变化。

● @ObjectLink 可以通过数据源的属性进行初始化，且代理了@Observed 装饰类的属性，可以观察到被装饰类属性的变化。

（2）当联系人姓名（Person.name）或首选电话号码（Person.phones[0]）发生更新时，PersonView 也需要同步刷新。在这种情况下，Person.phones[0]属于第二层的更新，如果使用@Link，则无法观察到该变化，因为@Link 只能观察第一层，且@Link 需要与其数据源类型完全相同。因此，在 PersonView 中也需要使用@ObjectLink，即@ObjectLink person：Person 和@ObjectLink phones：ObservedArray<string>。

数据同步规则如图 13-25 所示。

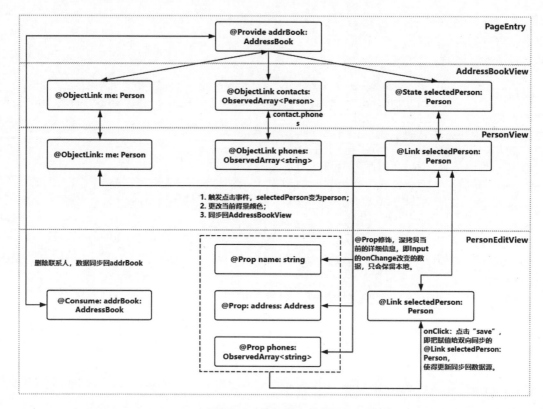

图 13-25　数据同步示意图

在这个例子中，我们可以大致了解到如何构建 ViewModel：在应用的根节点中，ViewModel 的数据可能是一个庞大的嵌套数据，但在 ViewModel 和 View 的适配和渲染过程中，应尽量将 ViewModel 的数据项和 View 相适配，使得每一层的 View 数据相对"扁平"，只需观察当前层的数据即可。

在实际的应用开发中，虽然可能无法避免构建一个庞大的 Model，但可以在 UI 树状结构中合理拆分数据，使 ViewModel 和 View 更好地适配，从而通过最小化更新实现高性能开发。

完整的应用代码如文件 13-53~文件 13-55 所示。

文件 13-53　main_pages.json

```
{
  "src": [
    "pro/P2"
  ]
}
```

文件 13-54　pro/P1.ets

```
// ViewModel classes
// 声明全局变量
let nextId = 0;

// @Observed 装饰器表示当前类的属性变化可以被观察到
@Observed
export class ObservedArray<T> extends Array<T> {
```

```
  // 构造器
  constructor(args: T[]) {
    // 将参数 args 转换为 JSON 字符串之后在控制台打印
    console.log(`ObservedArray: ${JSON.stringify(args)} `)
if (args instanceof Array) {
    // 如果 args 是 Array 类型，则调用包含数组参数的父类构造器
      super(...args);
} else {
    // 否则直接调用父类构造器
      super(args)
    }
  }
}


// @Observed 装饰器表示该类的属性变化可以被观察到
@Observed
export class Address {
  street: string; // 字符串属性 street
  zip: number;      // 数字类型属性 zip
  city: string;     // 字符串类型属性 city

  ...
}


// @Observed 装饰器表示该类属性的变化可以被观察到
@Observed
export class Person {
  id_ : string;    // 字符串属性 id
  name: string;    // 字符串属性 name
  address: Address; // Address 类型属性 address
  phones: ObservedArray<string>; // 字符串数组类型属性 phones

  ...
}


// 导出 AddressBook 类，以让该类在外部可用
export class AddressBook {
  me: Person; // Person 类型的属性 me
  contacts: ObservedArray<Person>; // 数组类型属性 contacts

  // 构造器
  constructor(me: Person, contacts: Person[]) {
    this.me = me; // 给属性 me 赋值
    this.contacts = new ObservedArray<Person>(contacts); // 给属性 contacts 赋值
  }
}
```

文件 13-55　pro/P2.ets

```
// 渲染出 Person 对象的名称和 Observed 数组<string>中的第一个号码
import { Address, AddressBook, ObservedArray, Person } from './P1';

// 自定义组件
// 为了更新电话号码，这里@ObjectLink person 和@ObjectLink phones
// 不能使用 this.person.phones，否则内部数组的更改不会被观察到
```

```
// 在 AddressBookView、PersonEditView 中为 onClick 更新 selectedPerson
@Component
struct PersonView {
  // @ObjectLink 装饰器装饰 person 状态变量，表示与 Person 中的属性建立双向数据同步，包括
嵌套的类型
  @ObjectLink person: Person;
  // @ObjectLink 装饰器表示该状态变量与 ObservedArray 中的属性建立双向数据同步，
ObservedArray 是数组类型
  @ObjectLink phones: ObservedArray<string>;
  // @Link 装饰器表示父子组件间是双向数据同步
  @Link selectedPerson: Person;

  ...
}

// 自定义组件
@Component
struct phonesNumber {
  // @ObjectLink 装饰器表示与数组元素建立双向数据同步
  @ObjectLink phoneNumber: ObservedArray<string>

  // 构建函数
  build() {
    // 列容器组件
    Column() {
      // 使用 ForEach 遍历电话号码，其中 phone 是当前遍历到的电话号码，index 是该电话号码
在 phoneNumber 中的索引
      ForEach(this.phoneNumber,
        (phone: ResourceStr, index?: number) => {
          // 基于电话号码构建文本输入组件
          TextInput({ text: phone })
            .width(150) // 设置文本输入组件的宽度为 150vp
            .onChange((value) => {
              // 给文本输入组件设置值更改事件处理函数
              // 当文本输入组件的值更改时，在控制台记录更改后的值
              console.log(`${index}. ${value} value has changed`)
              // 如果 index 存在，则设置 index 处的电话号码为新的值
              this.phoneNumber[index!] = value;
            })
        }, // 使用当前索引处的电话号码拼接索引值的字符串作为 key
        (phone: ResourceStr, index: number) => `${this.phoneNumber[index] +
index}`
      )
    }
  }
}

// 自定义组件
// 渲染 Person 的详细信息
// @Prop 装饰的变量从父组件 AddressBookView 深拷贝数据，将变化保留在本地，TextInput 的
变化只会在本地副本上进行修改
// 单击 "Save Changes" 按钮会将所有数据的复制通过 @Prop 和 @Link 同步到其他组件
@Component
struct PersonEditView {
  // @Consume 装饰器装饰的状态变量表示与祖先组件中的值保持双向同步
```

```
@Consume addrBook: AddressBook;
// 指向父组件 selectedPerson 的引用，父子双向同步
@Link selectedPerson: Person;
// @Prop 装饰器表示同步父组件中的值到本地，单向数据同步
// 在本地副本上编辑，直到单击保存
@Prop name: string = "";
// @Prop 装饰器表示单向同步父组件的值到本地
@Prop address: Address = new Address("", 0, "");
// @Prop 装饰器表示单向同步父组件的值到本地
@Prop phones: ObservedArray<string> = [];

// 查找选中的人员在通讯录中的索引值
selectedPersonIndex(): number {
  return this.addrBook.contacts.findIndex((person: Person) => person.id_ ==
this.selectedPerson.id_);
}

// 构建函数
build() {
  // 列容器组件
  Column() {
    // 文本输入组件，默认显示 name 属性的值
    TextInput({ text: this.name })
      .onChange((value) => {
        // 设置内容变更事件处理函数
        // 当文本输入组件的值发生变化时，将新值赋给 name 属性
        this.name = value;
      })
    // 文本输入组件，默认显示当前 address 属性的 street 属性值
    TextInput({ text: this.address.street })
      .onChange((value) => {
        // 设置文本输入组件内容变更事件处理函数
        // 当内容变更时，将新值赋给当前 address 属性的 street 属性
        this.address.street = value;
      })

    // 文本输入组件，默认显示当前 address 属性的 city 属性的值
    TextInput({ text: this.address.city })
      .onChange((value) => {
        // 设置文本输入组件内容变更事件处理函数
        // 当值发生变更时，将新值赋给 address 属性的 city 属性
        this.address.city = value;
      })

    // 文本输入组件，设置显示的文本为当前 address 属性的 zip 属性值转换为字符串之后的值
    TextInput({ text: this.address.zip.toString() })
      .onChange((value) => {
        // 设置文本输入组件内容变更事件处理函数
        // 解析新值
        const result = Number.parseInt(value);
        // 如果新值是有效的，则赋值给 address 属性的 zip 属性，否则赋值 0
        this.address.zip = Number.isNaN(result) ? 0 : result;
      })

    // 判断电话号码的长度是否大于 0，即是否有电话号码
```

```
        if (this.phones.length > 0) {
          // 如果有电话号码，则创建自定义组件，传入电话号码数组
          phonesNumber({ phoneNumber: this.phones })
        }
        // 弹性布局容器，设置主轴方向为 Row 方向，子组件对齐方式是等距对齐
        Flex({ direction: FlexDirection.Row, justifyContent:
FlexAlign.SpaceBetween }) {
          // 文本显示组件，设置显示的文本
          Text("Save Changes")
            .onClick(() => {
              // 将本地副本更新的值赋给指向父组件 selectedPerson 的引用
              // 避免创建新对象，在现有属性上进行修改
              this.selectedPerson.name = this.name;
              // 新建地址对象，给当前 address 属性的 street 属性值、zip 属性值和 city 属性值
赋值
              this.selectedPerson.address = new Address(this.address.street,
this.address.zip, this.address.city)
              // 遍历电话号码数组
              this.phones.forEach((phone: string, index: number) => {
                // 将电话号码添加到选择的人员的电话号码数组中
                this.selectedPerson.phones[index] = phone
              });
            })
          // 如果获取到了选中的人员在通讯录中的索引值，则表示通讯录中存在该人员
          if (this.selectedPersonIndex() != -1) {
            // 文本显示组件，显示的文本是 "Delete Contact"
            Text("Delete Contact")
              .onClick(() => {
                // 给文本显示组件设置单击事件处理函数
                // 当文本显示组件被单击时，获取选中的人员在通讯录中的索引
                let index = this.selectedPersonIndex();
                // 控制台记录日志
                console.log(`delete contact at index ${index}`);

                // 删除当前联系人
                this.addrBook.contacts.splice(index, 1);

                // 删除当前 selectedPerson，选中项前移一位
                index = (index < this.addrBook.contacts.length) ? index : index -
1;

                // 如果 contract 被删除完，则设置 me 为选中项
                this.selectedPerson = (index >= 0) ? this.addrBook.contacts[index] :
this.addrBook.me;
              })
          }
        }
      }
    }
  }
}

  // 自定义组件
  @Component
  struct AddressBookView {
    // @ObjectLink 装饰器表示该状态变量与父组件进行双向数据绑定，用于嵌套或数组的场景
```

```
@ObjectLink me: Person;
// @ObjectLink 装饰器表示当前状态变量与父组件进行双向数据绑定，用于嵌套或数组的场景
@ObjectLink contacts: ObservedArray<Person>;
// @State 装饰器装饰的状态变量，初始化为新的 Person 对象
@State selectedPerson: Person = new Person("", "", 0, "", []);

// 生命周期函数，当页面即将渲染显示时
aboutToAppear() {
  // 将当前属性 me 的值赋给 selectedPerson 属性
  this.selectedPerson = this.me;
}

// 构建函数
build() {
  // 弹性布局容器，设置主轴方向为 Column 方向，设置子组件对齐方式为起始对齐
  Flex({ direction: FlexDirection.Column, justifyContent: FlexAlign.Start }) {
    // 文本显示组件
    Text("Me:")
    // 自定义组件
    PersonView({
      person: this.me, // 传入 me 的属性值
      phones: this.me.phones, // 传入 me 的 phones 属性值
      selectedPerson: this.selectedPerson // 传入选中的人员对象
    })
    // 画分割线，高度设置为 8vp
    Divider().height(8)
    // ForEach 遍历当前 contacts 数组，contact 表示当前遍历到的联系人
    ForEach(this.contacts, (contact: Person) => {
      // 构建新定义组件
      PersonView({
        person: contact // 传入当前联系人对象
        phones: contact.phones as ObservedArray<string>, // 传入当前联系人电话
号码数组
        selectedPerson: this.selectedPerson // 传入当前选中的人员对象
      })
    },
      (contact: Person): string => {
        return contact.id_;
      } // 将联系人的 id_ 属性值作为 key
    )
    // 画分割线，高度设置为 8vp
    Divider().height(8)
    // 文本显示组件
    Text("Edit:")
    // 构建自定义组件
    PersonEditView({
      selectedPerson: this.selectedPerson,    // 传入选中的人员对象
      name: this.selectedPerson.name,         // 传入选中的人员对象的 name 属性值
      address: this.selectedPerson.address,   // 传入选中的人员对象的 address 属性值
      phones: this.selectedPerson.phones      // 传入选中的人员对象的电话号码数组
    })
  }
  // 把弹性布局边框样式设置为实线，边框宽度设置为 5vp，设置边框颜色和边框圆角半径
  .borderStyle(BorderStyle.Solid).borderWidth(5).borderColor(0xAFEEEE).bor
derRadius(5)
```

```
    }
  }

  // 主入口
  @Entry
  @Component
  struct PageEntry {
    // @Provide 装饰器表示当前状态变量用于与子孙组件进行同步
    // 新建 AddressBook
    @Provide addrBook: AddressBook = new AddressBook(
      new Person("Gigi", "Itamerenkatu 9", 180, "Helsinki", ["18*********",
"18*********", "18*********"]),
      [
        new Person("Oly", "Itamerenkatu 9", 180, "Helsinki", ["11*********",
"12*********"]),
        new Person("Sam", "Itamerenkatu 9", 180, "Helsinki", ["13*********",
"14*********"]),
        new Person("Vivi", "Itamerenkatu 9", 180, "Helsinki", ["15*********",
"168*********"]),
      ]);

    // 构建函数
    build() {
    // 列容器组件
  Column() {
  // 构建自定义组件
      AddressBookView({
        me: this.addrBook.me, // 传入地址本的 me 属性值
        contacts: this.addrBook.contacts, // 传入地址本的通讯录数组
        selectedPerson: this.addrBook.me // 传入地址本的 me 属性值作为选中的人员对象
      })
    }
    }
  }
}
```

13.13 本章小结

本章详细介绍了 ArkUI 框架中的状态管理机制，包括状态变量的概念、装饰器的使用以及不同装饰器如何实现 UI 与状态数据的联动。

（1）状态变量：通过@State 装饰器声明的状态变量可以触发 UI 的渲染更新。当状态变量的值改变时，UI 会自动刷新以反映新的值。

（2）装饰器：ArkUI 提供了多种装饰器，如@State、@Prop、@Link、@Provide、@Consume、@Observed 和@ObjectLink 等，用于不同层级间的状态管理和数据同步。

（3）父子组件数据同步：@Prop 允许子组件与父组件建立单向数据同步，而@Link 实现双向数据同步；@Provide 和@Consume 允许跨组件层级共享状态数据。

（4）观察变化：ArkUI 框架可以观察到状态变量的赋值变化和属性变化；对于数组和对象类型的状态变量，框架可以观察到数组项的添加、删除和更新，以及对象属性的赋值变化。

（5）应用状态管理：ArkUI 框架通过 AppStorage 和 PersistentStorage 提供了应用级别的状态管理，允许在不同页面和 UIAbility 之间共享和持久化状态数据。

（6）环境变量：Environment 提供了对设备环境参数的访问，允许应用根据设备环境做出相应的调整。

（7）其他状态管理特性：@Watch 装饰器用于监听状态变量的变化，$$运算符实现内置组件的双向同步，@Track 装饰器用于类对象的属性级更新。

（8）MVVM 模式：ArkUI 采用 MVVM 模式将数据与视图绑定，通过 ViewModel 层简化 UI 设计和实现，提高 UI 性能。

13.14　本章习题

（1）解释@State 装饰器的作用，并给出一个使用@State 的示例。

（2）什么是@Provide 和@Consume 装饰器？它们在状态管理中扮演什么角色？

（3）解释 AppStorage 和 PersistentStorage 在应用状态管理中的作用及区别。

（4）如何使用@LocalStorageProp 和@LocalStorageLink 装饰器在 UI 组件内部获取和同步 LocalStorage 实例中存储的状态变量？

（5）在使用 ForEach 和 LazyForEach 时，如何避免不必要的 UI 组件重建？

第14章

渲染控制

本章将详细介绍 ArkUI 框架中的渲染控制机制。ArkUI 通过自定义组件的 build() 函数和 @Builder 装饰器中的声明式 UI 描述语句来构建相应的 UI。在声明式描述语句中，开发者除了可以使用系统组件外，还可以使用渲染控制语句来辅助 UI 的构建。这些渲染控制语句包括：控制组件是否显示的条件渲染语句，基于数组数据快速生成组件的循环渲染语句，针对大数据量场景的数据懒加载语句，以及适用于混合模式开发的组件渲染语句。

通过学习本章内容，读者可以掌握 ArkUI 的渲染控制机制，以适应不同的开发场景，优化性能，并提升用户体验。

14.1 if/else 条件渲染

在 ArkUI 中，if/else 条件渲染是一种根据特定条件动态显示或隐藏组件的机制。这种机制使得构建响应式和交互式用户界面变得更加灵活和高效。

14.1.1 使用规则

if/else 条件渲染的使用规则如下：

（1）支持 if、else 和 else if 语句。

（2）if、else if 后面的条件语句可以使用状态变量。

（3）允许在容器组件内部通过条件渲染语句构建不同的子组件。

（4）条件渲染语句在涉及组件的父子关系时是"透明"的。当父组件和子组件之间存在一个或多个 if 语句时，必须遵守父组件关于子组件使用的规则。

（5）每个分支内部的构建函数必须遵循构建函数的规则，并创建一个或多个组件。无法创建组件的空构建函数会产生语法错误。

（6）某些容器组件限制子组件的类型或数量。当将条件渲染语句用于这些组件时，这些限制将同样应用于条件渲染语句内创建的组件。例如，Grid 容器组件的子组件仅支持 GridItem 组件，在 Grid 内使用条件渲染语句时，条件渲染语句内仅允许使用 GridItem 组件。

14.1.2　更新机制

当 if、else if 后面的状态判断中使用的状态变量值发生变化时，条件渲染语句会进行更新，更新步骤如下：

（1）评估 if 和 else if 的状态判断条件。如果分支没有变化，无须执行以下步骤；如果分支有变化，则执行第（2）和（3）步。

（2）删除此前构建的所有子组件。

（3）执行新分支的构建函数，将获取到的组件添加到 if 父容器中。如果缺少适用的 else 分支，则不构建任何内容。

条件中可以包括 Typescript 表达式。对于构造函数中的表达式，此类表达式不得更改应用程序状态。

14.1.3　使用场景

1. 使用 if 进行条件渲染

使用 if 进行条件渲染的示例代码如文件 14-1 所示。

文件 14-1　使用 if 进行条件渲染的示例代码

```
@Entry
@Component
struct ViewA {
  // 状态变量，用于刷新 UI
  @State count: number = 0;

  build() {
    // 列容器
    Column() {
      // 文本显示组件
      Text(`count=${this.count}`)

      // 分支判断：当 count 值大于 0 时，在页面上显示文本显示组件
      if (this.count > 0) {
        Text(`count is positive`)
          .fontColor(Color.Green)
      }

      // 按钮组件，当按钮被单击时，递增 count 值
      Button('increase count')
        .onClick(() => {
          this.count++;
        })
```

```
    // 按钮组件，当按钮被单击时，递减 count 值
    Button('decrease count')
      .onClick(() => {
        this.count--;
      })
    }
  }
}
```

if 语句的每个分支都必须包含一个构建函数，该构建函数负责创建一个或多个子组件。在初始渲染时，if 语句会执行相应的构建函数，并将生成的子组件添加到其父组件中。

当 if 或 else if 条件语句中使用的状态变量发生变化时，条件语句都会更新并重新计算新的条件值（即重新对条件表达式求值）。如果条件表达式的值发生变化，就意味着需要构建另一个条件分支。此时，ArkUI 框架的行为如下：

（1）删除此前渲染的（原分支中的）所有组件。

（2）执行新分支的构建函数，并将生成的子组件添加到其父组件中。

在该示例代码（见文件 14-1）中，当 count 的值从 0 增加到 1 时，if 语句会更新对条件 count > 0 求值，结果值将从 false（假）更改为 true（真）。因此，ArkUI 框架将执行条件为真（true）的分支的构建函数以创建一个 Text 组件，并将它添加到父组件 Column 中。如果后续 count 的值再次变为 0，则框架会将 Text 组件从 Column 组件中删除。由于示例代码中没有定义 else 分支，因此不会构建新的子组件。

2. if/else 语句和子组件状态

使用 if/else 渲染子组件状态的示例代码如文件 14-2 所示。代码中展示了 if/else 语句与拥有@State 装饰变量的子组件的结合使用。

文件 14-2　使用 if/else 渲染子组件状态的示例代码

```
// 自定义组件
@Component
struct CounterView {
  // 状态变量
  @State counter: number = 0;
  // 字符串变量，文本显示组件显示的内容
  label: string = 'unknown';

  // 构建函数
  build() {
    // 行容器组件
    Row() {
      // 文本显示组件
      Text(`${this.label}`)
      // 按钮组件，按钮被单击时对 counter 的值进行累加
      Button(`counter ${this.counter} +1`)
        .onClick(() => {
          this.counter += 1;
        })
    }
```

```
    }
  }

  // 主入口
  @Entry
  @Component
  struct MainView {
    // 状态变量
    @State toggle: boolean = true;

    // 构建函数
    build() {
      // 列容器组件
      Column() {
        // 分支判断，如果 toggle 为 true，则 CounterView 显示指定的文本
        if (this.toggle) {
          CounterView({ label: 'CounterView #positive' })
        } else {
          // 如果 toggle 的值为 false，则 CounterView 显示该定的文本
          CounterView({ label: 'CounterView #negative' })
        }
        // 按钮组件，按钮被单击时对 toggle 的值取反
        Button(`toggle ${this.toggle}`)
          .onClick(() => {
            this.toggle = !this.toggle;
          })
      }
    }
  }
```

当 CounterView（label 为"CounterView #positive"）子组件在初次渲染时创建。此子组件携带名为 counter 的状态变量。当 CounterView.counter 状态变量值发生变化时，CounterView（label 为"CounterView #positive"）子组件会重新渲染，并保留状态变量的值。

当 MainView.toggle 状态变量的值从 true 切换为 false 时，MainView 父组件内的 if 语句将更新，随后将删除 CounterView（label 为"CounterView #positive"）子组件，并创建新的 CounterView（label 为"CounterView #negative"）实例，该新实例的 counter 状态变量设置为初始值 0。

> **注　　意**
>
> CounterView（label 为"CounterView #positive"）和 CounterView（label 为"CounterView #negative"）是同一自定义组件的两个不同实例。if 分支的更改不会更新现有子组件，也不会保留现有子组件的状态。

为了在条件切换时保留 counter 值所做的修改，可对状态变量进行调整，示例代码如文件 14-3 所示。

文件 14-3　保留 counter 值的示例代码

```
// 自定义组件
@Component
struct CounterView {
```

```
  // ...
}

// 主入口
@Entry
@Component
struct MainView {
  // 状态变量
  @State toggle: boolean = true;
  // 状态变量
  @State counter: number = 0;

  // 构建函数
  build() {
    // 列容器组件
    Column() {
      // 如果 toggle 的值为 true，则 CounterView 显示指定的文本
      if (this.toggle) {
        CounterView({ counter: $counter, label: 'CounterView #positive' })
      } else {
        // 如果 toggle 的值为 false，则 CounterView 显示指定的文本
        CounterView({ counter: $counter, label: 'CounterView #negative' })
      }
      // 按钮组件，当按钮被单击时，对 toggle 的值取反
      Button(`toggle ${this.toggle}`)
        .onClick(() => {
          this.toggle = !this.toggle;
        })
    }
  }
}
```

在上述代码中，@State counter 状态变量归父组件所有。因此，这确保了当 CounterView 子组件实例被删除时，该变量不会被销毁，counter 值不会丢失。CounterView 组件通过@Link 装饰器引用父组件的状态变量，实现了状态的共享和持久化。当条件内容或重复内容销毁时，通过将状态提升到更高层级的组件（如从子级移动到其父级或从父级移动到其父级），以避免状态丢失的问题。

3. 嵌套 if 语句

嵌套的条件语句不会对父组件的相关规则产生影响。嵌套 if 语句的示例代码如文件 14-4 所示。

文件 14-4　嵌套 if 语句的示例代码

```
// 主入口
@Entry
@Component
struct CompA {
  // 状态变量
  @State toggle: boolean = false;
  // 状态变量
  @State toggleColor: boolean = false;

  // 构建函数
```

```
build() {
  // 列容器组件
  Column() {
    // 文本显示组件
    Text('Before')
      .fontSize(15) // 设置文本的字体大小
    // 如果 toggle 的值为 true，则显示该分支内的文本显示组件
    if (this.toggle) {
      Text('Top True, positive 1 top')
        .backgroundColor('#aaffaa').fontSize(20) // 设置背景色与文本字号
      // 内部 if 语句
      if (this.toggleColor) {
        // 如果 toggleColor 的值为 true，则显示该文本显示组件
        Text('Top True, Nested True, positive COLOR  Nested ')
          .backgroundColor('#00aaaa').fontSize(15) // 设置背景色与显示的文本字号
      } else {
        // 如果 toggleColor 的值为 false，则显示该文本显示组件
        Text('Top True, Nested False, Negative COLOR  Nested ')
          .backgroundColor('#aaaaff').fontSize(15) // 设置文本显示组件的背景色与
显示文本的字号
      }
    } else {
      // 如果 toggle 的值为 false，则显示该文本显示组件
      Text('Top false, negative top level').fontSize(20) // 设置显示字号
        .backgroundColor('#ffaaaa') // 设置背景色
      if (this.toggleColor) {
        // 嵌套的 if 分支判断
        // 如果 toggleColor 的值为 true，则显示该文本显示组件
        Text('positive COLOR  Nested ')
          .backgroundColor('#00aaaa').fontSize(15) // 设置背景色与文本字号
      } else {
        // 如果 toggleColor 的值为 false，则显示该文本显示组件
        Text('Negative COLOR  Nested ')
          .backgroundColor('#aaaaff').fontSize(15) // 设置文本显示组件的背景色与
显示文本的字号
      }
    }
    // 文本显示组件
    Text('After')
      .fontSize(15) // 设置文本显示字号
    // 按钮组件，当按钮被单击时，对 toggle 的值取反
    Button('Toggle Outer')
      .onClick(() => {
        this.toggle = !this.toggle;
      })
    // 按钮组件，当按钮被单击时，对 toggleColor 的值取反
    Button('Toggle Inner')
      .onClick(() => {
```

```
            this.toggleColor = !this.toggleColor;
        })
    }
  }
}
```

14.2 ForEach 循环渲染

ForEach 接口用于基于数组类型的数据源进行渲染。它需要与容器组件配合使用，并且返回的组件必须是允许嵌套在 ForEach 父容器组件中的子组件。例如，ListItem 组件要求 ForEach 的父容器组件必须为 List 组件。

注　意
从 API 9 开始，ForEach 接口支持在 ArkTS 卡片中使用。

14.2.1 接口描述

ForEach 接口的描述如下：

```
ForEach(
  arr: Array,
  itemGenerator: (item: Object, index: number) => void,
  keyGenerator ? : (item: Object, index: number) => string
)
```

ForEach 参数说明如表 14-1 所示。

表14-1　ForEach参数说明

参　数　名	参数类型	是否必填	参数说明
arr	Array<Object>	是	数据源，为 Array 类型的数组。 ①可以设置为空数组，此时不会创建子组件。 ②可以设置返回值为数组类型的函数，如 arr.slice(1, 3)，但不能使用会改变状态变量或原数组的函数，如 Array.splice()、Array.sort()或者 Array.reverse()等
itemGenerator	(item: Object, index: number) => void	是	组件生成函数，用于为数组中的每个元素创建对应的组件。 ①item 参数：arr 数组中的数据项。 ②index 参数（可选）：arr 数组中数据项的索引。 说明：创建的组件必须是 ForEach 父容器组件允许嵌套的类型
keyGenerator	(item: Object, index: number) => string	否	键值生成函数，用于为数据源 arr 的每个数组项生成唯一且持久的键值。函数返回值遵守开发者自定义的键值生成规则。 ①item 参数：arr 数组中的数据项。 ②index 参数（可选）：arr 数组中数据项的索引

说　明
（1）ForEach 的 itemGenerator 函数支持包含 if/else 条件渲染逻辑。另外，也可以在 if/else 条件渲染语句中使用 ForEach 组件。 （2）在初始化渲染时，ForEach 会加载数据源的所有数据，并为每个数据项创建对应的组件，然后将这些组件挂载到渲染树上。如果数据源规模较大或有特定的性能要求，建议使用 LazyForEach 组件以优化性能。

14.2.2　键值生成规则

在 ForEach 循环渲染过程中，系统为每个数组元素生成唯一且持久的键值，用于标识对应的组件。当键值发生变化时，ArkUI 框架会认为该数组元素已被替换或修改，并根据新的键值创建一个新的组件。

ForEach 提供了一个名为 keyGenerator 的参数，这是一个可选的函数。开发者可以通过它自定义键值的生成规则。如果开发者未定义 keyGenerator 函数，则 ArkUI 框架会使用默认的键值生成函数，即(item: Object, index: number) => { return index + '__' + JSON.stringify(item); }。键值生成函数不应改变任何组件的状态

ArkUI 框架对于 ForEach 的键值生成有一套特定的判断逻辑，这与 itemGenerator 函数的第二个参数 index 以及 keyGenerator 函数的第二个参数 index 密切有关。具体的键值生成规则判断逻辑如图 14-1 所示。

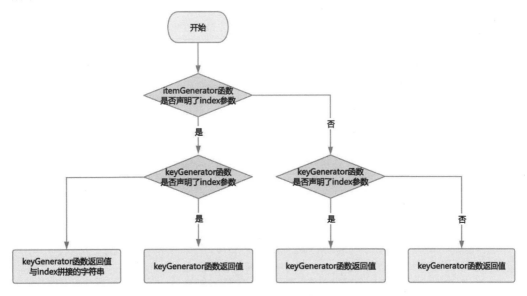

图 14-1　键值生成规则判断逻辑

说　明
ArkUI 框架会对键值重复的情况发出警告。在 UI 更新过程中，如果键值出现重复，框架可能无法正常工作。

14.2.3　组件创建规则

在确定键值生成规则后，ForEach 的第二个参数 itemGenerator 函数将根据键值生成规则为数据源的每个数组项创建对应的组件。

组件的创建分为两种情况：ForEach 首次渲染和 ForEach 非首次渲染。

1. ForEach 首次渲染

在 ForEach 首次渲染时，框架会根据键值生成规则为数据源的每个数据项生成唯一的键值，并创建相应的组件。ForEach 首次渲染的示例代码如文件 14-5 所示。

文件 14-5　ForEach 首次渲染的示例代码

```
// 主入口
@Entry
@Component
struct Parent {
  // 状态变量，该变量是数组类型
  @State simpleList: Array<string> = ['one', 'two', 'three'];

  // 构建函数
  build() {
    // 行容器组件
    Row() {
      // 列容器组件
      Column() {
        // ForEach 用于遍历 simpleList 数组
        // 括号中的 item 表示临时变量，用于记录当前遍历到的值
        ForEach(this.simpleList, (item: string) => {
          // 构建 ChildItem 组件
          ChildItem({ item: item })
        }, (item: string) => item) // 使用 item 作为 key
      }
      .width('100%')     // 设置宽度为父容器宽度的 100%
      .height('100%')    // 设置高度为父容器高度的 100%
    }
    .height('100%')      // 设置行容器组件的高度为父容器组件高度的 100%
    .backgroundColor(0xF1F3F5) // 设置行容器组件的背景色
  }
}

// 自定义组件
@Component
struct ChildItem {
  // 状态变量，使用@Prop 装饰器装饰，用于同步父组件的值，但不会同步回父组件
  @Prop item: string;

  // 构建函数
  build() {
    // 文本显示组件
    Text(this.item) // 显示 item 的值
      .fontSize(50)  // 设置显示文本的字号
  }
}
```

ForEach 首次渲染的显示效果如图 14-2 所示。

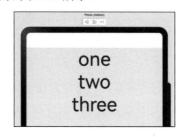

图 14-2 ForEach 首次渲染的显示效果

在上述代码中，键值生成规则由 keyGenerator 函数返回值 item 确定。在 ForEach 渲染循环中，框架根据数据源数组项依次生成键值 one、two 和 three，并创建对应的 ChildItem 组件且渲染到界面。

当不同数组项根据键值生成规则生成相同的键值时，ArkUI 框架的行为是未定义的。例如，在文件 14-6 的示例代码中，ForEach 渲染时，只创建了一个键值为 two 的 ChildItem 组件，而未创建多个具有相同键值的组件。

文件 14-6 展示 ArkUI 框架未定义行为的示例代码

```
// 主入口
@Entry
@Component
struct Parent {
  // 状态变量，类型为数组
  @State simpleList: Array<string> = ['one', 'two', 'two', 'three'];

  // 构建函数
  build() {
    // ...
  }
}

// 自定义组件
@Component
struct ChildItem {
  // ...
}
```

该示例代码执行后的显示效果如图 14-3 所示。

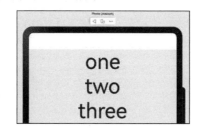

图 14-3 ArkUI 框架未定义行为的显示效果

在该示例代码中，键值生成规则为 item。当 ForEach 遍历到数据源 simpleList 中索引为 1 的 two 时，按照键值生成规则生成键值为 two 的组件并进行标记。遍历到索引为 2 的 two 时，因键值 two 已存在，框架不再创建新的组件。

2. ForEach 非首次渲染

在 ForEach 组件进行非首次渲染时，框架会检查新生成的键值是否在上次渲染中已存在。如果键值不存在，则会创建一个新的组件；如果键值存在，则直接复用并渲染该键值对应的组件。例如，在文件 14-7 的示例代码中，通过单击事件修改数组的第三项值为"new three"，这将触发 ForEach 组件进行非首次渲染。

文件 14-7　展示 ForEach 非首次渲染的示例代码

```
// 主入口
@Entry
@Component
struct Parent {
  // 状态变量，类型为数组
  @State simpleList: Array<string> = ['one', 'two', 'three'];

  // 构建函数
  build() {
    // 行容器组件
    Row() {
      // 列容器组件
      Column() {
        // 文本显示组件
        Text('单击修改第 3 个数组项的值')
          ...
          .onClick(() => {
            // 单击事件处理函数，当单击当前文本显示组件时
            // 修改 simpleList 数组下标为 2 的元素的值为指定值
            this.simpleList[2] = 'new three';
          })

        // ForEach 遍历 simpleList 数组，item 为存储当前遍历到的元素值的变量
        ForEach(this.simpleList, (item: string) => {
          // 构建 ChildItem 组件
          ChildItem({ item: item })
            .margin({ top: 20 })       // 设置组件的上外边距为20vp
        }, (item: string) => item)    // 直接使用 item 作为 key
      }
      ...
    }
    ...
  }
}
```

```
// 自定义组件
@Component
struct ChildItem {
  // 状态变量，用于同步父组件的值，但当前组件中该值的更改不会同步回父组件
  @Prop item: string;

  // 构建函数
  build() {
    // 文本显示组件
    Text(this.item)
      .fontSize(30) // 设置文本组件显示文本的字号
  }
}
```

ForEach 非首次渲染初始化完毕后的显示效果如图 14-4 所示。

ForEach 非首次渲染修改后的显示效果如图 14-5 所示。

图 14-4　ForEach 非首次渲染初始化完毕后的显示效果　　图 14-5　ForEach 非首次渲染修改后的显示效果

从上面这个示例代码可以看出，@State 能监听到简单数据类型数组数据源 simpleList 的数组项的变化。

（1）当 simpleList 数组项发生变化时，会触发 ForEach 重新渲染。

（2）ForEach 遍历新的数据源['one', 'two', 'new three']，生成对应的键值 one、two 和 new three。

（3）键值 one 和 two 在上次渲染中已存在，ForEach 复用了对应的组件并进行了渲染。对于第三个数组项"new three"，由于通过键值生成规则 item 生成的键值 new three 在上次渲染中不存在，因此 ForEach 为该数组项创建了一个新的组件。

14.2.4　使用场景

ForEach 组件在开发过程中的主要应用场景包括：数据源不变、数据源数组项发生变化（元素的增删操作）、数据源数组项属性发生变化。

1. 数据源不变

在数据源保持不变的场景中，数据源可以直接采用基本数据类型。例如，在页面加载状态时，可以使用骨架屏列表进行渲染展示，示例代码如文件 14-8 所示。

文件 14-8　直接使用基本数据类型进行渲染的示例代码

```
// 主入口
```

```
@Entry
@Component
struct ArticalList {
  // 状态变量，数组类型
  @State simpleList: Array<number> = [1, 2, 3, 4, 5];

  // 构建函数
  build() {
    // 列容器组件
    Column() {
      // ForEach 遍历 simpleList 数组元素，此处的 item 为临时变量，用于记录当前遍历到的元
素值
      ForEach(this.simpleList, (item: number) => {
        // 构建文章骨架组件
        ArticleSkeletonView()
          .margin({ top: 20 }) // 设置组件的上外边距为 20vp
      }, (item: number) => item.toString())// 将 item 方法 toString 的返回值作为 key
    }
    ...
  }
}

  // 自定义组件
  @Builder
  function textArea(width: number | Resource | string = '100%', height: number
| Resource | string = '100%') {
    // 行容器组件
    Row()
    ...
  }

  // 自定义组件
  @Component
  struct ArticleSkeletonView {
    // 构建函数
    build() {
      // 行容器组件
      Row() {
        // 列容器组件
        Column() {
          // 调用构建函数，构建组件
          textArea(80, 80) // 设置宽度和高度
        }...

        // 列容器组件
        Column() {
          // 调用构建函数，构建组件
          textArea('60%', 20) // 设置子组件的宽度为该列容器组件宽度的 60%，高度为 20vp
          textArea('50%', 20) // 设置子组件的宽度为该列容器组件宽度的 50%，高度为 20vp
        }
        ...
      }
      ...
    }
  }
```

该示例代码运行后的显示效果如图 14-6 所示。

图 14-6　直接使用基本数据类型进行渲染的显示效果

在本示例代码中，采用数据项 item 作为键值生成规则。由于数据源 simpleList 的数组项各不相同，因此能够保证键值的唯一性。

2. 数据源数组项发生变化

在数据源数组项发生变化的场景下（如数组的插入、删除操作或数组项索引位置发生交换），数据源应为对象数组类型，并使用对象的唯一 id 作为最终键值。例如，在页面上通过上滑手势加载下一页数据时，会在数据源数组尾部增加新获取的数据项，从而使得数据源数组长度增长。

数据源数组项发生变化的示例代码如文件 14-9 所示。

文件 14-9　数据源数组项发生变化的示例代码

```
// 声明类Article
class Article {
  id: string;      // 属性id
  title: string;   // 属性title
  brief: string;   // 属性brief

  // 构造器
  constructor(id: string, title: string, brief: string) {
    this.id = id;        // 对id属性赋值
    this.title = title;  // 对title属性赋值
    this.brief = brief;  // 对brief属性赋值
  }
}


// 主入口
@Entry
@Component
struct ArticleListView {
  // 状态变量
  @State isListReachEnd: boolean = false;
  // 状态变量：Article 的数组类型
```

```
@State articleList: Array<Article> = [
  new Article('001', '第 1 篇文章', '文章内容简介'),
  new Article('002', '第 2 篇文章', '文章内容简介'),
  new Article('003', '第 3 篇文章', '文章内容简介'),
  new Article('004', '第 4 篇文章', '文章内容简介'),
  new Article('005', '第 5 篇文章', '文章内容简介'),
  new Article('006', '第 6 篇文章', '文章内容简介')
]

// 函数，用于加载更多文章
loadMoreArticles() {
  this.articleList.push(new Article('007', '加载的新文章', '文章内容简介'));
}

// 构建函数
build() {
  // 列容器组件，指定元素之间的距离为 5vp
  Column({ space: 5 }) {
    // 列表组件
    List() {
      ForEach(this.articleList, (item: Article) => {
        // 构建列表项组件
        ListItem() {
          // 构建文章卡片组件，传入 item
          ArticleCard({ article: item })
            ...
        }
      }, (item: Article) => item.id) // 将 item 的 id 作为 key
    }
    .onReachEnd(() => { // 当列表滑动到末尾时，设置标记
      this.isListReachEnd = true;
    })
    .parallelGesture( // 设置并行手势
      // 设置拖动手势，方向为向上拖动，最小识别距离为 80vp
      PanGesture({ direction: PanDirection.Up, distance: 80 })
        // 当手势开始拖动时
        .onActionStart(() => {
          // 如果达到了列表的末尾
          if (this.isListReachEnd) {
            // 调用函数加载更多的文章
            this.loadMoreArticles();
            // 同时设置标记为 false
            this.isListReachEnd = false;
          }
        })
    )
    ...
  }
  ...
  }
}

// 自定义组件
@Component
struct ArticleCard {
  // 状态变量，使用@Prop 装饰，用于同步父组件传递的值，但不会将更改传回父组件
  @Prop article: Article;
```

```
// 构建函数
build() {
  // 行容器组件
  Row() {
    // 图片组件
    Image($r('app.media.startIcon')) // 设置要显示的图片
    ...

    // 列容器组件
    Column() {
      // 文本显示组件
      Text(this.article.title) // 设置显示的文本为文章的标题
      ...
      // 文本显示组件
      Text(this.article.brief) // 设置显示的文本为文章的摘要
      ...
    }
    ...
  }
  ...
}
```

页面初始化后的显示效果如图 14-7 所示。

页面滚动后的显示效果如图 14-8 所示。

图 14-7　页面初始化后的显示效果

图 14-8　页面滚动后的显示效果

在本示例代码中，ArticleCard 组件作为 ArticleListView 组件的子组件，通过@Prop 装饰器接收一个 Article 对象，用于渲染文章卡片。

（1）当列表滚动到底部时且手势滑动距离超过指定的 80vp 时，将触发 loadMoreArticle()函数，该函数会在 articleList 数据源的尾部添加一个新的数据项，从而增加数据源的长度。

（2）数据源由@State 装饰器装饰，因此 ArkUI 框架能够感知到数据源长度的变化，并触发 ForEach 组件重新渲染。

3. 数据源数组项子属性变化

当数据源数组项为对象数据类型时，如果只修改某个数组项的属性值时，由于数据源为复杂数据类型，ArkUI 框架无法自动监听到@State 装饰的数据源数组的属性变化，从而无法触发 ForEach 的重新渲染。为解决这一问题，需要结合使用@Observed 和@ObjectLink 装饰器。例如，在文章列表卡片上单击"点赞"按钮，修改文章的点赞数量，示例代码如文件 14-10 所示。

文件 14-10　观察数据源数组项子属性值变化的示例代码

```
// 声明类，使用@Observed 装饰器装饰，用于观察该类属性值的变化
@Observed
class Article {
  id: string;            // 属性 id
  title: string;         // 属性 title
  brief: string;         // 属性 brief
  isLiked: boolean;      // 属性 isLiked
  likesCount: number;    // 属性 likesCount

  // ...
}

// 主入口
@Entry
@Component
struct ArticleListView {
  // 状态变量，Article 数组类型
  @State articleList: Array<Article> = [
    ...
  ];

  // 构建函数
  build() {
    // 列表容器组件
    List() {
      // 使用 ForEach 遍历 articleList 数组，item 为临时变量，用于存储当前遍历到的元素
      ForEach(this.articleList, (item: Article) => {
        // 构建 ListItem 组件
        ListItem() {
          // 构建文章卡片
          ArticleCard({
            article: item              // 给 article 属性赋值
          })
            .margin({ top: 20 })       // 设置上外边距为 20vp
        }
      }, (item: Article) => item.id)   // 使用 item 的 id 值作为 key
    }
    ...
  }
}
```

```
    // 自定义组件
    @Component
    struct ArticleCard {
        // 状态变量，使用@ObjectLink 装饰器装饰，用于接收 Article 实例，并与从父组件接收到的
Article 进行双向绑定
        @ObjectLink article: Article;

        // 函数，用于管理 isLiked 和 likesCount
        handleLiked() {
            this.article.isLiked = !this.article.isLiked;
            this.article.likesCount = this.article.isLiked ? this.article.likesCount +
1 : this.article.likesCount - 1;
        }

        // 构建函数
        build() {
        // 行容器组件
        Row() {
            // 图片组件
            Image($r('app.media.startIcon')) // 设置要显示的图片
            ...

            // 列容器组件
            Column() {
                // 文本显示组件
                Text(this.article.title) // 设置要显示的文本
                    ...
                // 文本显示组件
                Text(this.article.brief) // 设置要显示的文本
                    ...

                // 行容器组件
                Row() {
                    // 图片组件，根据 isLiked 的值显示不同的图片
                    Image(this.article.isLiked ? $r('app.media.like') :
$r('app.media.unlike'))
                        ...
                    // 文本显示组件
                    Text(this.article.likesCount.toString()) // 设置要显示的文本
                        ...
                }
                .onClick(() => this.handleLiked())// 给行容器组件设置单击事件处理函数
                .justifyContent(FlexAlign.Center) // 设置行容器组件子组件对齐方式为居中对齐
            }
            ...
        }
        ...
        }
    }
```

页面初始化后的显示效果如图 14-9 所示。

点赞后的显示效果如图 14-10 所示。

图 14-9　页面初始化后的显示效果　　　　图 14-10　点赞后的显示效果

在本示例代码中，Article 类被@Observed 装饰器装饰。父组件 ArticleListView 将 Article 对象实例传递给子组件 ArticleCard，子组件使用@ObjectLink 装饰器接收该实例。

（1）当单击第 1 个文章卡片上的点赞图标时，会触发 ArticleCard 组件的 handleLiked 函数。该函数修改了第 1 个卡片对应 article 实例的 isLiked 和 likesCount 属性值。

（2）由于子组件 ArticleCard 中的 article 使用了@ObjectLink 装饰器，父子组件共享同一份 article 数据。因此，父组件中 articleList 数组的第 1 个数组项的 isLiked 和 likedCounts 属性值也会同步更新。

（3）当父组件监听到数据源数组项的属性值发生变化时，会触发 ForEach 重新渲染。

（4）此处，ForEach 的键值生成规则基于数组项的 id 属性值。当 ForEach 遍历新数据源时，数组项的 id 均未发生变化，因此不会新建组件，而是复用已有组件。

（5）渲染第 1 个数组项对应的 ArticleCard 组件时，组件读取到的 isLiked 和 likesCount 为更新后的值，从而正确反映点赞后的状态。

14.2.5　使用建议

在使用 ForEach 进行循环渲染时，建议遵循以下原则：

（1）尽量避免在最终的键值生成规则中包含数据项索引（index），以防止出现非预期的渲染结果和降低渲染性能。如果业务场景确实需要使用索引（例如列表需要通过索引进行条件渲染），则需充分考虑 ForEach 在数据源变化时重新创建组件可能导致的性能损耗。

（2）对于对象数据类型，建议使用对象中的唯一标识（id）作为键值，以满足键值的唯一性和稳定性。

（3）基本数据类型的数据项通常没有唯一标识（id）属性。如果将基本数据类型本身作为键值，必须确保数据项不重复。对于可能会发生数据源变化的场景，建议将基本数据类型转换为包含 id 属性的对象数组，然后将 id 属性用于键值生成规则。

14.3　LazyForEach 数据懒加载

LazyForEach 用于从提供的数据源中按需迭代数据，并在每次迭代过程中动态创建相应的组件。在滚动容器中使用 LazyForEach 时，ArkUI 框架会根据滚动容器的可视区域按需创建组件。在组件滑出可视区域后，ArkUI 框架会销毁组件并回收这些组件，以降低内存占用。

14.3.1　接口描述

LazyForEach 接口定义如下：

```
LazyForEach(
  dataSource: IDataSource,       // 需要进行数据迭代的数据源
  itemGenerator: (item: Object, index: number) => void,  // 子组件生成函数
  keyGenerator?: (item: Object, index: number) => string // 键值生成函数
): void
```

LazyForEach 参数说明如表 14-2 所示。

表14-2　LazyForEach参数说明

参数名称	参数类型	是否必须	参数说明
dataSource	IDataSource	是	LazyForEach 数据源，需要实现相关接口
itemGenerator	(item: Object, index: number) => void	是	子组件生成函数，用于为数组中的每个数据项创建一个子组件。说明： ① item 是当前数据项。 ② index 是当前数据项的索引值。 ③ itemGenerator 的函数体必须使用花括号（{}）作为起止边界。 itemGenerator 每次迭代时只能且必须生成一个子组件。 在 itemGenerator 中可以使用 if 语句，但必须保证 if 语句每个分支都会创建一个相同类型的子组件。在 itemGenerator 中不允许使用 ForEach 和 LazyForEach 语句
keyGenerator	(item: Object, index: number) => string	否	键值生成函数，用于给数据源中的每个数据项生成唯一且固定的键值。当数据项在数组中的位置更改时，其键值不允许更改；当数组中的数据项被新的数据项替换时，被替换项的键值和新项的键值必须不同。 键值生成器的功能是可选的，但为了使开发框架能够更好地识别数组更改，提高性能，建议提供。例如将数组反向排列时，如果没有提供键值生成器，则 LazyForEach 中的所有节点都将重建。 说明： ① item 是当前数据项。 ② index 是数据项的索引值。 ③ 数据源中每个数据项生成的键值不能重复

14.3.2 IDataSource 类型说明

IDataSource 类型定义如下：

```
interface IDataSource {
  // 获得数据总数
  totalCount(): number;
  // 获取索引值对应的数据
  getData(index: number): Object;
  // 注册数据改变的监听器
  registerDataChangeListener(listener: DataChangeListener): void;
  // 注销数据改变的监听器
  unregisterDataChangeListener(listener: DataChangeListener): void;
}
```

IDataSource 参数说明如表 14-3 所示。

表14-3　IDataSource参数说明

接口声明	参数类型	说　　明
totalCount(): number	-	获得数据总数
getData(index: number): Object	number	获取指定索引值对应的数据项 index：数据对应的索引值
registerDataChangeListener(listener: DataChangeListener): void	DataChangeListener	注册数据改变的监听器 listener：数据变化监听器
unregisterDataChangeListener(listener: DataChangeListener): void	DataChangeListener	注销数据改变的监听器 listener：数据变化监听器

14.3.3 DataChangeListener 类型说明

DataChangeListener 类型定义如下：

```
interface DataChangeListener {
  // 重新加载数据完成后调用
  onDataReloaded(): void;
  // 添加数据完成后调用
  onDataAdded(index: number): void;
  // 数据移动起始位置与目标位置交换完成后调用
  onDataMoved(from: number, to: number): void;
  // 删除数据完成后调用
  onDataDeleted(index: number): void;
  // 改变数据完成后调用
  onDataChanged(index: number): void;
  // 添加数据完成后调用
  onDataAdd(index: number): void;
  // 数据移动起始位置与目标位置交换完成后调用
  onDataMove(from: number, to: number): void;
  // 删除数据完成后调用
  onDataDelete(index: number): void;
  // 改变数据完成后调用
  onDataChange(index: number): void;
  // 批量数据处理完成后调用
  onDatasetChange(dataOperations: DataOperation[]): void;
}
```

DataChangeListener 参数说明如表 14-4 所示。

表14-4　DataChangeListener参数说明

接口声明	参数类型	说　　明
onDataReloaded(): void	-	通知组件重新加载所有数据。键值未变化的数据项复用原子组件，键值变化的数据项重建子组件
onDataAdd(index: number): void	number	通知组件在 index 位置添加数据。 index：数据添加位置的索引值
onDataMove(from: number, to: number): void	from: number to: number	通知组件数据已移动。 from：数据移动起始位置。 to：数据移动目标位置。 交换 from 和 to 位置的数据。 说明：数据移动前后键值保持不变，若键值有变化，请使用删除数据和新增数据的接口
onDataDelete(index: number): void	number	通知组件删除 index 位置的数据并刷新 LazyForEach 的展示内容。 index：数据删除位置的索引值。 说明：确保 dataSource 中对应的数据在调用 onDataDelete 前已删除，避免未定义的页面渲染行为
onDataChange(index: number): void	number	通知组件 index 位置的数据有变化。 index：数据变化位置的索引值
onDataAdded(index: number): void	number	通知组件在 index 位置添加数据。 建议使用 onDataAdd。 index：数据添加位置的索引值
onDataMoved(from: number, to: number): void	from: number to: number	通知组件数据已移动。 建议使用 onDataMove。 from：数据移动起始位置。 to：数据移动目标位置。 交换 from 和 to 位置的数据。 说明：数据移动前后键值保持不变，若键值有变化，应该使用删除数据和新增数据的接口
onDataDeleted(index: number): void	number	通知组件删除 index 位置的数据并刷新 LazyForEach 的展示内容。 建议使用 onDataDelete。 index：数据删除位置的索引值
onDataChanged(index: number): void	number	通知组件 index 位置的数据有变化。 建议使用 onDataChange。 index：数据发生变化所在位置的索引值
onDatasetChange(dataOperations: DataOperation[]): void	DataOperation[]	进行批量的数据处理。 该接口不可与上述接口混用。 DataOperation：一次处理数据的操作

14.3.4　DataOperation 类型说明

DataOperation 类型定义如下：

```
type DataOperation =
  DataAddOperation |              // 添加数据操作
  DataDeleteOperation |          // 删除数据操作
  DataChangeOperation |          // 改变数据操作
  DataMoveOperation |            // 移动数据操作
  DataExchangeOperation |        // 交换数据操作
  DataReloadOperation            // 重载所有数据操作
```

1. DataAddOperation

DataAddOperation 类型定义如下：

```
interface DataAddOperation {
  type: DataOperationType.ADD,       // 数据添加类型
  index: number,                     // 插入数据索引值
  count?: number,                    // 插入数量，默认值为 1
  key?: string | Array<string>       // 为插入的数据分配键值
}
```

2. DataDeleteOperation

DataDeleteOperation 类型定义如下：

```
interface DataDeleteOperation {
  type: DataOperationType.DELETE,    // 数据删除类型
  index: number,                     // 起始删除位置索引值
  count?: number                     // 删除数据数量，默认值为 1
}
```

3. DataChangeOperation

DataChangeOperation 类型定义如下：

```
interface DataChangeOperation {
  type: DataOperationType.CHANGE,    // 数据改变类型
  index: number,                     // 改变的数据的索引值
  key?: string                       // 为改变的数据分配新的键值，默认使用原键值
}
```

4. DataMoveOperation

DataMoveOperation 类型定义如下：

```
interface MoveIndex {
  from: number;                      // 起始移动位置
  to: number;                        // 目的移动位置
}

interface DataMoveOperation {
  type: DataOperationType.MOVE,      // 数据移动类型
  index: MoveIndex,
  key?: string                       // 为被移动的数据分配新的键值，默认使用原键值
}
```

5. DataExchangeOperation

DataExchangeOperation 类型定义如下：

```
interface ExchangeIndex {
  start: number;                    // 第一个交换位置
  end: number;                      // 第二个交换位置
}
interface ExchangeKey {
  start: string;                   // 为第一个交换的位置分配新的键值，默认使用原键值
  end: string;                     // 为第二个交换的位置分配新的键值，默认使用原键值
}

interface DataExchangeOperation {
  type: DataOperationType.EXCHANGE,  // 数据交换类型
  index: ExchangeIndex,
  key?: ExchangeKey
}
```

6. DataReloadOperation

DataReloadOperation 类型定义如下：

```
// 当 onDatasetChange 含有 DataOperationType.RELOAD 操作时，其余操作全部失效
// ArkUI 框架会自己调用 keygenerator 进行键值比对
interface DataReloadOperation {
  type: DataOperationType.RELOAD     // 数据全部重载类型
}
```

7. DataOperationType

DataOperationType 类型定义如下：

```
declare enum DataOperationType {
  ADD = 'add',                      // 数据添加
  DELETE = 'delete',                // 数据删除
  CHANGE = 'change',                // 数据改变
  MOVE = 'move',                    // 数据移动
  EXCHANGE = 'exchange',            // 数据交换
  RELOAD = 'reload'                 // 全部数据重载
}
```

14.3.5 使用限制

LazyForEach 的使用有以下限制：

（1）使用范围：LazyForEach 必须在容器组件内使用，且仅有 List、Grid、Swiper 和 WaterFlow 组件支持数据懒加载（通过配置 cachedCount 属性，即只加载可视部分及其前后少量数据进行缓冲）。其他组件仍然会一次性加载所有数据。

（2）子组件创建限制：LazyForEach 在每次迭代中，只允许创建且必须创建一个子组件。

（3）子组件约束：生成的子组件必须是允许包含在 LazyForEach 父容器组件中的子组件。

（4）条件渲染支持：LazyForEach 可以包含在 if/else 条件渲染语句中，也可以在 LazyForEach 内部使用 if/else 条件渲染语句。

（5）键值唯一性：键值生成器必须确保每个数据项生成唯一的键值。如果键值相同，将导致键值相同的 UI 组件渲染出现问题。

（6）UI 刷新机制：LazyForEach 必须使用 DataChangeListener 对象进行更新。当第一个参数

dataSource 使用状态变量时，状态变量的变化不会自动触发 LazyForEach 的 UI 刷新。

（7）性能优化：为了实现高性能渲染，在通过 DataChangeListener 对象的 onDataChange 方法更新 UI 时，需要生成与原键值不同的键值，以触发组件刷新。

14.3.6　键值生成规则

LazyForEach 的键值生成规则与 ForEach 的键值生成规则几乎一样，区别在于默认的键值生成函数。当开发者没有定义 keyGenerator 函数时，ArkUI 框架会使用默认的键值生成函数，即(item: Object, index: number) => { return viewId + '-' + index.toString(); }。其中，viewId 在编译器转换过程中生成，并且在同一个 LazyForEach 组件内其 viewId 是一致的。

14.3.7　组件创建规则

在确定键值生成规则后，LazyForEach 的第二个参数 itemGenerator 函数将根据键值生成规则为数据源中的每个数组项创建组件。

组件的创建包括两种情况：LazyForEach 首次渲染和 LazyForEach 非首次渲染。

1. LazyForEach 首次渲染

1）生成不同键值

在 LazyForEach 首次渲染时，根据键值生成规则为每个数据项生成唯一键值，并创建相应的组件。LazyForEach 首次渲染的示例代码如文件 14-11 所示。

文件 14-11　LazyForEach 首次渲染生成不同键值的示例代码

```
// IDataSource 接口的基础实现，用于处理监听数据
class BasicDataSource implements IDataSource {
  // 数组类型，用于存储数据更改监听器
  private listeners: DataChangeListener[] = [];
  // 字符串数组，用于存储原始的数据
  private originDataArray: string[] = [];

  // 获取总数的方法
  public totalCount(): number {
    return 0;
  }

  // 获取指定索引处原始数据的方法
  public getData(index: number): string {
    return this.originDataArray[index];
  }

  // 该方法为框架侧调用，为 LazyForEach 组件向其数据源处添加监听器
  registerDataChangeListener(listener: DataChangeListener): void {
    // 如果监听器数组中不存在指定的数据更改监听器
    if (this.listeners.indexOf(listener) < 0) {
      // 控制台记录添加监听器
      console.info('add listener');
      // 将监听器添加到监听器数组中
      this.listeners.push(listener);
```

```
    }
  }

  // 该方法为框架侧调用，为对应的 LazyForEach 组件在数据源处删除监听器
  ...

  // 通知 LazyForEach 组件需要重载所有子组件
  notifyDataReload(): void {
    // 遍历监听器集合，调用监听器的 oniDataReloaded 方法
    this.listeners.forEach(listener => {
      listener.onDataReloaded();
    })
  }

  // 通知 LazyForEach 组件需要在 index 对应索引处添加子组件
  ...

  // 通知 LazyForEach 组件 index 处的数据有变化，需要重建该子组件
  ...

  // 通知 LazyForEach 组件需要在 index 处删除该子组件
  ...

  // 通知 LazyForEach 组件将 from 索引和 to 索引处的子组件进行交换
  ...
}

// 声明 BasicDataSource 类的子类 MyDataSource
class MyDataSource extends BasicDataSource {
  // 字符串数组
  private dataArray: string[] = [];

  // 获取数据总数
  public totalCount(): number {
    return this.dataArray.length;
  }

  // 获取数组中指定索引处的数据
  public getData(index: number): string {
    return this.dataArray[index];
  }

  // 在指定索引处添加指定的元素
  public addData(index: number, data: string): void {
    this.dataArray.splice(index, 0, data);
    // 通知监听器有数据添加
    this.notifyDataAdd(index);
  }

  // 向数组中添加指定的元素
  ...
}

// 主入口
@Entry
```

```
@Component
struct MyComponent {
  // 常规变量，存储 MyDataSource 实例
  private data: MyDataSource = new MyDataSource();

  // 生命周期回调函数，表示在页面显示之前执行指定的操作
  aboutToAppear() {
    // 向数据数组中添加 20 个数据项
    for (let i = 0; i <= 20; i++) {
      this.data.pushData(`Hello ${i}`)
    }
  }

  // 构建函数
  ...
}
```

在上述代码中，键值生成规则由 keyGenerator 函数返回的 item 值决定。在 LazyForEach 循环渲染过程中，该函数为数据源数组项的每个项依次生成键值，例如 Hello 0、Hello 1... Hello 20，并创建对应的 ListItem 子组件且渲染到界面上。

页面初始化后的显示效果如图 14-11 所示。

页面滚动后的显示效果如图 14-12 所示。

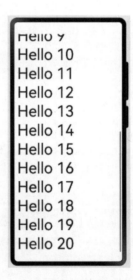

图 14-11　页面初始化后的显示效果　　图 14-12　页面滚动后的显示效果

2）键值相同时错误渲染

当不同数据项生成相同的键值时，ArkUI 框架的行为可能变得不可预测。例如，在文件 14-12 的示例代码中，LazyForEach 渲染的数据项键值均相同。在页面滑动过程中，LazyForEach 会对划入和划出当前页面的子组件进行预加载。然而，由于新建的子组件和销毁的原子组件共享相同的键值，ArkUI 框架可能错误地取用缓存，导致子组件渲染出现问题。

文件 14-12　键值相同时错误渲染的示例代码

```
// 声明实现 IDataSource 的实现类
```

```
class BasicDataSource implements IDataSource {
  // 存储 DataChangeListener 监听器的数组
  private listeners: DataChangeListener[] = [];
  // 字符串数据，存储原始数据
  private originDataArray: string[] = [];

  // 获取数据个数的方法
  public totalCount(): number {
    return 0;
  }

  // 获取指定索引处的数据
  public getData(index: number): string {
    return this.originDataArray[index];
  }

  // 注册数据变更监听器的方法
  registerDataChangeListener(listener: DataChangeListener): void {
    // 如果监听器数组中不存在指定的数据变更监听器
    if (this.listeners.indexOf(listener) < 0) {
      // 记录添加监听器的日志信息
      console.info('add listener');
      // 将指定的监听器添加到监听器数组中
      this.listeners.push(listener);
    }
  }

  // 注销数据变更监听器的方法
  ...

  // 通知数据重载的方法
  notifyDataReload(): void {
    // 遍历监听器数组，调用每个监听器的 onDataReloaded 方法
    this.listeners.forEach(listener => {
      listener.onDataReloaded();
    })
  }

  // 通知数据添加的方法
  ...
}

// 声明继承自 BasicDataSource 的子类
class MyDataSource extends BasicDataSource {
  // 字符串数组，存储数据
  private dataArray: string[] = [];

  // 获取数据总数的方法，返回数据数组的长度
  public totalCount(): number {
    return this.dataArray.length;
  }

  // 获取指定索引处的数组元素
  public getData(index: number): string {
    // 获取数据数组中指定位置的元素并返回
```

```
    return this.dataArray[index];
  }

  // 向数组中指定位置添加指定的元素
  public addData(index: number, data: string): void {
    // 向指定索引处添加指定的数据，此处的 0 表示从 index 处开始删除元素的个数
    this.dataArray.splice(index, 0, data);
    // 通知数据添加
    this.notifyDataAdd(index);
  }

  // 添加数据
  public pushData(data: string): void {
    // 将指定数据添加到数据数组中
    this.dataArray.push(data);
    // 通知有数据添加，并传递参数原有元素个数
    this.notifyDataAdd(this.dataArray.length - 1);
  }
}

// 主入口
@Entry
@Component
struct MyComponent {
  // 持有 MyDataSource 实例的变量
  private data: MyDataSource = new MyDataSource();

  // 生命周期函数，在组件显示之前要执行的操作
  aboutToAppear() {
    // 向数据数组中添加 20 个元素
    for (let i = 0; i <= 20; i++) {
      this.data.pushData(`Hello ${i}`)
    }
  }

  // 构建函数
  build() {
    // 构建列表容器，指定列表子组件的间距为 3vp
    List({ space: 3 }) {
      // 通过 LazyForEach 遍历 data，item 为临时变量，存储的是 data 中遍历到的当前元素
      LazyForEach(this.data, (item: string) => {
        // 构建列表项组件
        ListItem() {
          // 行容器组件
          Row() {
            // 文本显示组件，设置要显示的内容，同时设置显示文本的字号
            Text(item).fontSize(50)
              .onAppear(() => { // 当文本显示组件显示时记录日志信息
                console.info("appear:" + item)
              })
          }.margin({ left: 10, right: 10 }) // 设置行容器组件的左右外边距为 10vp
        }
      }, (item: string) => 'same key') // 使用指定的字符串作为 key
    }.cachedCount(5) // 对于长列表的延迟加载，设置需要缓存的元素个数的最小值
  }
```

```
}
```

页面初始化后的显示效果如图 14-13 所示。

页面滚动后的显示效果如图 14-14 所示。

图 14-13 页面初始化后的显示效果　　图 14-14 页面滚动后的显示效果

2. LazyForEach 非首次渲染

当 LazyForEach 的数据源发生变化需要重新渲染时，开发者应根据数据源的变化情况调用 listener 对应的接口，通知 LazyForEach 进行相应的更新。不同使用场景的处理方式如下。

1）添加数据

非首次渲染添加数据的示例代码如文件 14-13 所示。

文件 14-13　非首次渲染添加数据的示例代码

```
// IDataSource 接口的基础实现
class BasicDataSource implements IDataSource {
  ...

  // 通知数据重新加载的方法
  notifyDataReload(): void {
    // 遍历数据变更监听器数组，调用每个监听器的 onDataReloaded 方法
    this.listeners.forEach(listener => {
      listener.onDataReloaded();
    })
  }

  // 通知数据添加的方法
  ...
}

// 声明 BasicDataSource 的子类 MyDataSource
...

// 主入口
@Entry
```

```
@Component
struct MyComponent {
  // 存储 MyDataSource 实例的变量
  private data: MyDataSource = new MyDataSource();

  // 生命周期方法，在组件显示之前需要执行的操作
  aboutToAppear() {
    // 向数据数组中添加 20 个元素
    for (let i = 0; i <= 20; i++) {
      this.data.pushData(`Hello ${i}`)
    }
  }

  // 构建函数
  build() {
    // 列表容器组件，设置列表子组件的间距为 3vp
    List({ space: 3 }) {
      // LazyForEach 遍历 data, item 为临时变量，用于存储从 data 中遍历到的当前数据
      LazyForEach(this.data, (item: string) => {
        // 构建列表项组件
        ListItem() {
          // 行容器组件
          Row() {
            // 文本显示组件，设置需要显示的文本，同时设置显示文本的字号
            Text(item).fontSize(50)
              // 当组件显示时在控制台记录日志信息
              .onAppear(() => {
                console.info("appear:" + item)
              })
          }.margin({ left: 10, right: 10 }) // 设置行容器组件的左右外边距为 10vp
        }
        // 设置列表项的单击事件处理函数
        .onClick(() => {
          // 单击追加子组件
          this.data.pushData(`Hello ${this.data.totalCount()}`);
        })
      }, (item: string) => item) // 对于 LazyForEach, 使用 item 作为 key
    }.cachedCount(5) // 对于懒加载的长列表，设置缓存的子组件的最小个数
  }
}
```

当我们单击 LazyForEach 的子组件时，系统会依次执行以下操作：首先调用数据源 data 的 pushData 方法，该方法会在数据源末尾添加数据，并调用 notifyDataAdd 方法；然后在 notifyDataAdd 方法内进一步调用 listener.onDataAdd 方法，此方法会通知 LazyForEach 在指定位置添加数据；最后 LazyForEach 会在该索引处新建子组件。

页面初始化后的显示效果如图 14-15 所示。

页面滚动后的显示效果如图 14-16 所示。

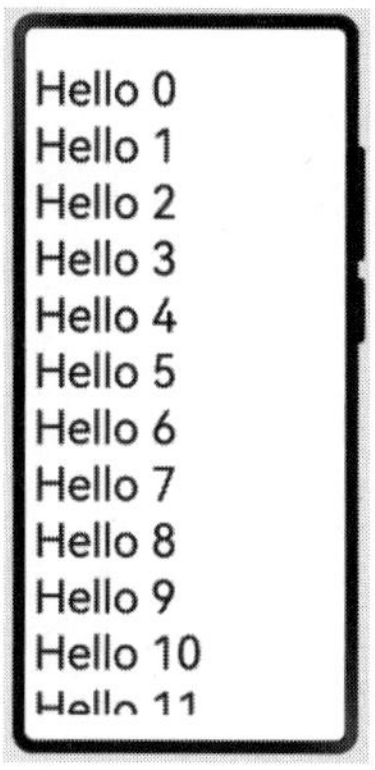

图 14-15　页面初始化后的显示效果 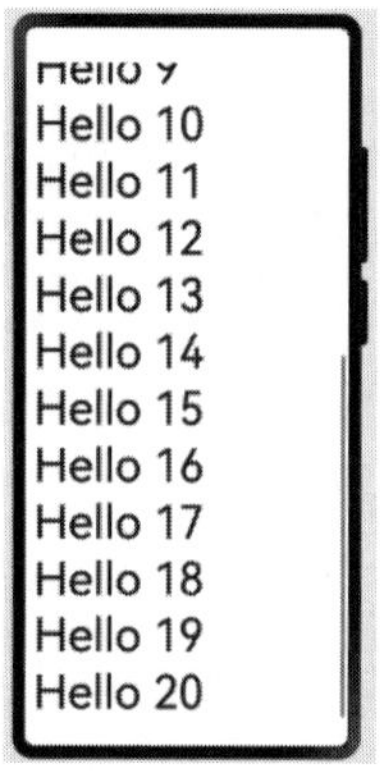　　　图 14-16　页面滚动后的显示效果

2）删除数据

非首次渲染删除数据的示例代码如文件 14-14 所示。

文件 14-14　非首次渲染删除数据的示例代码

```typescript
// 声明实现 IDataSource 接口的实现类 BasicDataSource
class BasicDataSource implements IDataSource {
  // 数据变更监听器数组
  private listeners: DataChangeListener[] = [];
  // 字符串数组，用于存储原始数据
  private originDataArray: string[] = [];

  // 获取数据的总个数
  public totalCount(): number {
    return 0;
  }

  // 获取指定索引处的数据
  public getData(index: number): string {
    return this.originDataArray[index];
  }

  // 注册数据变更监听器
  registerDataChangeListener(listener: DataChangeListener): void {
    // 如果指定的监听器在监听器数组中不存在（索引值小于 0）
    if (this.listeners.indexOf(listener) < 0) {
      // 控制台记录添加监听器的日志记录
      console.info('add listener');
      // 将指定的监听器添加到监听器数组中
      this.listeners.push(listener);
    }
  }

  // 注销数据变更监听器
  ...
}

// 声明继承 BasicDataSource 的子类 MyDataSource
class MyDataSource extends BasicDataSource {
```

```
  // 字符串数组，存储数据
  dataArray: string[] = [];

  // 获取数据的总数
  public totalCount(): number {
    return this.dataArray.length;
  }

  // 获取指定索引处的数据
  ...

  // 向指定索引处添加指定的数据
  ...

  // 添加数据
  ...

  // 删除数据
  ...
}

// 主入口
@Entry
@Component
struct MyComponent {
  // 存储 MyDataSource 的变量
  private data: MyDataSource = new MyDataSource();

  // 在组件开始出现之前执行指定的操作
  aboutToAppear() {
    // 向数组中添加 20 个元素
    for (let i = 0; i <= 20; i++) {
      this.data.pushData(`Hello ${i}`)
    }
  }

  // 构建函数
  build() {
    // 构建列表容器，指定列表容器的子组件间距为 3vp
    List({ space: 3 }) {
      // 通过 LazyForEach 遍历 data 中的数据，item 为保存当前遍历到的数据的临时变量
      // index 表示当前数据在 data 中的索引
      LazyForEach(this.data, (item: string, index: number) => {
        // 构建列表项
        ListItem() {
          // 构建行容器组件
          Row() {
            // 构建文本显示组件，设置要显示的文本及其字号
            Text(item).fontSize(50)
              // 当文本显示组件出现时，控制台记录日志信息
              .onAppear(() => {
                console.info("appear:" + item)
              })
          }.margin({ left: 10, right: 10 }) // 设置行容器组件的左右外边距为 10vp
        }
```

```
      // 设置列表项的单击事件处理函数
      .onClick(() => {
        // 单击删除子组件
        this.data.deleteData(this.data.dataArray.indexOf(item));
      })
    }, (item: string) => item) // 使用 item 作为 key
  }.cachedCount(5) // 对于懒加载的长列表，设置缓存的子组件最少数量
  }
}
```

单击 LazyForEach 的子组件时，系统会执行以下操作：首先调用数据源 data 的 deleteData 方法，该方法会删除数据源中对应索引处的数据，并调用 notifyDataDelete 方法；然后在 notifyDataDelete 方法内进一步调用 listener.onDataDelete 方法，该方法会通知 LazyForEach 在指定位置删除数据；最后 LazyForEach 会在该索引处删除对应的子组件。

页面初始化后的显示效果如图 14-17 所示。

页面滚动后的显示效果如图 14-18 所示。

图 14-17 页面初始化后的显示效果　　图 14-18 页面滚动后的显示效果

3）交换数据

非首次渲染交换数据的示例代码如文件 14-15 所示。

文件 14-15　非首次渲染交换数据的示例代码

```
// 声明 IDataSource 接口的实现类 BasicDataSource
class BasicDataSource implements IDataSource {
  // 数据变更监听器数组
  private listeners: DataChangeListener[] = [];
  // 用于存储原始数据的字符串数组
  private originDataArray: string[] = [];

  // 获取数据个数
  public totalCount(): number {
    return 0;
  }

  // 获取指定索引处元素的方法
  public getData(index: number): string {
```

```
      return this.originDataArray[index];
    }

    // 注册数据变更监听器
    registerDataChangeListener(listener: DataChangeListener): void {
      // 如果监听器在数组中的索引值小于 0,表示数组中不存在该监听器
      if (this.listeners.indexOf(listener) < 0) {
        // 控制台记录添加监听器的日志
        console.info('add listener');
        // 将指定的监听器添加到数组中
        this.listeners.push(listener);
      }
    }

    // 注销监听器的方法
    ...
  }

  // 声明 BasicDataSource 的子类 MyDataSource
  ...

  // 主入口
  @Entry
  @Component
  struct MyComponent {
    // 该数组的第一个元素记录 from 索引值,第二个元素记录 to 索引值
    private moved: number[] = [];
    // 存储数据源实例的变量
    private data: MyDataSource = new MyDataSource();

    // 在页面出现之前执行的操作
    aboutToAppear() {
      // 向数据源中添加 20 个元素
      for (let i = 0; i <= 20; i++) {
        this.data.pushData(`Hello ${i}`)
      }
    }

    // 构建函数
    build() {
      // 构建列表容器,指定列表子组件的间距为 3vp
      List({ space: 3 }) {
        // LazyForEach 遍历数据源数据,item 表示当前遍历到的数据,index 表示该数据元素在数
据源中的索引
        LazyForEach(this.data, (item: string, index: number) => {
          // 构建列表项
          ListItem() {
            // 行容器组件
            Row() {
              // 文本显示组件,设置要显示的文本及其字号
              Text(item).fontSize(50)
                // 当文本显示组件出现时,在控制台记录日志信息
                .onAppear(() => {
                  console.info("appear:" + item)
                })
```

```
        }.margin({ left: 10, right: 10 }) // 设置行容器组件的左右外边距为10vp
      }
      // 设置列表项的单击事件处理函数
      .onClick(() => {
        // 将当前元素的索引添加到moved数组中
        this.moved.push(this.data.dataArray.indexOf(item));
        // 如果moved中记录了2个元素，则执行元素的移动（交换）操作
        if (this.moved.length === 2) {
          // 单击交换子组件
          this.data.moveData(this.moved[0], this.moved[1]);
          // 清空需要移动的元素索引
          this.moved = [];
        }
      })
    }, (item: string) => item) // 使用item作为key
  }.cachedCount(5) // 对于懒加载的长列表，设置缓存组件的最小个数
  }
}
```

首次单击 LazyForEach 的子组件时，会在 moved 成员变量中记录要移动的数据索引。再次单击 LazyForEach 的另一个子组件时，系统会将首次单击的子组件移到此处。此过程中会调用数据源 data 的 moveData 方法，该方法负责将数据源中的对应数据移到预期的位置，并调用 notifyDatMove 方法。在 notifyDataMove 方法内会进一步调用 listener.onDataMove 方法，该方法通知 LazyForEach 在指定位置移动数据。随后，LazyForEach 会根据 from 和 to 的索引，将子组件的位置进行调换。

页面初始化后的显示效果如图 14-19 所示。

页面滚动后的显示效果如图 14-20 所示。

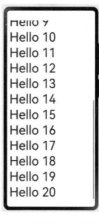

图 14-19　页面初始化后的显示效果　　　　图 14-20　页面滚动后的显示效果

4）改变单个数据

非首次渲染改变单个数据的示例代码如文件 14-16 所示。

文件 14-16　非首次渲染改变单个数据的示例代码

```
// 声明实现 IDataSource 接口的 BasicDataSource 类
class BasicDataSource implements IDataSource {
  // 用于存储数据变更监听器的数组
  private listeners: DataChangeListener[] = [];
```

```
  // 用于存储原始数据的字符串数组
  private originDataArray: string[] = [];

  // 获取数据个数的方法
  public totalCount(): number {
    return 0;
  }

  // 获取指定索引处数据的方法
  public getData(index: number): string {
    return this.originDataArray[index];
  }

  // 注册数据变更监听器的方法
  ...
}

// 声明继承自 BasicDataSource 的子类 MyDataSource
class MyDataSource extends BasicDataSource {
  // 存储数据的字符串数组
  private dataArray: string[] = [];

  ...
}

// 主入口
@Entry
@Component
struct MyComponent {
  // 存储需要移动的元素索引，该数组第一个元素存储 from 的索引，第二个元素存储 to 的索引
  private moved: number[] = [];
  // 存储 MyDataSource 实例的变量
  private data: MyDataSource = new MyDataSource();

  // 在页面出现之前执行的操作
  aboutToAppear() {
    // 向数据源中添加 20 个数据
    for (let i = 0; i <= 20; i++) {
      this.data.pushData(`Hello ${i}`)
    }
  }

  // 构建函数
  build() {
    // 构建列表容器，指定列表子组件的间距为 3vp
    List({ space: 3 }) {
      // LazyForEach 遍历 data 中的数据元素，item 表示当前遍历到的元素，index 为该元素在
数据源中的索引值
      LazyForEach(this.data, (item: string, index: number) => {
        // 构建列表项
        ListItem() {
          // 行容器组件
          Row() {
            // 构建文本显示组件，设置要显示的文本及其字号
            Text(item).fontSize(50)
```

```
        // 当组件出现时，在控制台记录日志
        .onAppear(() => {
          console.info("appear:" + item)
        })
      }.margin({ left: 10, right: 10 }) // 设置行容器组件的左右外边距为 10vp
    }
    // 设置列表项的单击事件处理函数
    .onClick(() => {
      // 修改 index 处的数据
      this.data.changeData(index, item + '00');
    })
  }, (item: string) => item) // 将 item 直接作为 key 使用
  }.cachedCount(5) // 对于懒加载的长列表，设置缓存列表子组件的最小个数
  }
}
```

单击 LazyForEach 的子组件时，系统首先会改变当前数据，然后调用数据源 data 的 changeData 方法。在该方法中，会进一步调用 notifyDataChange 方法。而在 notifyDataChange 方法中，又会调用 listener.onDataChange 方法。通过该方法，LazyForEach 组件接收到该处有数据发生变化的通知，并在对应索引处重新生成子组件。

页面初始化后的显示效果如图 14-21 所示。

单击页面元素后的显示效果如图 14-22 所示。

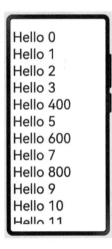

图 14-21　页面初始化后的显示效果　　图 14-22　单击页面元素后的显示效果

5）改变多个数据

非首次渲染时改变多个数据的示例代码如文件 14-17 所示。

文件 14-17　非首次渲染时改变多个数据的示例代码

```
// 声明实现 IDataSource 接口的 BasicDataSource 类
...
}

// 声明 BasicDataSource 的子类 MyDataSource 类
...
}
```

```
// 主入口
@Entry
@Component
struct MyComponent {
  // 该数组第一个元素存储 from 元素的索引，第二个元素存储 to 元素的索引
  private moved: number[] = [];
  // 保存 MyDataSource 实例的变量
  private data: MyDataSource = new MyDataSource();

  // 在页面显示之前需要执行的操作
  aboutToAppear() {
    // 向数据源中添加 20 个元素
    for (let i = 0; i <= 20; i++) {
      this.data.pushData(`Hello ${i}`)
    }
  }

  // 构建函数
  build() {
    // 构建列表组件，并设置列表中子组件的间距为 3vp
    List({ space: 3 }) {
      // LazyForEach 遍历 data 中的数据项，item 表示当前遍历到的数据，index 表示该数据的
索引
      LazyForEach(this.data, (item: string, index: number) => {
        // 构建列表项
        ListItem() {
          // 行容器组件
          Row() {
            // 文本显示组件，设置要显示的文本及其字号
            Text(item).fontSize(50)
              // 当组件显示时，在控制台记录日志
              .onAppear(() => {
                console.info("appear:" + item)
              })
          }.margin({ left: 10, right: 10 }) // 设置行容器组件的左右外边距为 10vp
        }
        // 设置列表项的单击事件处理函数
        .onClick(() => {
          // 修改所有的数据
          this.data.modifyAllData();
          // 重新加载数据
          this.data.reloadData();
        })
      }, (item: string) => item) // 将 item 直接作为 key 使用
    }.cachedCount(5) // 对于懒加载的长列表项，设置最少缓存的组件数量
  }
}
```

单击 LazyForEach 的子组件时，系统首先调用 data 的 modifyAllData 方法，修改数据源中的所有数据。接着，调用数据源的 reloadData 方法。在该方法中，进一步调用 notifyDataReload 方法。而在 notifyDataReload 方法中，又会调用 listener.onDataReloaded 方法，通知 LazyForEach 需要重建所有子节点。LazyForEach 会将所有原数据项和新数据项逐一进行键值比对。若键值相同则直接使用缓存的

子组件，若键值不同则重新构建对应的子组件。

页面初始化后的显示效果如图 14-23 所示。

单击页面元素后的显示效果如图 14-24 所示。

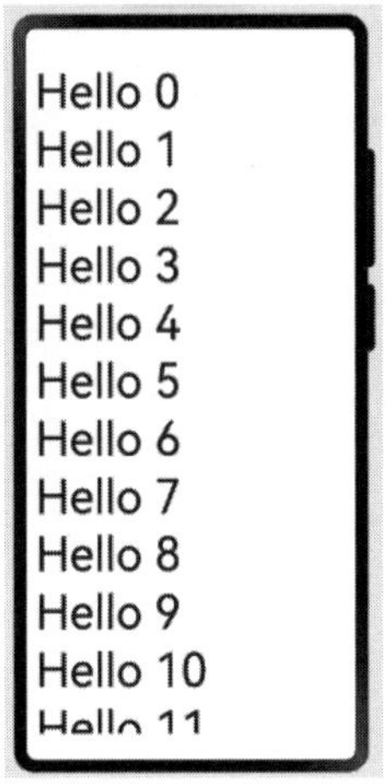

Hello 0	Hello 000
Hello 1	Hello 100
Hello 2	Hello 200
Hello 3	Hello 300
Hello 4	Hello 400
Hello 5	Hello 500
Hello 6	Hello 600
Hello 7	Hello 700
Hello 8	Hello 800
Hello 9	Hello 900
Hello 10	Hello 1000
Hello 11	Hello 1100

图 14-23　页面初始化后的显示效果 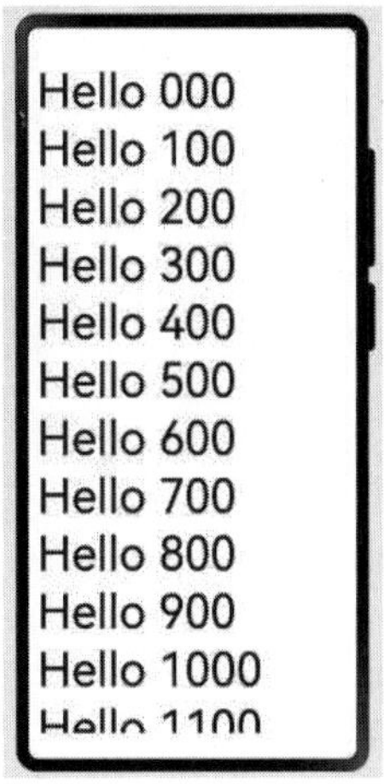　　　图 14-24　单击页面元素后的显示效果

6）精准批量修改数据

非首次渲染时精准批量修改数据的示例代码如文件 14-18 所示。

文件 14-18　非首次渲染时精准批量修改数据的示例代码

```
// 声明实现 IDataSource 接口的 BasicDataSource 类
class BasicDataSource implements IDataSource {
  // 用于存储数据变更监听器的数组
  private listeners: DataChangeListener[] = [];
  // 用于存储原始数据的字符串数组
  private originDataArray: string[] = [];

  ...

  // 操作数据的方法
  public operateData(): void {
    // 将数组中的索引为 1 的元素复制到数组中索引 3 的位置
    this.dataArray.splice(3, 0, this.dataArray[1]);
    // 从数组中索引 1 开始删除一个元素
    this.dataArray.splice(1, 1);
    // 获取数组中索引为 4 的元素
    let temp = this.dataArray[4];
    // 获取数组中索引为 6 的元素并复制到索引为 4 的位置
    this.dataArray[4] = this.dataArray[6];
    // 将原来索引为 4 的元素复制到索引为 6 的位置
    this.dataArray[6] = temp;
    // 从索引 8 开始添加 2 个元素，并从索引 8 开始删除 0 个元素，即将 "Hello a" 添加到索引 8
处，将 "Hello b" 添加到索引 9 处
    this.dataArray.splice(8, 0, 'Hello a', 'Hello b');
```

```
        // 从索引 10 处开始删除两个元素，即删除索引为 10 的和索引为 11 的元素
        this.dataArray.splice(10, 2);
        // 通知数据源变更
        this.notifyDatasetChange([
            // 数据移动：将索引 1 处的元素复制到索引 3 处
            { type: DataOperationType.MOVE, index: { from: 1, to: 3 } },
            // 数据交换：将索引 4 和索引 6 处的两个元素互换
            { type: DataOperationType.EXCHANGE, index: { start: 4, end: 6 } },
            // 数据添加：从索引 8 开始添加 2 个元素
            { type: DataOperationType.ADD, index: 8, count: 2 },
            // 数据删除：从索引 10 开始删除 2 个元素
            { type: DataOperationType.DELETE, index: 10, count: 2 }]);
    }

    // 添加数据的操作
    public pushData(data: string): void {
        // 将指定的数据添加到数组中
        this.dataArray.push(data);
    }
}

// 主入口
@Entry
@Component
struct MyComponent {
    // 存储 MyDataSource 实例的变量
    private data: MyDataSource = new MyDataSource();

    // 在页面显示之前执行的操作
    aboutToAppear() {
        // 向数据源中添加 20 个元素
        for (let i = 1; i <= 21; i++) {
            this.data.pushData(`Hello ${i}`)
        }
    }

    // 构建函数
    build() {
        // 列容器组件
        Column() {
            // 文本显示组件，设置要显示的文本
            Text('第二项数据移动到第四项处，第五项数据和第七项数据交换，第九项开始添加数据
"Hello a" "Hello b"，第十一项开始删除两个数据')
                .fontSize(10)                    // 设置要显示的文本字号
                .backgroundColor(Color.Blue)     // 设置文本显示组件的背景色
                .fontColor(Color.White)          // 设置文本显示组件的字体颜色
                .borderRadius(50)                // 设置文本显示组件的边框圆角半径为 50vp
                .padding(5)                      // 设置文本显示组件的内边距为 5vp
                .onClick(() => {                 // 设置文本显示组件的单击事件处理函数
                    // 执行数据操作
```

```
            this.data.operateData();
        })
    // 构建列表组件，并指定列表中子组件的间距为 3vp
    List({ space: 3 }) {
        // LazyForEach 遍历 data 中的元素，item 表示当前遍历到的元素，index 表示该元素在
数据源中的索引
        LazyForEach(this.data, (item: string, index: number) => {
        // 构建列表项
        ListItem() {
            // 行容器组件
            Row() {
                // 文本显示组件，设置要显示的文本及其字号
                Text(item).fontSize(35)
                    // 当文本显示组件显示时，在控制台记录日志信息
                    .onAppear(() => {
                        console.info("appear:" + item)
                    })
            }.margin({ left: 10, right: 10 }) // 设置行容器组件的左右外边距为 10vp
        }
    }, (item: string) => item + new Date().getTime()) // 使用 item 拼接时间字
符串作为 key
    }.cachedCount(5) // 对于懒加载的长列表，设置缓存的最小组件个数
    }
  }
}
```

上述示例代码展示了 LazyForEach 同时进行数据的添加、删除、移动和交换操作。通过 onDatasetChange 接口，可以一次性通知 LazyForEach 应该执行哪些数据操作。

页面初始化后的显示效果如图 14-25 所示。

单击按钮后的显示效果如图 14-26 所示。

图 14-25 页面初始化后的显示效果

图 14-26 单击按钮后的显示效果

使用 onDatasetChange 接口时的注意事项：

（1）onDatasetChange 与其他操作数据的接口不能混用。

（2）onDatasetChange 接口传入的索引（index）对应的数据，均需从更改前的原数组中寻找。

（3）每次调用 onDatasetChange 时，一个索引对应的数据只能被操作一次。若对同一个索引操作多次，则 LazyForEach 仅执行第一个操作。

（4）部分操作可以由开发者传入键值，此时 LazyForEach 不会重复调用 keygenerator 获取键值。因此，开发者需确保传入键值的正确性和唯一性。

（5）若本次操作集合中包含 RELOAD 操作，则其他操作全都失效。

7）改变数据子属性

仅依赖 LazyForEach 的刷新机制，当列表项数据发生变化时，更新子组件通常需要销毁原有子组件并重新构建。这种方式在子组件结构较为复杂时可能导致渲染性能较低。为了解决此问题，ArkUI 框架提供了@Observed 和@ObjectLink 机制，以实现深度观测。通过这些机制，只有使用了被观察属性的组件才会被刷新，从而显著提高渲染性能。开发者可以根据业务需求，选择适合的刷新方式，以优化应用性能和用户体验。

非首次渲染时改变数据子属性的示例代码如文件 14-19 所示。

文件 14-19 非首次渲染时改变数据子属性的示例代码

```
// 声明实现 IDataSource 接口的 BasicDataSource 类
...

// 声明继承自 BasicDataSource 的子类 MyDataSource
...

// 声明类，使用@Observed 装饰器装饰，用于观察该类属性的变化
@Observed
class StringData {
 message: string; // 属性 message

 // 构造器
 constructor(message: string) {
   this.message = message; // 给属性 message 赋值
 }
}

// 主入口
@Entry
@Component
struct MyComponent {
 // 该数组的第一个元素存储 from 索引值，第二个元素存储 to 索引值
 // 表示需要将 from 位置的元素移动到 to 的位置
 private moved: number[] = [];
 // 状态变量，用于存储 MyDataSource 实例
 @State data: MyDataSource = new MyDataSource();
```

```
    // 在页面出现之前需要执行的操作
    aboutToAppear() {
      // 向数据源添加 20 个元素
      for (let i = 0; i <= 20; i++) {
        this.data.pushData(new StringData(`Hello ${i}`));
      }
    }


    // 构建函数
    build() {
      // 列表组件，指定列表中子组件的间距为 3vp
      List({ space: 3 }) {
        // 通过 LazyForEach 遍历 data 中的数据，item 表示当前遍历到的数据，index 表示该数据
在数据源中的索引值
        LazyForEach(this.data, (item: StringData, index: number) => {
          // 构建列表项组件
          ListItem() {
            // 构建自定义组件，传递参数 item
            ChildComponent({ data: item })
          }
          // 当单击列表项时修改 message 的值
          .onClick(() => {
            item.message += '0';
          })
        }, (item: StringData, index: number) => index.toString()) // 将 index 的字
符串作为 key
      }.cachedCount(5) // 对于懒加载的长列表，设置缓存子组件的最小值
    }
  }


  // 自定义组件
  @Component
  struct ChildComponent {
    // 状态变量，使用@ObjectLink 装饰器装饰，用于接收父组件使用@Observed 装饰器装饰的类的
实例，并和父组件中对应的状态变量建立双向数据绑定
    @ObjectLink data: StringData

    // 构建函数
    build() {
      // 行容器组件
      Row() {
        // 文本显示组件，设置要显示的文本及其字号
        Text(this.data.message).fontSize(50)
          .onAppear(() => {
            // 当组件显示时，在控制台记录日志信息
            console.info("appear:" + this.data.message)
          })
```

```
    }.margin({ left: 10, right: 10 }) // 设置行容器组件的左右外边距 10vp
  }
}
```

单击 LazyForEach 子组件改变 item.message 时，重新渲染依赖于 ChildComponent 的@ObjectLink 成员变量对其子属性的监听，此时 ArkUI 框架只会刷新 Text(this.data.message)，不会重建整个 ListItem 子组件。

页面初始化后的显示效果如图 14-27 所示。

单击单个元素后的显示效果如图 14-28 所示。

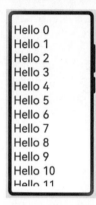
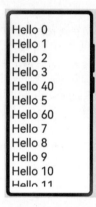

图 14-27　页面初始化的显示效果　　　图 14-28　单击单个元素后的显示效果

14.4　Repeat 循环渲染

Repeat 组件基于数组类型数据进行循环渲染，它需要与容器组件配合使用，并且接口返回的组件应当是允许包含在 Repeat 父容器组件中的子组件。例如，ListItem 组件要求 Repeat 的父容器组件必须为 List 组件。

Repeat 循环渲染和 ForEach 相比有两个区别：一是优化了部分更新场景下的渲染性能，二是组件生成函数的索引由框架侧来维护。

14.4.1　接口描述

1. Repeat 组件构造

Repeat 接口定义如下：

```
declare const Repeat: <T>(arr: Array<T>) => RepeatAttribute<T>
```

Repeat 接口参数说明如表 14-5 所示。

表14-5　Repeat接口参数说明

参数名称	参数类型	是否必选	说　　明
arr	Array<T>	是	数据源，Array<T>类型数组，由开发者决定数据类型

2. Repeat 组件属性

Repeat 组件属性定义如下：

```
declare class RepeatAttribute<T> {
  each(itemGenerator: (repeatItem: RepeatItem<T>) => void): RepeatAttribute<T>;
  key(keyGenerator: (item: T, index: number) => string): RepeatAttribute<T>;
}
```

Repeat 组件属性说明如表 14-6 所示。

表14-6　Repeat组件属性说明

属　性　名	参数类型	是否必选	说　　明
each	itemGenerator:　(repeatItem: RepeatItem<T>) => void	是	组件生成函数。 说明： ① each 属性是必选的，否则会在运行时报错。 ② itemGenerator 参数为 RepeatItem 类型，该参数将 item 和 index 组合到一起
key	keyGenerator: (item: T, index: number) => string	是	键值生成函数，为数组中每个元素创建对应的键值。 说明： ① item：arr 数组中的数据项。 ② index：arr 数组中数据项的索引

3. RepeatItem 类型

RepeatItem 的类型定义如下：

```
interface RepeatItem<T> {
  item: T,
  index?: number
}
```

RepeatItem 类型参数说明如表 14-7 所示。

表14-7　RepeatItem类型参数说明

参　数　名	参数类型	是否必选	说　　明
item	T	是	arr 中的每个数据项。T 为开发者传入的数据类型
index	number	否	当前数据项对应的索引

14.4.2　键值生成规则

在 Repeat 循环渲染过程中，系统会为每个数组元素生成唯一且持久的键值，用于标识对应的组件。当这个键值发生变化时，ArkUI 框架将认为该数组元素已被替换或修改，并会基于此进行对应的更新操作。若当前数组中某个数据项的键值与其他项的键值重复，Repeat 会为每一项数据补上 index 作为新的键值。

Repeat 提供了 key 属性，参数是一个函数，开发者可以通过它自定义键值的生成规则。如果开发者没有调用 key 属性，则 ArkUI 框架会使用默认的键值生成函数。

ArkUI 框架对于 Repeat 的键值生成有一套特定的判断规则，具体的键值生成规则判断逻辑如图 14-29 所示。

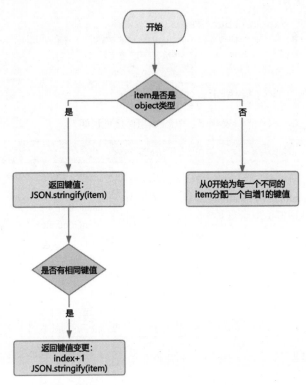

图 14-29　键值生成规则判断逻辑

14.4.3　组件创建规则

在确定键值生成规则后，Repeat 会根据键值生成规则为数据源的每个数据项创建组件。组件的创建包括两种情况：Repeat 首次渲染和 Repeat 非首次渲染。

1. Repeat 首次渲染

在 Repeat 首次渲染时，根据键值生成规则为数据源的每个数组项生成唯一键值，并创建相应的组件。

Repeat 首次渲染的示例代码如文件 14-20 所示。

文件 14-20　Repeat 首次渲染的示例代码

```
// 主入口
@Entry
@Component
struct Parent {
  // 状态变量，字符串数组类型
  @State simpleList: Array<string> = ['one', 'two', 'three'];

  // 构建函数
  build() {
```

```
    // 构建行容器组件
    Row() {
      // 列容器组件
      Column() {
        // 使用 Repeat 遍历 simpleList
        Repeat<string>(this.simpleList)
          .each((obj: RepeatItem<string>) => {
            // 根据每个数据项构建 ChildItem
            ChildItem({ item: obj.item })
          })
          .key((item: string) => item) // 将 item 作为 key
      }
      ...
    }
    ...
  }
}

// 自定义组件
@Component
struct ChildItem {
  // 状态变量，使用@Prop 装饰器装饰，用于同步父组件传递来的值，但是值的变更不会同步给父组件
  @Prop item: string;

  // 构建函数
  build() {
    // 文本显示组件，设置显示的文本
    Text(this.item)
      ...
  }
}
```

页面初始化后的显示效果如图 14-30 所示。

图 14-30　页面初始化后的显示效果

2. Repeat 非首次渲染

1）数据源变化

在 Repeat 组件进行非首次渲染时，它会依次对比上次的所有键值和本次更新后的键值。若更新后的键值和上次的某一项键值相同，Repeat 会直接复用子组件，并对 RepeatItem.index 索引进行相应的更新。

当 Repeat 完成了对所有重复键值的比较并进行了相应的复用后，如果上次的键值中存在不重复的项，并且在本次更新中生成了新的键值需要新建子组件时，Repeat 会复用上次多余的子组件，并更新 RepeatItem.item 数据源和 RepeatItem.index 索引。

非首次渲染时数据源变化的示例代码如文件 14-21 所示。

文件 14-21 非首次渲染时数据源变化的示例代码

```
// 主入口
@Entry
@Component
struct Parent {
  // 状态变量，字符串数组
  @State simpleList: Array<string> = ['one', 'two', 'three'];

  // 构建函数
  build() {
    // 行容器组件
    Row() {
      // 列容器组件
      Column() {
        // 文本显示组件，设置显示的文本
        Text('单击修改第 3 个数组项的值')
          ...
          .onClick(() => {        // 设置单击事件处理函数，修改数组项的值
            this.simpleList[2] = 'new three';
          })
        // 使用 Repeat 遍历 simpleList 元素
        Repeat<string>(this.simpleList)
          .each((obj: RepeatItem<string>) => {
            // 根据遍历到的每个数据项构建 ChildItem
            ChildItem({ item: obj.item })
              .margin({ top: 20 })          // 设置组件的上外边距为 20vp
          })
          .key((item: string) => item)    // 将 item 直接作为 key 使用
      }
      ...
    }
    ...
  }
}

// 自定义组件
@Component
struct ChildItem {
  // 使用@Prop 装饰的状态变量，用于同步父容器传递的组件，但是该值的修改不会同步回父组件
  @Prop item: string;

  // 构建函数
  build() {
    // 文本显示组件，设置显示的文本
    Text(this.item)
      .fontSize(30) // 设置显示的文本的字号
  }
}
```

页面初始化后的显示效果如图 14-31 所示。

单击页面元素后的显示效果如图 14-32 所示。

图 14-31　页面初始化后的显示效果　　　图 14-32　单击页面元素后的显示效果

第三个数组项重新渲染时，会复用之前的第三项组件，仅对数据进行刷新。

2）索引值变化

当我们交换数组项 1 和数组项 2 时，若键值和上次保持一致，则 Repeat 会复用之前的组件，仅对使用了 index 索引值的组件进行数据刷新。

演示 Repeat 索引值变化的示例代码如文件 14-22 所示。

文件 14-22　演示 Repeat 索引值变化的示例代码

```
// 主入口
@Entry
@Component
struct Parent {
  // 状态变量，字符串数组
  @State simpleList: Array<string> = ['one', 'two', 'three'];

  // 构建函数
  build() {
    // 行容器组件
    Row() {
      // 列容器组件
      Column() {
        // 文本显示组件，设置显示的文本
        Text('交换数组项 1, 2')
          ...
          .onClick(() => {          // 设置单击事件的处理函数
            // 当文本显示组件被单击时，获取 simpleList 中索引为 2 的元素
            let temp: string = this.simpleList[2]
            // 将索引为 1 的值复制到索引为 2 的位置
            this.simpleList[2] = this.simpleList[1]
            // 将原来索引为 2 的值复制到索引为 1 的位置
            this.simpleList[1] = temp
          })
          ...

        // 使用 Repeat 遍历 simpleList 元素
        Repeat<string>(this.simpleList)
          .each((obj: RepeatItem<string>) => {
            // 文本显示组件，设置显示的文本为遍历到的数据项的 index 值
            Text("index: " + obj.index)
              ...
            ChildItem({ item: obj.item }) // 构建自定义组件，传递参数
              ...
```

```
        })
        .key((item: string) => item)    // 将 item 直接作为 key 使用
      }
    ...
  }
  ...
}
}

// 自定义组件
@Component
struct ChildItem {
  // 使用@Prop 装饰器装饰的状态变量，用于同步父组件的值，但值的修改不会同步回父组件
  @Prop item: string;

  // 构建函数
  build() {
    // 文本显示组件，设置显示的文本
    Text(this.item)
      ...
  }
}
```

页面初始化后的显示效果如图 14-33 所示。

单击页面元素后的显示效果如图 14-34 所示。

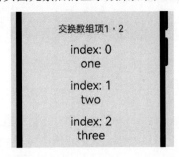

图 14-33　页面初始化后的显示效果

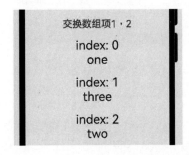

图 14-34　单击页面元素后的显示效果

3）数据源数组项子属性变化

当数据源的数组项为对象数据类型，并且只修改某个数组项的属性值时，由于数据源为复杂数据类型，ArkUI 框架无法监听到数据源数组项的属性变化，从而无法触发 Repeat 的重新渲染。为了实现 Repeat 重新渲染，需要结合@ObservedV2 和@Trace 装饰器进行深度观测。

Repeat 数据源数组项子属性变化的示例代码如文件 14-23 所示。

文件 14-23　Repeat 数据源数组项子属性变化的示例代码

```
// 使用@ObservedV2 装饰器装饰的类，让该类及其属性具有深度观测的能力
@ObservedV2
class Wrap2 {
  // 使用@Trace 装饰器装饰的状态变量，仅会通知关联的组件进行刷新
  @Trace message: string = '';

  // ...
```

```
    }
    // 使用@ObservedV2 装饰器装饰的类，让该类及其属性具有深度观测的能力
    @ObservedV2
    class Wrap1 {
      // 使用@Trace 装饰器装饰的变量，仅会通知关联的组件进行刷新
      @Trace message: Wrap2 = new Wrap2('');

      // ...

    }

    // 主入口
    @Entry
    @ComponentV2
    struct Parent {
      // 使用@Local 装饰器装饰的状态变量，表示组件内部的状态
      @Local simpleList: Array<Wrap1> = [new Wrap1('one'), new Wrap1('two'), new
Wrap1('three')];

      // 构建函数
      build() {
        // 行容器组件
        Row() {
          // 列容器组件
          Column() {
            // 文本显示组件，设置显示的文本内容
            Text('单击修改第 3 个数组项的值')
              ...
              .onClick(() => {
                // 设置文本显示组件的单击事件处理函数
                // 当文本显示组件被单击时，修改 simpleList 中索引为 2 的元素的 message 的
message 属性值
                this.simpleList[2].message.message = 'new three';
              })
            // 使用 Repeat 遍历 simpleList
            Repeat<Wrap1>(this.simpleList)
              .each((obj: RepeatItem<Wrap1>) => {
                // 根据遍历到的元素的 message 的 message 属性值构建 ChildItem 组件
                ChildItem({ item: obj.item.message.message })
                  .margin({ top: 20 }) // 设置自定义组件的上外边距为 20vp
              })
              .key((item: Wrap1, index: number) => index.toString()) // 将 index 的
字符串作为 key
          }
          ...
        }
        ...
      }
    }

    // 自定义组件，使用@ComponentV2 装饰器装饰，表示自定义组件
    @ComponentV2
    struct ChildItem {
      // @Require 表示该变量必须传值，@Param 装饰器表示该状态变量的值必须由外部传入
```

```
@Require @Param item: string;

 // 构建函数
build() {
  // 文本显示组件，设置要显示的值
  Text(this.item)
    ...
  }
}
```

页面初始化后的显示效果如图 14-35 所示。

单击页面元素后的显示效果如图 14-36 所示。

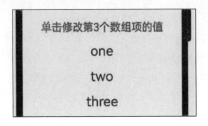
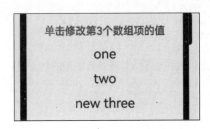

图 14-35　页面初始化后的显示效果　　　　图 14-36　单击页面元素后的显示效果

14.5　本章小结

本章详细介绍了 ArkUI 框架中的渲染控制机制，包括条件渲染、循环渲染和数据懒加载渲染三种主要方式。

1. 条件渲染

通过 if/else 语句控制组件的显示，支持使用状态变量，并允许嵌套使用。更新机制会在状态变量变化时触发，删除旧组件并创建新组件。条件渲染需遵守父组件对子组件的使用规则。

2. ForEach 循环渲染

允许基于数组数据快速生成组件，需配合容器组件使用，并可通过 keyGenerator 生成唯一键值以优化性能。ForEach 在数据源变化时进行智能更新、复用或重新创建组件。

3. LazyForEach 数据懒加载

用于大数据量场景，按需创建组件以提高性能。LazyForEach 要求实现 IDataSource 接口，并使用 DataChangeListener 进行数据更新。它通过 keyGenerator 生成键值，智能处理数据的添加、删除、移动和更改。

4. Repeat 循环渲染

Repeat 循环渲染是 ForEach 的优化版，提高了部分更新场景的渲染性能。由 ArkUI 框架维护索引值，使用 RepeatItem 对象传递数据项和索引。

5. 使用建议

避免使用索引作为键值，确保键值的唯一性。在数据更新时使用 DataChangeListener 或 onDatasetChange 接口进行批量处理。

6. 深度观测

在数据子属性变化时，可以使用@ObservedV2 和@Trace 装饰器进行深度观测，从而提高渲染性能。

整体而言，ArkUI 框架提供了灵活的渲染控制机制，以适应不同的开发场景，从而优化性能并提升用户体验。

14.6　本章习题

（1）ArkUI 框架中条件渲染的基本使用规则有哪些？

（2）在 ArkUI 中使用条件渲染时，为何需要遵守父组件关于子组件的使用规则？

（3）ArkUI 中 ForEach 循环渲染的更新机制是如何工作的？

（4）在使用 LazyForEach 进行数据懒加载时，为什么需要实现 IDataSource 接口，并注册数据变更监听器？

（5）比较 ForEach 循环渲染和 LazyForEach 数据懒加载在性能优化方面的主要区别。

（6）创建一个 ArkUI 组件，使用条件渲染来显示一个按钮，该按钮仅在用户处于登录状态时显示。提供相应的状态管理和事件处理逻辑。

（7）实现一个使用 ForEach 循环渲染的 ArkUI 组件，该组件接收一个字符串数组作为属性，并为数组中的每个元素渲染一个列表项。

（8）编写一个 ArkUI 组件，使用 LazyForEach 来渲染一个长列表。该列表在滚动到底部时通过触发手势加载更多数据，并展示加载状态。

（9）设计一个 ArkUI 应用程序，其中包括一个使用 Repeat 循环渲染的组件，该组件能够展示一个对象数组，并为每个对象生成唯一的标识。

（10）扩展第（9）题的应用程序，添加一个功能，允许用户通过单击列表项来修改该项的数据，并实时更新 UI 以反映这一变化，使用@ObservedV2 和@Trace 装饰器来优化性能。

第 15 章

从 TypeScript 到 ArkTS 的适配

ArkTS 在保持 TypeScript 基本语法风格的基础上，进一步通过规范强化静态检查和分析，使得在程序开发阶段能够检测更多错误，从而提升程序稳定性，并实现更好的运行性能。

本章将讲解程序稳定性、程序性能、.ets 代码兼容性、以及兼容 TypeScript/JavaScript 的约束 4 部分内容，帮助读者理解从 TypeScript 到 ArkTS 适配的必要性。

15.1   程序稳定性

动态类型语言，如 JavaScript，能够让开发者快速编写代码，但也容易在运行时引发非预期的错误。例如，如果开发者没有检查一个值是否为 undefined，那么程序有可能在运行时崩溃，从而给开发者带来困扰。因此，在代码开发阶段检查此类问题是非常有益的。TypeScript 通过标注类型帮助开发者在编译时识别错误，而无须等到程序运行时。然而，即使是 TypeScript 也有局限性，它不强制要求对变量进行类型标注，导致很多编译时检查无法开展。ArkTS 尝试克服这些缺点，它强制使用静态类型，旨在通过更严格的类型检查来减少运行时错误，从而提升代码的安全性和稳定性。

ArkTS 要求类的所有属性在声明时或在构造函数中显式地初始化，这与 TypeScript 中的 strictPropertyInitialization 检查一致。文件 15-1 展示了非严格模式 TypeScript 的示例代码。

文件 15-1   非严格模式 TypeScript 的示例代码

```
class Person {
  /**
   * 此时并没有赋值，则 name 的值为 undefined
   */
  name: string

  setName(n: string): void {
```

```
    this.name = n
  }

  /**
   * 开发者使用"string"作为返回类型，隐藏了 name 可能为 undefined 的事实
   * 更合适的做法是将返回类型标记为 string | undefined，以告诉开发者这个 API 所有可能的返
回值类型
   * @returns
   */
  getName(): string {
    return this.name
  }
}

let buddy = new Person()
// 由于上述代码并没有对 name 赋值，例如没有调用 buddy.setName('张三')
// 则下列代码运行时会抛出异常：name is undefined
console.log(buddy.getName().length.toString());
```

将上述代码使用 ArkTS 语言来编写，则如文件 15-2 所示。

文件 15-2　ArkTS 写法 1

```
class Person {
  /**
   * ArkTS 的代码，在声明属性时要求必须赋初值或在构造函数中赋初值
   */
  name: string = ''

  setName(n: string): void {
    this.name = n
  }

  getName(): string {
    return this.name
  }
}

let buddy = new Person()
// 由于上述代码没有对 name 赋值，例如没有调用 buddy.setName('张三')
// 则下列代码将打印 0，此时没有运行时异常，因为已经在声明属性时赋值了默认值
console.log(buddy.getName().length.toString());
```

如果 name 可以是 undefined，那么它的类型应该在代码中被精确地标注，示例代码如文件 15-3
所示。

文件 15-3　ArkTS 写法 2

```
class Person {
  name?: string // 使用?表示可能是 undefined

  setName(n: string): void {
```

```
    this.name = n
  }

  /**
   * 编译时错误：name 可能为 undefined，所以无法将函数的返回值类型标记为 string
   * @returns
   */
  getWrongName(): string {
    return this.name
  }

  /**
   * 返回匹配 name 的类型
   * @returns
   */
  getName(): string | undefined {
    return this.name
  }
}

let buddy = new Person()
// 在上述代码中没有对 name 属性赋值，例如没有调用 buddy.setName('张三')
// 编译器认为下列代码有可能访问 undefined 属性，因此会报错
let len = buddy.getName().length
// 下列代码不报编译时错误
let len1 = buddy.getName()?.length
```

由于 name 属性可能为 undefined，因此编译器给出编译时错误，如图 15-1 所示。

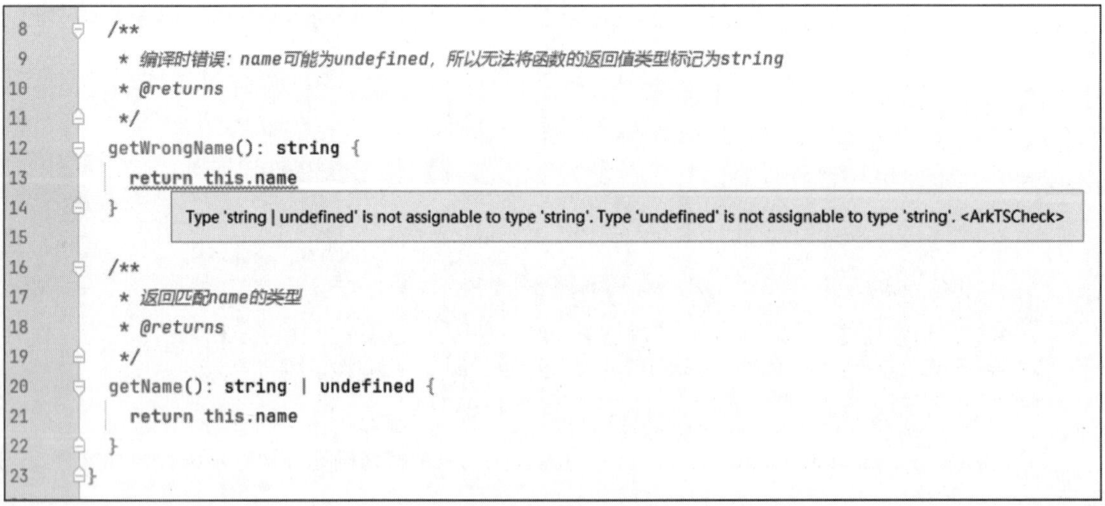

图 15-1　编译时错误

由于没有给 name 赋值，如调用 setName('张三')，因此在调用 getName()时编译器给出编译时错误，如图 15-2 所示。

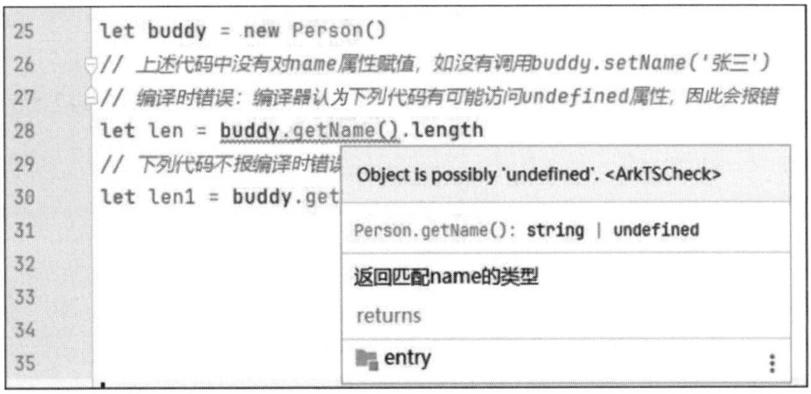

图 15-2　编译时错误

15.2　程序性能

为了保证程序的正确性，动态类型语言必须在运行时检查对象的类型。例如，JavaScript 不允许访问 undefined 的属性。检查一个值是否为 undefined 的唯一的办法是在运行时进行类型检查。所有的 JavaScript 引擎在执行时都会执行以下操作：如果一个值不是 undefined，那么可以访问其属性，否则抛出异常。

现代 JavaScript 引擎可以很好地对这类操作进行优化，但总有一些运行时的检查是无法被消除的，这就会使得程序运行速度变慢。由于 TypeScript 总是先被编译成 JavaScript，所以在 TypeScript 代码中，也会面临相同的问题。

ArkTS 解决了这个问题。由于启用了静态类型检查，ArkTS 代码将会被编译成方舟字节码文件，而不是 JavaScript 代码。因此，ArkTS 运行速度更快，更容易被进一步地优化。

例如 ArkTS 中的 null safety 机制就是一个很好的示例。下面以文件 15-4 中的代码为例，介绍这一机制。

文件 15-4　声明 notify 函数的示例代码

```
function notify(who: string, what: string) {
  console.log(`Dear ${who}, a message for you: ${what}`)
}

notify('Jack', 'You look great today')
```

在大多数情况下，函数 notify 会接收两个 string 类型的变量作为输入，产生一个新的字符串。但是，如果将一些特殊值作为输入，例如 notify(null, undefined)，情况会怎么样呢？

程序仍会正常运行，输出预期值："Dear null, a message for you: undefined"。一切看起来正常，但请注意，为了保证该场景下程序的正确性，引擎总是在运行时进行类型检查，执行类似文件 15-5 所示的伪代码。

文件 15-5　引擎检查的伪代码

```
function __internal_tostring(s: any): string {
```

```
  if (typeof s === 'string') {
    return s
  }
  if (s === undefined) {
    return 'undefined'
  }
  if (s === null) {
    return 'null'
  }
  // ...
}
```

现在想象一下，如果函数 notify 是某些复杂负载场景中的一部分，而不仅仅是打印日志，那么在运行时执行像 __internal_tostring 这样的类型检查将会是一个性能问题。

如果可以保证在运行时，只有 string 类型的值（不会是其他值，例如 null 或者 undefined）可以被传入函数 notify，那么在这种情况下，因为可以确保没有其他边界情况，所以像 __internal_tostring 的检查就是多余的。这种机制被称为 null safety，即确保 null 不是一个合法的 string 类型变量的值。如果 ArkTS 具备了这个特性，那么任何类型不符合的代码将无法编译，从而在编译阶段消除潜在的运行时错误。

Null safety 机制检查的示例代码如文件 15-6 所示。

文件 15-6   null safety 机制检查的示例代码

```
function notify(who: string, what: string) {
  console.log(`Dear ${who}, a message for you: ${what}`)
}

notify('Jack', 'You look great today')
notify(null, undefined) // 编译时错误
```

TypeScript 通过启用编译选项 strictNullChecks 来实现 null safety 特性。然而，由于 TypeScript 最终是被编译成 JavaScript 的，而 JavaScript 本身并不支持这一特性，，因此严格的 null 检查只在编译时起作用。从程序的稳定性和性能角度考虑，ArkTS 将 null safety 视为一个重要的特性。因此，ArkTS 强制进行严格的 null 检查。在 ArkTS 中，上面的代码总是编译报错。作为回报，这种严格性可以给 ArkTS 引擎提供更多的类型信息和对值的类型保证，从而有助于更好地优化性能。

15.3   .ets 代码兼容性

在 API 10 之前，ArkTS（.ets 文件）完全采用标准 TypeScript 的语法。从 API Release 10 发布起，ArkTS 的语法规则基于上述设计考虑进行了明确定义。同时，SDK 增加了在编译流程中对.ets 文件进行 ArkTS 语法检查的功能，通过编译警告或编译失败提示开发者适配新的 ArkTS 语法。

根据工程的 compatibleSdkVersion，具体策略如下：

（1）compatibleSdkVersion ≥10 为标准模式。在该模式下，.ets 文件中违反 ArkTS 语法规则的代码会导致工程编译失败，开发者需要完全适配 ArkTS 语法后方可编译成功。

（2）compatibleSdkVersion < 10 为兼容模式。在该模式下，对.ets 文件中违反 ArkTS 语法规则的所有代码会以警告形式进行提示。尽管违反 ArkTS 语法规则的工程在兼容模式下仍可编译成功，

但仍需完全适配 ArkTS 语法后，方可在标准模式下编译成功。

15.4　兼容 TypeScript/JavaScript 的约束

在 API 11 上，HarmonyOS SDK 中的 TypeScript 版本为 4.9.5，target 字段为 es2017。开发者可以使用 ECMA2017+的语法进行应用开发。但需注意，使用时存在以下限制：

1. 强制使用严格模式（use strict）

在编译阶段，会进行 TypeScript 严格模式的类型检查，包括 noImplicitReturns、strictFunctionTypes、strictNullChecks 以及 strictPropertyInitialization。

文件 15-7 与文件 15-8 展示了在 TypeScript 和 ArkTS 中关于 noImplicitReturns 检查的区别。

文件 15-7　TypeScript 中 noImplicitReturns 检查的作用

```
// 只在开启 noImplicitReturns 选项时产生编译时错误
function foo(s: string): string {
    if (s != '') {
        console.log(s);
        return s
    } else {
        console.log(s);
    }
}

let n: number = null; // 只在开启 strictNullChecks 选项时产生编译时错误
```

文件 15-8　ArkTS 中的写法

```
function foo(s: string): string {
    console.log(s);
    return s;
}

let n1: number | null = null;
let n2: number = 0;
```

在定义类时，如果无法在声明时或在构建函数中初始化某实例属性，则可以使用确定赋值断言符（!）来消除 strictPropertyInitialization 的报错，如文件 15-9 中的 TypeScript 代码所示。

文件 15-9　TypeScript 中可以声明属性而无须立即初始化

```
class C {
    name: string     // 只在开启 strictPropertyInitialization 选项时产生编译时错误
    age: number      // 只在开启 strictPropertyInitialization 选项时产生编译时错误
}

let c = new C();
```

但在 ArkTS 中，会默认提示警告信息，如文件 15-10 所示。

文件 15-10　ArkTS 中消除 strictPropertyInitialization 报错的方式

```
class C {
```

```
    name: string = ''
    age!: number // warning: arkts-no-definite-assignment

    initAge(age: number) {
        this.age = age;
    }
}

let c = new C();
c.initAge(10);
```

同时，ArkTS 要求类的所有属性在声明时或在构造函数中显式地初始化，这与 TypeScript 中的 strictPropertyInitialization 检查一致，如文件 15-11 中的 TypeScript 代码所示。

文件 15-11 TypeScript 中允许声明属性而无须显式地初始化

```
class Person {
    name: string // undefined

    setName(n: string): void {
        this.name = n;
    }

    getName(): string{
        // 开发者使用 string 作为返回类型，这隐藏了 name 可能为 undefined 的事实
        // 更合适的做法是将返回类型标注为 string|undefined，以告诉开发者这个 API 所有可能
的返回值类型
        return this.name;
    }
}

let buddy = new Person()
// 假设代码中没有对 name 赋值，例如没有调用 buddy.setName("John")
budy.getName().length; // 运行时异常: name is undefined
```

上述代码使用 ArkTS 编写，示例代码如文件 15-12 所示。

文件 15-12 ArkTS 中属性必须显式初始化

```
class Person {
    name: string = ""
    setName(n: string): void {
        this.name = n
    }
    // 类型为 string，不可能为 null 或 undefined
    getName(): string {
        return this.name
    }
}
let buddy = new Person()
// 假设代码中没有对 name 赋值，例如没有调用 buddy.setName("John")
buddy.getName().length; // 0，没有运行时异常
```

如果 name 可以是 undefined，那么它的类型应该在代码中被精确地标注，如文件 15-13 所示。

文件 15-13 ArkTS 中精确标注为 undefined 的属性

```
class Person {
    name?: string // 可能为 undefined
```

```
    setName(n: string): void {
        this.name = n
    }

    // 编译时错误: name 可能为 undefined, 所以不能将这个 API 的返回类型标注为 string
    getNameWrong(): string {
        return this.name
    }

    getName(): string | undefined { // 返回匹配 name 的类型
        return this.name
    }
}

let buddy = new Person()
// 假设代码中没有对 name 赋值, 例如没有调用 buddy.setName("John")
// 编译时错误: 编译器认为下一行代码有可能访问 undefined 的属性, 因此报错
buddy.getName().length;        // 编译失败
buddy.getName()?.length;       // 编译成功, 没有运行时错误
```

2. 禁止使用 eval()

TypeScript 中的 eval()函数是一种在运行时执行字符串代码的机制。它是一种非常强大的工具，允许开发人员以动态方式编写和执行代码。文件 15-14 展示了 TypeScript 中 eval()函数的用法。

文件 15-14　TypeScript 中 eval()函数的用法

```
const x = 10;
const y = 20;
const code = 'console.log(x + y)';
eval(code);
```

在上述代码中，定义了 x 和 y 两个变量，同时定义了一个字符串表达式 code，该字符串表达式表示将 x 和 y 两个变量的值相加，然后将结果输出到控制台。

但是，在 ArkTS 中禁止使用 eval()函数，主要因为 eval()存在如下危害：

（1）安全漏洞：使用 eval()函数可能会导致代码注入攻击，使得恶意用户可以执行恶意代码，例如删除文件、修改数据或执行其他危险操作。

（2）性能问题：eval()函数在运行时需要解析和执行代码，可能导致性能下降，特别是在循环或频繁执行时。

（3）可读性问题：动态生成的代码片段通常难以理解和维护，降低了代码的可读性和可维护性。

3. 禁止使用 with() {}

ArkTS 不支持 with 语句，但可以使用其他语法来表示相同的语义。

文件 15-15 展示了 TypeScript 中 with 的用法。

文件 15-15　TypeScript 中 with 的用法

```
with (Math) {
    // 编译时错误, 但仍能生成 JavaScript 代码
    let r: number = 42;
    let area: number = PI * r * r;
}
```

在 ArkTS 中,可以使用文件 15-16 列出的方式表达相同的语义。

文件 15-16　ArkTS 中替代 with 的写法

```
let r: number = 42;
let area: number = Math.PI * r * r;
```

4. 禁止以字符串为代码创建函数

在 TypeScript 中,可以使用 Function 创建函数,或者使用 eval()函数通过定义的字符串来创建并执行函数。在 TypeScript 中使用 Function 创建函数的示例代码如文件 15-17 所示。

文件 15-17　TypeScript 中使用 Function 创建函数的示例代码

```
// 定义一个字符串其中包含要创建函数的代码
const code = 'function add(a: number, b: number): number { return a + b; }';
// 使用 Function 创建函数的执行代码,并获取创建的函数
const func = new Function(code);

// 调用创建的函数
const result = func();
```

然而,与 eval()类似,使用 Function 创建函数可能导致代码在类型检查时变得模糊不清,使得静态分析工具无法提供有效的检查。此外,使用 Function 创建函数还可能绕过编译时的严格模式检查,从而在运行时引发错误。因此,出于上述考虑,在 ArkTS 中禁止通过 eval()或 Function 来创建函数。

15.5　本章小结

本章深入探讨了从 TypeScript 到 ArkTS 的适配过程,突出了 ArkTS 在提升程序稳定性和性能方面的优势。ArkTS 通过强化静态类型检查和显式初始化,有效减少了运行时错误,增强了程序的健壮性。同时,ArkTS 的静态类型系统和方舟字节码编译机制,为程序性能带来了显著提升,避免了动态类型语言在运行时进行类型检查所带来的性能损耗。ArkTS 的 null safety 特性确保了函数参数的类型安全,避免了不必要的运行时类型检查,进一步提高了程序的执行效率。此外,本章还讨论了.ets 文件的兼容性问题,以及在 HarmonyOS SDK 中对 TypeScript 的约束,包括强制使用严格模式和禁止使用某些可能导致安全问题或不推荐的语言特性。

通过本章的学习,读者可以全面理解 ArkTS 的设计理念和实现机制,掌握从 TypeScript 迁移到 ArkTS 的关键步骤和最佳实践。

15.6　本章习题

(1) ArkTS 的主要优势是什么?

(2) 在 ArkTS 中,如何处理未初始化的类属性?

(3) 什么是 null safety 机制,它如何帮助程序提升性能?

(4) 在 HarmonyOS SDK 中,TypeScript 的版本和目标是什么?

(5) ArkTS 在编译时如何处理违反其语法规则的代码?